JN029639

【 学研ニューコース 】

中2数学

Gakken

はじめに

　『学研ニューコース』シリーズが初めて刊行されたのは，1972（昭和47）年のことです。当時はまだ，参考書の種類も少ない時代でしたから，多くの方の目に触れ，手にとってもらったことでしょう。みなさんのおうちの人が，『学研ニューコース』を使って勉強をしていたかもしれません。

　それから，平成，令和と時代は移り，世の中は大きく変わりました。モノや情報はあふれ，ニーズは多様化し，科学技術は加速度的に進歩しています。また，世界や日本の枠組みを揺るがすような大きな出来事がいくつもありました。当然ながら，中学生を取り巻く環境も大きく変化しています。学校の勉強についていえば，教科書は『学研ニューコース』が創刊した約10年後の1980年代からやさしくなり始めましたが，その30年後の2010年代には学ぶ内容が増えました。そして2020年の学習指導要領改訂では，内容や量はほぼ変わらずに，思考力を問うような問題を多く扱うようになりました。知識を覚えるだけの時代は終わり，覚えた知識をどう活かすかということが重要視されているのです。

　そのような中，『学研ニューコース』シリーズも，その時々の中学生の声に耳を傾けながら，少しずつ進化していきました。新しい手法を大胆に取り入れたり，ときにはかつて評判のよかった手法を復活させたりするなど，試行錯誤を繰り返して現在に至ります。ただ「どこよりもわかりやすい，中学生にとっていちばんためになる参考書をつくる」という，編集部の思いと方針は，創刊時より変わっていません。

　今回の改訂では中学生のみなさんが勉強に前向きに取り組めるよう，等身大の中学生たちのマンガを巻頭に，「中学生のための勉強・学校生活アドバイス」というコラムを章末に配しました。勉強のやる気の出し方，定期テストの対策の仕方，高校入試の情報など，中学生のみなさんに知っておいてほしいことをまとめてあります。本編では新しい学習指導要領に合わせて，思考力を養えるような内容も多く掲載し，時代に合った構成となっています。

　進化し続け，愛され続けてきた『学研ニューコース』が，中学生のみなさんにとって，やる気を与えてくれる，また，一生懸命なときにそばにいて応援してくれる，そんな良き勉強のパートナーになってくれることを，編集部一同，心から願っています。

学研プラス

中２は中だるみの時期っていわれるけど

たしかに俺は気が緩んでいた気がする

中盤戦の大切さはわかっていたはず

だったのに……

本書の特長と使い方

各章の流れと使い方

解説ページ

教科書の要点

各項目で学習する重要事項のまとめです。テスト前の最終確認にも役立ちます。

例題と練習

本書のメインページです。くわしい解き方の解説と練習問題（類題）を扱っています。

問題

定期テスト予想問題

学校の定期テストでよく出題される問題を集めたテストで，力試しができます。

本文ページの構成

例題

テストによく出る問題を中心に，基本★，標準★★，応用★★★の3段階で掲載。思考力を問う問題には 思考 のマークがついています。

解き方 & Point

解き方をていねいに解説しています。その例題で学べる重要な内容については Point でまとめてあります。

解き方ガイド

「解き方」の左側には，ステップをふんで解き方を解説したガイドがあり，解法の手順がよくわかります。

練習

例題とよく似た練習問題（類題）です。自力で解いてみて，解き方を完全に理解しましょう。

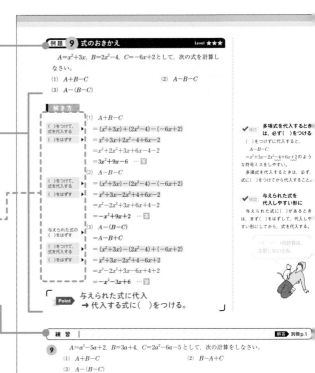

本書の特長

教科書の要点が ひと目でわかる	授業の理解から 定期テスト・入試対策まで	勉強のやり方や， 学校生活もサポート

特集

章末コラム

生活に関連する内容や発展的な内容を扱ったコラムと，中学生に知っておいてほしい勉強や学校生活に関するアドバイスなどを扱ったコラムを，章末に掲載しています。

入試レベル問題

高校入試で出題されるレベルの問題に取り組んで，さらに実力アップすることができます。

**[別冊] 解答と解説 &
重要公式・定理ミニブック**

巻末の別冊には，「練習」「定期テスト予想問題」「入試レベル問題」の解答と解説を掲載しています。
また，この本の最初には切り取って持ち運べるミニブックがついています。

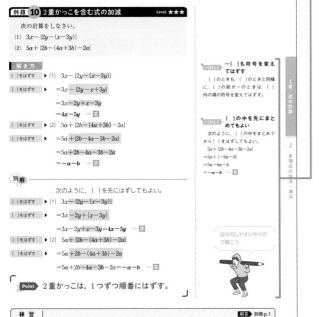

サイド解説

本文をより理解するためのくわしい解説や関連事項，テストで役立つ内容などを扱っています。

くわしく 本文の内容をよりくわしくした解説。

復習 小学校や前の学年の学習内容の復習。

テストで注意 テストでまちがえやすい内容の解説。

参考 例題や解き方に関連して，参考となる内容を解説。

確認 重要な性質やきまり，言葉の意味や公式などを確かめる解説。

別解 知っておくと役立つ，別の解き方を解説。

図解 図を使ったわかりやすい解説。

Column コラム

数学の知識を深めたり広げたりできる内容を扱っています。

学研ニューコース
Gakken New Course
for Junior High School
Students

中2数学
もくじ

Contents

1章　式の計算

2章　連立方程式

3章　1次関数

4章　図形の調べ方

5章 　図形の性質

6章 確率

7章　データの活用

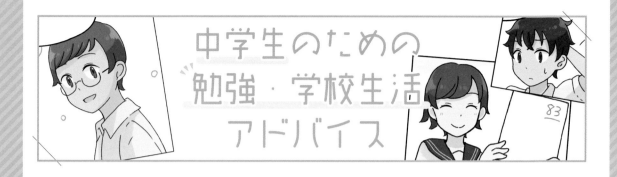

中学生のための
勉強・学校生活
アドバイス

気を抜かずに実力をつけよう

　中2にもなると学校生活にも慣れ，生活のリズムが確立されている人が多いでしょう。一方で，**なんとなくやる気が出ない「なかだるみ」が起きやすい時期でもあります。**

　勉強面では，中1と比べて学習する量がさらに増え，ペースも早くなります。また，部活動もさらに忙しくなるでしょう。そのため，授業についていける人と，ついていけない人の差が大きく広がります。

　中2のときにさぼらず，コツコツと勉強をする習慣を作れた人は，中3になって，受験勉強が始まってもしっかりと頑張れるはずです。

中2の数学の特徴

　中2では，中1の数学で勉強した各分野について，さらに発展的な内容を学習します。たとえば中1で1つの文字を扱った「方程式」は，中2では2つの文字を扱う「連立方程式」へと発展します。

　したがって，**小学や中1の学習内容があいまいだと，中2の数学でつまずいてしまう**可能性が高くなってしまいます。とはいえ，一度覚えた内容を忘れることは当然のことです。わからない内容があったら，恥ずかしがらずにふりかえり学習を行いましょう。

　また中2では，数学でもっとも大事な考え方といえる**証明**を初めて扱います。証明文の書き方に，はじめは慣れないかもしれませんが，繰り返し練習をして，コツをつかむようにしましょう。

ふだんの勉強は「予習→授業→復習」が基本

中学校の勉強では，**「予習→授業→復習」の正しい勉強のサイクルを回すことが大切**です。

☑ 予習は軽く。要点をつかめばOK！

予習は1回の授業に対して5〜10分程度にしましょう。完璧（かんぺき）に内容を理解する必要はありません。「どんなことを学ぶのか」という大まかな内容をつかみ，授業にのぞみましょう。

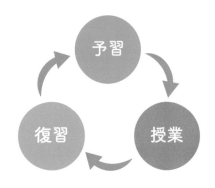

☑ 授業に集中！わからないことはすぐに先生に聞け!!

授業中は先生の説明を聞きながらノートを取り，気になることやわからないことがあったら，授業後にすぐ質問をしに行きましょう。

授業中にボーっとしてしまうと，テスト前に自分で理解しなければならなくなるので，効率がよくありません。**「授業中に理解しよう」としっかり聞く人は，時間の使い方が上手く，効率よく学力を伸（の）ばすことができます。**

☑ 復習は遅（おそ）くとも週末に。ためすぎ注意！

授業で習ったことを忘れないために，**復習はできればその日のうちに。それが難しければ，週末には復習をするようにしましょう。**時間を空けすぎて習ったことをほとんど忘れてしまうと，勉強がはかどりません。復習をためすぎないように注意してください。

復習をするときは，教科書やノートを読むだけではなく，問題も解くようにしましょう。問題を解いてみることで理解も深まり記憶（きおく）が定着します。

定期テスト対策は早めに

中1のときは「悪い点を取らないように」とドキドキして、しっかりと対策をしていた定期テストも、中2になると慣れてくるでしょう。しかし、慣れるがあまり「直前に勉強すればいいや」と対策が不十分になってはいけません。定期テストが重要であることは中1でも中2でも変わりません。毎回の定期テストで、自己ベストを記録するつもりでのぞみましょう。

定期テストの勉強は、できれば2週間ほど前から取り組むのがオススメです。部活動はテスト1週間前から休みに入るところが多いようですが、その前からテストモードに入るのがよいでしょう。「試験範囲を一度勉強して終わり」ではなく、二度・三度とくり返しやることが、よい点をとるためには大事です。

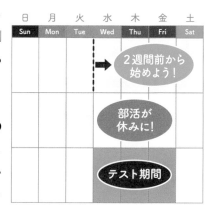

中2のときの成績が高校受験に影響することも！

内申点という言葉を聞いたことがある人もいるでしょう。内申点は各教科の5段階の評定（成績）をもとに計算した評価で、高校入試で使用される調査書に記載されます。1年ごとに、実技教科を含む9教科で計算され、たとえば、「9教科すべての成績が4の場合、内申点は4×9＝36」などといった具合です。

公立高校の入試では、「内申点＋試験の点数」で合否が決まります。当日の試験の点数がよくても、内申点が悪くて不合格になってしまうということもあるのです。住む地域や受ける高校によって、「内申点をどのように計算するか」「何年生からの内申点が合否に関わるか」「内申点が入試の得点にどれくらい加算されるか」は異なりますので、早めに調べておくといいでしょう。

「高校受験なんて先のこと」と思うかもしれませんが、実は**中1や中2のときのテストの成績や授業態度が、入試に影響する場合もあるのです。**

1章

式の計算

Gakken New Course

1 単項式と多項式

単項式と多項式 [例題 1 ～ 例題 2]

数や文字についての**乗法だけでできている式**を，**単項式**といいます。aや-5のような，1つの文字や1つの数も単項式と考えます。

また，**単項式の和の形で表された式**を**多項式**といい，1つ1つの単項式を，**多項式の項**といいます。

- **単項式**　例　$4ab = 4 \times a \times b$ ➡ 単項式　　例　$-2x^2 = -2 \times x \times x$ ➡ 単項式
　　　　　　　　　└──── 乗法だけでできている ────┘

- **多項式**　例　$x^2 - 3x + 4 = x^2 + (-3x) + 4$ ➡ 多項式で，項は，x^2, $-3x$, 4
　　　　　　　　　└── 単項式の和の形で表されている

式の次数 [例題 3 ～ 例題 4]

単項式で，**かけ合わされている文字の個数**を，その式の**次数**といいます。

多項式では，各項の次数のうちで**最も大きいもの**を，その多項式の**次数**といいます。

- **単項式の次数**　例　$-2ab = -2 \times a \times b$ ➡ 次数は2
　　　　　　　　　　　　　2個┘ └3個

　　　　　　　　　　例　$3x^3 = 3 \times x \times x \times x$ ➡ 次数は3

- **多項式の次数**　例　$2a^3 + 3a^2 - 4a$ ➡ 3次が最大だから，次数は3
　　　　　　　　　　　　 3次　2次　1次

同類項 [例題 5 ～ 例題 6]

文字の部分が同じである項を**同類項**といいます。

同類項は，分配法則 $ax + bx = (a+b)x$ を使って，1つの項にまとめることができます。

- **同類項の まとめ方**　例　$5x + 6y - 2x + 3y$
　　　　　　　　　　　　　　└同類項┘ └同類項┘　　項を並べかえて，同類項を集める
　　　　　　　　　　　　$= 5x - 2x + 6y + 3y$
　　　　　　　　　　　　　　　　　　　　　　　　同類項をまとめる
　　　　　　　　　　　　$= (5-2)x + (6+3)y$
　　　　　　　　　　　　$= 3x + 9y$

例題 1 単項式と多項式の区別　Level ★☆☆

次の式のうち，単項式，多項式であるものを，それぞれ記号で答えなさい。

⑦ $4a^2$　　④ $3a+b$　　⑦ $\dfrac{1}{3}xyz$

解き方

⑦ $4a^2 = 4 \times a \times a$ ➡ 単項式
　└ 乗法だけでできている

④ $3a+b$ ➡ 多項式
　└ 単項式の和の形で表されている

⑦ $\dfrac{1}{3}xyz = \dfrac{1}{3} \times x \times y \times z$ ➡ 単項式
　└ 乗法だけでできている

答 単項式…⑦，⑦，多項式…④

> **Point**
> 単項式 ➡ 乗法だけでできている式
> 多項式 ➡ 単項式の和の形で表された式

復習 累乗

2^3やa^2のように，同じ数や文字をいくつかかけたものを，その数や文字の**累乗**といい，右かたに小さく書いた数を**指数**という。累乗の指数は，かけた数や文字の個数を表している。

✓確認 これも単項式

④の「b」や 例題2 の「6」のような，1つの文字や1つの数も単項式と考える。

例題 2 多項式の項　Level ★★☆

多項式$2x^2-4y+6$の項を答えなさい。

解き方

単項式の和の形に表す ▶ 単項式の和の形に表すと，

$$2x^2-4y+6 = 2x^2+(-4y)+6$$

各単項式が項 ▶ だから，項は，$2x^2$，$-4y$，6 …**答**
　　　　　　　　　　└ 項には符号も含まれる

> **Point** 単項式の和の形に表して考える。

テストで注意 定数項を忘れない!

文字を含まない1つの数も多項式の項である。多項式の項を求める問題で，これを答えに入れるのを忘れやすいので注意しよう。

このような，数だけの項を**定数項**という。

練習　　　　　　　　　　　　　　　　解答 別冊p.1

1 次の式のうち，単項式，多項式であるものを，それぞれ記号で答えなさい。

⑦ $\dfrac{2}{3}$　　④ $4y+1$　　⑦ $\dfrac{a}{2}+\dfrac{b}{3}$　　④ $\dfrac{ab^2c}{5}$

2 多項式$3a^2-2b-3$の項を答えなさい。

例題 3 単項式の次数   Level ★★☆

次の単項式の次数を答えなさい。

(1) $-5x$ (2) $3ab$ (3) $2x^2yz$

解き方

×を使った式に ▶ (1) $-5x = -5 \times x$ ➡ **次数は 1** … 答
                    └─ 1個

×を使った式に ▶ (2) $3ab = 3 \times a \times b$ ➡ **次数は 2** … 答
                       └─ 2個

×を使った式に ▶ (3) $2x^2yz = 2 \times x \times x \times y \times z$ ➡ **次数は 4** … 答
                               └─ 4個

> **Point** **単項式の次数 ➡ かけ合わされている文字の個数**

例題 4 多項式の次数   Level ★★☆

多項式 $x^3y + 3xy - 4$ は何次式ですか。

解き方

各項の次数を調べる ▶ $\underset{4次}{\underline{x^3y}} + \underset{2次}{\underline{3xy}} - 4$

最大の次数は… ▶ 4次が最大だから，**4次式** … 答

> **Point** **多項式の次数 ➡ 各項の次数で最大のもの**

テストで注意 **次数は，文字の種類の数ではない！**

x と y と z の3種類の文字が使われているから，次数は 3 としがち。次数は，かけ合わされている文字の個数であることに注意しよう。

例題4で，-4 は定数項だね。
数だけの項は文字の個数が0個だから，次数は0と考えるよ。

テストで注意 **各項の次数の和ではないので注意！**

各項の次数の和を求めて，答えを6次式としてはいけない。
多項式の次数は，各項の次数のうち，最大のものである。

練 習   **解答** 別冊 p.1

3 次の単項式の次数を答えなさい。

(1) $8xy^2$ (2) $\dfrac{2}{3}ab^2c$

4 次の多項式は何次式ですか。

(1) $2xy^2 + 3x^4$ (2) $ab^2 - 5c^3$

例題 5 同類項を見つける　Level ★ ☆ ☆

次の式の同類項を答えなさい。

(1) $2a+3b-4c+5a-6c$

(2) $2xy+4x-7xy-3x$

(3) $3a^2-4a+5a^2-2a$

解き方

文字の部分が同じ項を見つける ▶ (1) $2a+3b-4c+5a-6c$

文字の部分 (c) が同じ項⇒同類項
文字の部分 (a) が同じ項⇒同類項

答 $2a$ と $5a$, $-4c$ と $-6c$

文字の部分が同じ項を見つける ▶ (2) $2xy+4x-7xy-3x$

文字の部分 (x) が同じ項⇒同類項
文字の部分 (xy) が同じ項⇒同類項

答 $2xy$ と $-7xy$, $4x$ と $-3x$

文字の部分が同じ項を見つける ▶ (3) $3a^2-4a+5a^2-2a$

文字の部分 (a) が同じ項⇒同類項
文字の部分 (a^2) が同じ項⇒同類項

答 $3a^2$ と $5a^2$, $-4a$ と $-2a$

Point 同類項 ➡ 文字の部分がまったく同じ項

テストで注意 負の項には符号をつける！

$2a+3b-4c+5a-6c$ の項は, $2a$, $3b$, $-4c$, $5a$, $-6c$ である。

正の項では, 符号＋を省略してよいが, 負の項では, 符号－は省略してはいけない。

テストで注意 文字はアルファベット順に書く習慣をつけよう！

たとえば, $2xy$ と $7yx$ は, 見た目が違うが同類項である。見落としを防ぐために, ふだんからアルファベット順で書くようにしよう。

テストで注意 $3a^2$ と $-4a$ は同類項ではない

$3a^2$ と $-4a$ は, どちらも文字 a を含んでいるが, かけられている文字の個数（次数）が違うので, 同類項ではない。

練習 　　　　　　　　　　　　　　　　　　**解答** ▶ 別冊 p.1

5 次の式の同類項を答えなさい。

(1) $-7a-2b+4b+3a$

(2) $x^2-2xy-6x-3xy+2x^2+7xy$

例題 **6** 同類項をまとめる　Level ★★☆

次の式の同類項をまとめて簡単にしなさい。

(1)　$6x+8y-4x+7y$

(2)　$\dfrac{3}{4}x^2-\dfrac{2}{3}x-\dfrac{1}{3}x^2-\dfrac{1}{5}x$

解き方

項を並べかえて
同類項を集める ▶

(1)　$6x+8y-4x+7y$

$=6x-4x+8y+7y$

同類項をまとめる ▶

$=(6-4)x+(8+7)y$

$=2x+15y$ …答

(2)　$\dfrac{3}{4}x^2-\dfrac{2}{3}x-\dfrac{1}{3}x^2-\dfrac{1}{5}x$

項を並べかえて
同類項を集める ▶

$=\dfrac{3}{4}x^2-\dfrac{1}{3}x^2-\dfrac{2}{3}x-\dfrac{1}{5}x$

$=\left(\dfrac{3}{4}-\dfrac{1}{3}\right)x^2+\left(-\dfrac{2}{3}-\dfrac{1}{5}\right)x$

通分して，同類
項をまとめる ▶

$=\left(\dfrac{9}{12}-\dfrac{4}{12}\right)x^2+\left(-\dfrac{10}{15}-\dfrac{3}{15}\right)x$

$=\dfrac{5}{12}x^2-\dfrac{13}{15}x$ …答

Point 同類項のまとめ方 ➡ 係数どうしの和に，共通の文字をつける。

テストで
注意 **$2x$ と $15y$ は，これ以上まとめられない**

$2x+15y=17xy$ などとしないように注意しよう。$2x$ と $15y$ は同類項ではないので，これ以上まとめることはできない。

分数は，注意して計算
しようね。

別解 **符号を変えて計算！**

$\dfrac{3}{4}x^2-\dfrac{1}{3}x^2-\dfrac{2}{3}x-\dfrac{1}{5}x$

$=\left(\dfrac{3}{4}-\dfrac{1}{3}\right)x^2-\left(\dfrac{2}{3}+\dfrac{1}{5}\right)x$

$=\left(\dfrac{9}{12}-\dfrac{4}{12}\right)x^2-\left(\dfrac{10}{15}+\dfrac{3}{15}\right)x$

$=\dfrac{5}{12}x^2-\dfrac{13}{15}x$ …答

練習　　　　　　　　　　　　　　　　　解答 別冊 p.1

6 次の式の同類項をまとめて簡単にしなさい。

(1)　$4xy+3x-2xy-4x$

(2)　$\dfrac{1}{7}a-\dfrac{3}{4}b-\dfrac{2}{3}a-\dfrac{1}{2}b$

2 多項式の加法・減法

多項式の加法　[例題 7]〜[例題 11]

＋（　）は，**そのまま**かっこをはずし，同類項をまとめます。

■ 多項式の加法

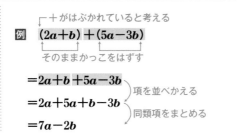

┌＋がはぶかれていると考える

例　$(2a+b)+(5a-3b)$

└そのままかっこをはずす

$=2a+b+5a-3b$　}項を並べかえる

$=2a+5a+b-3b$　}同類項をまとめる

$=7a-2b$

┌─縦書きの計算─

$$\begin{array}{r} 2a+b \\ +)\ 5a-3b \\ \hline 7a-2b \end{array}$$

多項式の減法　[例題 7]〜[例題 11]

−（　）は，**かっこ内の各項の符号を変えて**かっこをはずし，同類項をまとめます。

■ 多項式の減法

例　$(3a+2b)-(a-4b)$

各項の符号を変える

$=3a+2b-a+4b$

$=3a-a+2b+4b$　}項を並べかえる

$=2a+6b$　}同類項をまとめる

> かっこをはずすとき，うしろの項の符号を変えるのを忘れやすいので，要注意！

┌─縦書きの計算─

$$\begin{array}{r} 3a+2b \\ -)\ a-4b \\ \hline 2a+6b \end{array}$$

または，ひく式の各項の符号を変えて，加法に直してから計算する。

$$\begin{array}{r} 3a+2b \\ +)\ -\ a+4b \\ \hline 2a+6b \end{array}$$

次の計算をしなさい。

(1) $(a+b)+(3a-4b)$

(2) $(3x+y)-(4x-2y)$

解き方

$+(\;)\Rightarrow$ そのま
まはずす

▶ (1) $(a+b)+(3a-4b)$

$=a+b+3a-4b$

並べかえて，同
類項をまとめる

▶ $=a+3a+b-4b=4a-3b$　…答

$-(\;)\Rightarrow$ 符号を
変えてはずす

▶ (2) $(3x+y)-(4x-2y)$

$=3x+y-4x+2y$

並べかえて，同
類項をまとめる

▶ $=3x-4x+y+2y=-x+3y$　…答

テストで注意 うしろの項の符号を変え
るのを忘れないように!

$-(4x-2y)=-4x\diagup 2y$

と，うしろの項の符号を変え忘れる
ミスをしやすいので注意。

別解

縦書きの計算は，加法はそのまま加え，減法はひく式の符号を変え
て加える。

(1) $\begin{array}{r} a+\;b \\ +)\;3a-4b \\ \hline 4a-3b \end{array}$
$\underset{(1+3)a\downarrow\quad\downarrow(1-4)b}{}$

(2) $\begin{array}{r} 3x+\;y \\ -)\;4x-2y \\ \hline -x+3y \end{array}$
$\underset{(3-4)x\downarrow\quad\downarrow(1+2)y}{}$

別解 減法を加法に直して計算

(2)は次のように，ひく式の項の符
号をすべて変えて，加法に直してか
ら計算してもよい。

$\begin{array}{r} 3x+\;y \\ +)\;-4x+2y \\ \hline -x+3y \end{array}$

縦書きの計算は，
第2章の連立方程式で
また出てくるよ。

Point $+(\;)\rightarrow$ そのままかっこをはずす。

$-(\;)\rightarrow$ 各項の符号を変えて，
かっこをはずす。

練 習　　　　　　　　　　　　　　　　　　　　　解答▶ 別冊p.1

7 次の計算をしなさい。

(1) $(4x-x^2)+(-3x-6x^2)$

(2) $(a^2-3a)-(a^2-a+1)$

例題 8 2つの式の和と差　Level ★★★

次の問いに答えなさい。

(1) 下の2つの式の和を求めなさい。

$$4a+2b-3c, \quad -2a-3b+4c$$

(2) 下の左の式から右の式をひいた差を求めなさい。

$$4x^2-5x+9, \quad -2x^2+4x-3$$

解き方

( )+( )の形 ▶ (1) $(4a+2b-3c)+(-2a-3b+4c)$

そのまま( )を
はずす ▶
$$=4a+2b-3c-2a-3b+4c$$
$$=4a-2a+2b-3b-3c+4c$$
$$=2a-b+c \quad \cdots 答$$

( )-( )の形 ▶ (2) $(4x^2-5x+9)-(-2x^2+4x-3)$

-( )➡符号を
変えてはずす ▶
$$=4x^2-5x+9+2x^2-4x+3$$
$$=4x^2+2x^2-5x-4x+9+3$$
$$=6x^2-9x+12 \quad \cdots 答$$

Point 2つの式の和 ➡ ( ) + ( )
2つの式の差 ➡ ( ) - ( )

必ず、もとの式にかっこを
つけてから計算しよう。

別解

$$\begin{array}{r} 4a+2b-3c \\ +)\ -2a-3b+4c \\ \hline 2a-\ b+\ c \end{array}$$

別解

$$\begin{array}{r} 4x^2-5x+\ 9 \\ -)\ -2x^2+4x-\ 3 \\ \hline 6x^2-9x+12 \end{array}$$

または,
$$\begin{array}{r} 4x^2-5x+\ 9 \\ +)\ 2x^2-4x+\ 3 \\ \hline 6x^2-9x+12 \end{array}$$

練習 | 　　　　　　　　　　　　　　　　　　解答 ▶ 別冊p.1

8 次の問いに答えなさい。

(1) 下の2つの式の和を求めなさい。

$$x^2-2x+3, \quad x^2-5$$

(2) 下の左の式から，右の式をひいた差を求めなさい。

$$2a-b+5, \quad 3a-2b-1$$

$A=x^2+3x$, $B=2x^2-4$, $C=-6x+2$ として，次の式を計算しなさい。

(1) $A+B-C$　　　　　　　　　　(2) $A-B-C$

(3) $A-(B-C)$

解き方

(1) $A+B-C$

（　）をつけて，式を代入する　▶　$=(x^2+3x)+(2x^2-4)-(-6x+2)$

（　）をはずす　▶　$=x^2+3x+2x^2-4+6x-2$

$=x^2+2x^2+3x+6x-4-2$

$=3x^2+9x-6$ … 答

(2) $A-B-C$

（　）をつけて，式を代入する　▶　$=(x^2+3x)-(2x^2-4)-(-6x+2)$

（　）をはずす　▶　$=x^2+3x-2x^2+4+6x-2$

$=x^2-2x^2+3x+6x+4-2$

$=-x^2+9x+2$ … 答

(3) $A-(B-C)$

与えられた式の（　）をはずす　▶　$=A-B+C$

（　）をつけて，式を代入する　▶　$=(x^2+3x)-(2x^2-4)+(-6x+2)$

（　）をはずす　▶　$=x^2+3x-2x^2+4-6x+2$

$=x^2-2x^2+3x-6x+4+2$

$=-x^2-3x+6$ … 答

✔確認 **多項式を代入するときは，必ず（　）をつける**

（　）をつけずに代入すると，

$A-B-C$

$=x^2+3x-2x^2-4+6x+2$ のような符号ミスをしやすい。

多項式を代入するときは，必ず，式に（　）をつけてから代入すること。

✔確認 **与えられた式を代入しやすい形に**

与えられた式に（　）があるときは，まず（　）をはずして，代入しやすい形にしてから，式を代入する。

－（○－□）の計算は，注意しないとね。

> **Point** 与えられた式に代入
> → 代入する式に（　）をつける。

練習　　　　　　　　　　　　　　　　　　　解答 ▶ 別冊p.1

9　$A=a^2-5a+2$, $B=3a+4$, $C=2a^2-6a-5$ として，次の計算をしなさい。

(1) $A+B-C$　　　　　　　　　　(2) $B-A+C$

(3) $A-(B-C)$

例題 **10** 2重かっこを含む式の加減　　Level ★★★

次の計算をしなさい。

(1)　$3x-\{2y-(x-3y)\}$

(2)　$5a+\{2b-(4a+3b)-2a\}$

解き方

（ ）をはずす　▶ (1)　$3x-\{2y-(x-3y)\}$

｛ ｝をはずす　▶　$=3x-\{2y-x+3y\}$

$=3x-2y+x-3y$

$=\boldsymbol{4x-5y}$　…答

（ ）をはずす　▶ (2)　$5a+\{2b-(4a+3b)-2a\}$

｛ ｝をはずす　▶　$=5a+\{2b-4a-3b-2a\}$

$=5a+2b-4a-3b-2a$

$=\boldsymbol{-a-b}$　…答

別解

次のように，｛ ｝を先にはずしてもよい。

｛ ｝をはずす　▶ (1)　$3x-\{2y-(x-3y)\}$

（ ）をはずす　▶　$=3x-2y+(x-3y)$

$=3x-2y+x-3y=\boldsymbol{4x-5y}$　…答

｛ ｝をはずす　▶ (2)　$5a+\{2b-(4a+3b)-2a\}$

（ ）をはずす　▶　$=5a+2b-(4a+3b)-2a$

$=5a+2b-4a-3b-2a=\boldsymbol{-a-b}$　…答

Point 2重かっこは，1つずつ順番にはずす。

くわしく　−｛ ｝も符号を変えてはずす

｛ ｝のときも，（ ）のときと同様に，｛ ｝の前が−のときは，｛ ｝内の項の符号を変えてはずす。

くわしく　｛ ｝の中を先にまとめてもよい

次のように，｛ ｝の中をまとめてから｛ ｝をはずしてもよい。

$5a+\{2b-4a-3b-2a\}$

$=5a+\{-6a-b\}$

$=5a-6a-b$

$=\boldsymbol{-a-b}$　…答

自分のしやすいやり方で解こう。

練習　　　　　　　　　　　　　　　　　　　解答▶別冊p.1

10　次の計算をしなさい。

(1)　$4a-\{2a-(2b-a)+5b\}$　　　　(2)　$x^2-\{(2x^2+x-2)-x^2-5\}$

次の計算をしなさい。

(1) $\left(\dfrac{1}{4}a+\dfrac{2}{3}b\right)+\left(\dfrac{1}{3}a-\dfrac{5}{6}b\right)$

(2) $\left(\dfrac{3}{2}x+\dfrac{3}{4}y-\dfrac{1}{6}\right)-\left(\dfrac{2}{3}x+\dfrac{1}{2}y\right)$

解 き 方

（　）をはずす ▶

(1) $\left(\dfrac{1}{4}a+\dfrac{2}{3}b\right)+\left(\dfrac{1}{3}a-\dfrac{5}{6}b\right)$

$=\dfrac{1}{4}a+\dfrac{2}{3}b+\dfrac{1}{3}a-\dfrac{5}{6}b$

同類項の係数を
通分して計算 ▶

$=\left(\dfrac{1}{4}+\dfrac{1}{3}\right)a+\left(\dfrac{2}{3}-\dfrac{5}{6}\right)b$

$=\left(\dfrac{3}{12}+\dfrac{4}{12}\right)a+\left(\dfrac{4}{6}-\dfrac{5}{6}\right)b$

$=\dfrac{7}{12}a-\dfrac{1}{6}b$ …**答**

（　）をはずす ▶

(2) $\left(\dfrac{3}{2}x+\dfrac{3}{4}y-\dfrac{1}{6}\right)-\left(\dfrac{2}{3}x+\dfrac{1}{2}y\right)$

$=\dfrac{3}{2}x+\dfrac{3}{4}y-\dfrac{1}{6}-\dfrac{2}{3}x-\dfrac{1}{2}y$

同類項の係数を
通分して計算 ▶

$=\left(\dfrac{3}{2}-\dfrac{2}{3}\right)x+\left(\dfrac{3}{4}-\dfrac{1}{2}\right)y-\dfrac{1}{6}$

$=\left(\dfrac{9}{6}-\dfrac{4}{6}\right)x+\left(\dfrac{3}{4}-\dfrac{2}{4}\right)y-\dfrac{1}{6}$

$=\dfrac{5}{6}x+\dfrac{1}{4}y-\dfrac{1}{6}$ …**答**

Point ▶ 係数を通分して，同類項をまとめる。

テストで注意 通分のしかた

通分するには，分母の最小公倍数を共通な分母にすればよい。

そのときに，分母だけ大きくするミスや，どの分数にも同じ数をかけるまちがいに注意すること。

✔確認 同類項ごとに通分!

すべての係数を通分すると，
$\dfrac{3}{12}a+\dfrac{8}{12}b+\dfrac{4}{12}a-\dfrac{10}{12}b$ となる。

この方法で計算してもまちがいではないが，同類項ごとに通分すると b の項の係数の分母は6になり，扱う数値が小さくなるので，計算しやすくなる。

参考 答えを1つの分数の形で表してもよい!

(2)の答えをさらに通分すると，

$\dfrac{10}{12}x+\dfrac{3}{12}y-\dfrac{2}{12}$

$=\dfrac{10x+3y-2}{12}$

となる。これを答えとしてもよい。

練 習

解答 ▶ 別冊p.1

11 次の計算をしなさい。

(1) $\left(\dfrac{1}{5}x-\dfrac{1}{2}y\right)+\left(\dfrac{3}{2}x-\dfrac{2}{5}y\right)$

(2) $\left(\dfrac{1}{3}a+b\right)-\left(\dfrac{1}{2}a+\dfrac{1}{3}b-\dfrac{3}{4}\right)$

3 数と多項式の乗法・除法

多項式と数との乗除 　[例題 12 ～ 例題 13]

（数）×（多項式）の計算は，**分配法則**を使って，**数を多項式のすべての項にかけます。**

（多項式）÷（数）の計算は，**わる数の逆数をかけて**計算するか，多項式の各項を数でわり，

分数の形にして約分します。

■ （数）×（多項式）

例 $2(3x+4y)=2\times 3x+2\times 4y=6x+8y$

分配法則の利用

■ （多項式）÷（数）

［わる数の逆数をかける］

例 $(9a-6b)\div 3$ 　逆数を　かける

$=(9a-6b)\times \dfrac{1}{3}$

$=9a\times \dfrac{1}{3}-6b\times \dfrac{1}{3}$ 　分配法則

$=3a-2b$

［分数の形にして約分］

例 $(9a-6b)\div 3$ 　各項を3でわり　分数の形に

$=\dfrac{9a}{3}-\dfrac{6b}{3}$ 　約分する

$=3a-2b$

いろいろな計算 　[例題 14 ～ 例題 18]

（数）×（多項式）の加減は，分配法則を使ってかっこをはずしてから，同類項をまとめます。

分数の形の式の加減は，通分して1つの分数の形にして計算します。

■ （数）×（多項式）の加減

例 $2(3a+b)-4(2a-b)=6a+2b-8a+4b$ ←かっこをはずす

$=6a-8a+2b+4b$ 　同類項をまとめる

$=-2a+6b$

■ 分数の形の式の加減

例 $\dfrac{x+y}{3}-\dfrac{2x-y}{2}=\dfrac{2(x+y)}{6}-\dfrac{3(2x-y)}{6}$ ←通分する

1つの分数の形に

$=\dfrac{2(x+y)-3(2x-y)}{6}$ 　かっこをはずす

$=\dfrac{2x+2y-6x+3y}{6}$ 　同類項をまとめる

$=\dfrac{-4x+5y}{6}$

例題 12 （数）×（多項式） Level ★☆☆

$-7(5a-b)$ を計算しなさい。

解き方

$$-7(5a-b)$$

[−7をかっこ内の各項にかける] ▶ $= -7 \times 5a + (-7) \times (-b)$

$$= -35a + 7b \quad \cdots 答$$

> **Point** 数を，多項式のすべての項にかける。

かっこをはずすとき，うしろの項へのかけ忘れに注意！

例題 13 （多項式）÷（数） Level ★★☆

$(8a^2 + 14b) \div (-2)$ を計算しなさい。

解き方

$$(8a^2 + 14b) \div (-2)$$

[逆数をかける] ▶ $= (8a^2 + 14b) \times \left(-\dfrac{1}{2}\right)$

[分配法則でかっこをはずす] ▶ $= 8a^2 \times \left(-\dfrac{1}{2}\right) + 14b \times \left(-\dfrac{1}{2}\right)$

$$= -4a^2 - 7b \quad \cdots 答$$

> **Point** わる数の逆数を多項式にかける。

✔確認 **逆数の符号はもとの数の符号と同じ**

2つの数の積が1になるとき，一方の数をもう一方の数の**逆数**という。

逆数は，かけて1になる数どうしだから，必ず同符号である。逆数の「逆」につられて，符号まで逆にしないように注意。

⊕の逆数 ⇨ 符号は⊕
⊖の逆数 ⇨ 符号は⊖

練習 | 解答▶ 別冊p.1

12 次の計算をしなさい。

(1) $-3(x-4y)$

(2) $(a^2 - 2b + 3) \times (-2)$

13 次の計算をしなさい。

(1) $(9x^2 - 12) \div (-3)$

(2) $(-a^2 + 5ab - 8b^2) \div \dfrac{4}{7}$

例題 14 （数）×（多項式）の加減　　Level ★★☆

次の計算をしなさい。

(1) $3(2x+3y)+4(x-3y)$

(2) $4(a-2b)-2(3b-2a)$

(3) $5(3x-y)-3(x-4y)$

解き方

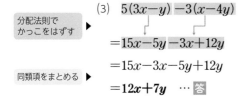

**分配法則で
かっこをはずす** ▶

(1) $3(2x+3y)+4(x-3y)$

$=6x+9y+4x-12y$

同類項をまとめる ▶

$=6x+4x+9y-12y$

$=10x-3y$ …答

**分配法則で
かっこをはずす** ▶

(2) $4(a-2b)-2(3b-2a)$

$=4a-8b-6b+4a$

同類項をまとめる ▶

$=4a+4a-8b-6b$

$=8a-14b$ …答

**分配法則で
かっこをはずす** ▶

(3) $5(3x-y)-3(x-4y)$

$=15x-5y-3x+12y$

同類項をまとめる ▶

$=15x-3x-5y+12y$

$=12x+7y$ …答

符号に注意してかっこ
をはずしてから，同類
項をまとめよう！

**テストで
注意 途中式はていねいに**

　この章ではめんどうな計算が続く
ので，つい途中式をはぶきたくなる
が，符号のまちがいが起こりやすく
なる。慣れるまでは，ていねいに途
中式を書こう。

Point ▶ まず，分配法則を使って，かっこをはずす。

練習 | 　　　　　　　　　　　　　　　　　　　　　　　　　解答▶別冊p.1

14 次の計算をしなさい。

(1) $4(3x+5y)+2(2x-5y)$

(2) $3(4a-3b)+2(5b-a)$

(3) $3(4x-y)-5(3x+y)$

(4) $2(x^2+6x-3)-3(4x-1)$

次の問いに答えなさい。

(1)　$2a+b$ の3倍に，$-4a+3b$ の2倍を加えたときの和を求めなさい。

(2)　$3x^2-5x$ の4倍から，x^2-6x の3倍をひいたときの差を求めなさい。

✔確認　まず，式を立てる

　ことばで説明されているのではじめは混乱するが，まず，書かれていることを式で表そう。このとき，かっこをつけるのを忘れないように。

解き方

もとの式にかっこをつける ▶

(1)　$\underbrace{(2a+b)\times3}_{2a+b\,の3倍}+\underbrace{(-4a+3b)\times2}_{-4a+3b\,の2倍}$

分配法則でかっこをはずす ▶

$=3(2a+b)+2(-4a+3b)$

$=6a+3b-8a+6b$

同類項をまとめる ▶

$=6a-8a+3b+6b$

$=\mathbf{-2a+9b}$　…答

x^2-6x をかっこでくくるのを忘れちゃダメ！

もとの式にかっこをつける ▶

(2)　$\underbrace{(3x^2-5x)\times4}_{3x^2-5x\,の4倍}-\underbrace{(x^2-6x)\times3}_{x^2-6x\,の3倍}$

分配法則でかっこをはずす ▶

$=4(3x^2-5x)-3(x^2-6x)$

$=12x^2-20x-3x^2+18x$

同類項をまとめる ▶

$=12x^2-3x^2-20x+18x$

$=\mathbf{9x^2-2x}$　…答

テストで注意　うしろの項の符号に注意！

　$-3(x^2-6x)$ のかっこをはずすとき，$-3(x^2-6x)=-3x^2\geqq18x$ と，うしろの項の符号を変えるのを忘れやすい。-3 をかっこ内のすべての項にかけるので，項の符号はすべて変わる。

Point もとの式にかっこをつけて，（数）×（多項式）の形に表す。

練　習　　　　　　　　　　　　　　解答▶別冊p.1

15　次の問いに答えなさい。

(1)　$x+3y$ の2倍に，$6x-4y$ の4倍を加えたときの和を求めなさい。

(2)　$-6a+2b$ の5倍から，$-5a+b-1$ の3倍をひいたときの差を求めなさい。

次の計算をしなさい。

(1) $\dfrac{a+b}{2}+\dfrac{2a-3b}{3}$

(2) $\dfrac{5x-3y}{6}-\dfrac{2x+5y}{4}$

解き方

(1) $\dfrac{a+b}{2}+\dfrac{2a-3b}{3}$

通分する ▶ $=\dfrac{3(a+b)}{6}+\dfrac{2(2a-3b)}{6}$

1つの分数にまとめる ▶ $=\dfrac{3(a+b)+2(2a-3b)}{6}$

かっこをはずす ▶ $=\dfrac{3a+3b+4a-6b}{6}$

同類項をまとめる ▶ $=\dfrac{\mathbf{7a-3b}}{6}$ …答

(2) $\dfrac{5x-3y}{6}-\dfrac{2x+5y}{4}$

通分する ▶ $=\dfrac{2(5x-3y)}{12}-\dfrac{3(2x+5y)}{12}$

1つの分数にまとめる ▶ $=\dfrac{2(5x-3y)-3(2x+5y)}{12}$

かっこをはずす ▶ $=\dfrac{10x-6y-6x-15y}{12}$

同類項をまとめる ▶ $=\dfrac{\mathbf{4x-21y}}{12}$ …答

別解 （分数）×（多項式）の形に直して計算してもよい

(1) $\dfrac{a+b}{2}+\dfrac{2a-3b}{3}$

$=\dfrac{1}{2}(a+b)+\dfrac{1}{3}(2a-3b)$

$=\dfrac{1}{2}a+\dfrac{1}{2}b+\dfrac{2}{3}a-b$

$=\dfrac{1}{2}a+\dfrac{2}{3}a+\dfrac{1}{2}b-b$

$=\dfrac{3}{6}a+\dfrac{4}{6}a+\dfrac{1}{2}b-\dfrac{2}{2}b$

$=\dfrac{7}{6}a-\dfrac{1}{2}b$ …答

テストで注意 分子のかっこを忘れないこと!

通分するとき，2や3は分子の多項式全体にかけるのだから，分子の多項式には，必ずかっこをつけること。

なお，慣れてきたら，この式は書かなくてもよい。

通分の説明は，270ページで確認できるよ!

▶ **Point** 通分して，分子の同類項をまとめる。

練習   解答▶別冊p.1

16 次の計算をしなさい。

(1) $\dfrac{2x+y}{2}+\dfrac{x-y}{3}$

(2) $2a-b-\dfrac{-a+2b}{3}$

例題 17 式の値　　　　Level ★★☆

$a=2$, $b=\dfrac{1}{3}$ のとき，$2(a-3b)-3(a+2b)$ の値を求めなさい。

解き方

$$2(a-3b)-3(a+2b)$$

かっこをはずす ▶ $=2a-6b-3a-6b$

式を簡単にする ▶ $=-a-12b$ ← これ以上簡単にならない

数値を代入する ▶ $=-\overset{a}{2}-12\times\overset{b}{\dfrac{1}{3}}=-2-4=-6$ … 答

└「×」の記号を補う

Point 式をできるだけ簡単にして，数値を代入。

確認 代入と式の値

式の中の文字を数におきかえることを**代入する**といい，代入して計算した結果を，**式の値**という。

別解 はじめから代入

計算は複雑になるが，はじめの式に a と b を代入しても，答えを求めることはできる。

$$2(a-3b)-3(a+2b)$$
$$=2\left(2-3\times\dfrac{1}{3}\right)-3\left(2+2\times\dfrac{1}{3}\right)$$
$$=2(2-1)-3\left(2+\dfrac{2}{3}\right)$$
$$=2\times1-3\times\dfrac{8}{3}$$
$$=2-8=-6$$ … 答

例題 18 やや複雑な式の値　　　　Level ★★★

$x=-4$, $y=3$ のとき，$\dfrac{2(3x-y)}{5}-\dfrac{x-5y}{2}$ の値を求めなさい。

解き方

$$\dfrac{2(3x-y)}{5}-\dfrac{x-5y}{2}$$

通分して1つの分数の形にする ▶ $=\dfrac{4(3x-y)-5(x-5y)}{10}$

かっこをはずす ▶ $=\dfrac{12x-4y-5x+25y}{10}$

式を簡単にし，数値を代入する ▶ $=\dfrac{7x+21y}{10}=\dfrac{7\times(-4)+21\times 3}{10}=\dfrac{35}{10}=\dfrac{7}{2}$ … 答

$$\dfrac{2(3x-y)}{5}-\dfrac{x-5y}{2}$$
$$=\dfrac{7x+21y}{10}$$

としておくと，代入したあとの計算がラクになるね。

Point 式を簡単にし，負の数は（　）をつけて代入。

練習　　　　　　　　　　　　　　　　　　解答 別冊p.2

17 $x=5$, $y=6$ のとき，$4(x-2y)-3(x-4y)$ の値を求めなさい。

18 $a=8$, $b=-6$ のとき，$\dfrac{3(7a-2b)}{4}-\dfrac{5a-2b}{2}$ の値を求めなさい。

4 単項式の乗法・除法

単項式の乗法 [例題 19 ～ 例題 22]

単項式の乗法では，**係数の積**に**文字の積**をかけます。
累乗を含む計算では，累乗の部分を先に計算します。

■ 単項式の乗法　　例　$5x \times (-2y) = 5 \times (-2) \times x \times y$　　　係数の積，文字の積を求める

$$= -10 \times xy$$

$$= -10xy$$

例　$-3x \times (-2x)^2 = -3x \times (-2x) \times (-2x)$　　累乗の部分を先に計算

$$= -3x \times 4x^2$$

$$= -12x^3$$

単項式の除法 [例題 23 ～ 例題 24]

整数係数の単項式の除法では，**わられる式を分子，わる式を分母**とする分数の形にして**約分**します。**分数係数でわる**単項式の除法では，**逆数をかける**形に直して計算します。

■ 単項式の除法　　例　$12xy \div (-4y) = \dfrac{12xy}{-4y} = -\dfrac{\overset{3}{12xy}}{\underset{1}{4y}} \overset{1}{}= -3x$

分数の形に

例　$7ab \div \dfrac{b}{2a} = 7ab \times \dfrac{2a}{b} = \dfrac{7ab \times 2a}{\underset{1}{b}} = 14a^2$

逆数をかける

単項式の乗除混合計算 [例題 25 ～ 例題 26]

単項式の乗除混合計算は，**かける式を分子，わる式を分母**とする分数の形にして計算します。

■ 単項式の乗除
混合計算　　例　$12ab \div 3a \times 2b = \dfrac{12ab \times 2b}{3a} = 8b^2$

分子に

分母に

$(-2z) \times (-3xy)$ を計算しなさい。

解き方

$$(-2z) \times (-3xy)$$

係数の積，文字の積を求める ▶ $= (-2) \times (-3) \times z \times xy$

$$= 6 \times xyz$$

それらをかけ合わせる ▶ $= 6xyz$ … 答

> **Point** ▶ 係数の積に，文字の積をかける。

✔確認 **文字式の表し方**

(1) 文字と数の積では，数を文字の前に書く。

(2) 文字と文字の積では，ふつうアルファベット順に書く。

　以下のような式では，アルファベット順に書かないほうがわかりやすいこともある。

　　$2xy - 3yz + 4zx$

$\dfrac{1}{3}x \times \left(-\dfrac{1}{2}xy\right)$ を計算しなさい。

解き方

$$\frac{1}{3}x \times \left(-\frac{1}{2}xy\right)$$

$$= \frac{1}{3} \times \left(-\frac{1}{2}\right) \times x \times xy$$

$$\underset{x\,\text{が}\,2\,\text{個},\ y\,\text{が}\,1\,\text{個}}{}$$

累乗の指数を使って表す ▶ $= -\dfrac{1}{6}x^2y$ … 答

✔確認 **同じ文字の積は，必ず累乗の指数で**

$-\dfrac{1}{6}xxy$ としないで，同じ文字 x の積は $-\dfrac{1}{6}x^2y$ と累乗の指数を使って表す。

> **Point** ▶ 同じ文字の積は，
> 累乗の指数を使って表す。

練 習 　　　　　　　　　　　　　　　　　　　　　　　　　解答 ▶ 別冊p.2

19 次の計算をしなさい。

(1) $3bc \times (-5a)$

(2) $-\dfrac{1}{4}y \times 8x$

20 次の計算をしなさい。

(1) $4x \times (-6x)$

(2) $\dfrac{1}{4}b \times \left(-\dfrac{2}{3}ab\right)$

例題 **21** 単項式の累乗　Level ★★☆

$(-2xy^2)^2$ を計算しなさい。

解き方

単項式×単項式
の形に直す

$(-2xy^2)^2 = (-2xy^2) \times (-2xy^2)$

$= (-2) \times (-2) \times xy^2 \times xy^2$

係数の積，文字
の積を求める

$= 4 \times x^2y^4$

$= 4x^2y^4$ …答

Point $(ab)^n \rightarrow ab$ を n 個かける。

（　）^{2}は（　）の中を2回
かければいいんだね。

例題 **22** 累乗を含む単項式の乗法　Level ★★☆

次の計算をしなさい。

(1) $3ab \times (-2a^2)^2$ 　　(2) $-x^2y \times (-xy^2)^2$

解き方

累乗の部分を
先に計算

(1) $3ab \times (-2a^2)^2$

$= 3ab \times (-2a^2) \times (-2a^2)$

$= 3ab \times 4a^4$

$= 12a^5b$ …答

累乗の部分を
先に計算

(2) $-x^2y \times (-xy^2)^2$

$= -x^2y \times (-xy^2) \times (-xy^2)$

$= -x^2y \times x^2y^4$

$= -x^4y^5$ …答

Point 累乗を含む計算では，
累乗の部分を先に計算する。

テストで注意 $-2a^4$ や $4a^2$ としない！

(1) $(-2a^2)^2$

$= (-2a^2) \times (-2a^2)$

$= (-2) \times (-2) \times a^2 \times a^2$

$= 4 \times a^4 = 4a^4$

となる。

$(-2a^2)^2 \geqq 2a^4$

$(-2a^2)^2 \geqq 2^2a^2$

などとしないように注意。

練習 　　　　　　　　　　　　　　　　　　　　　　　　　解答▶別冊p.2

21 右の計算をしなさい。　(1) $(-5m)^2$ 　　　　　(2) $-(-2x^2y)^2$

22 右の計算をしなさい。　(1) $(-xy)^2 \times y^2$ 　　(2) $-a^2 \times (-ab)^3$

次の計算をしなさい。

(1) $9xy \div 3y$　　　　　　(2) $-4a \div (-2ab)$

(3) $ab^2 \div (-3a^2b)$

解き方

(1) $9xy \div 3y$

分数の形にする ▶ $= \dfrac{9xy}{3y}$

約分する ▶ $= \dfrac{\overset{3}{9} \times x \times \overset{1}{y}}{\underset{1}{3} \times \underset{1}{y}} = 3x$ … 答

(2) $-4a \div (-2ab)$

分数の形にする ▶ $= \dfrac{-4a}{-2ab}$

符号を決める ▶ $= \dfrac{4a}{2ab}$

約分する ▶ $= \dfrac{\overset{2}{4} \times \overset{1}{a}}{\underset{1}{2} \times \underset{1}{a} \times b} = \dfrac{2}{b}$ … 答

(3) $ab^2 \div (-3a^2b)$

分数の形にする ▶ $= \dfrac{ab^2}{-3a^2b}$

符号を決める ▶ $= -\dfrac{ab^2}{3a^2b}$

約分する ▶ $= -\dfrac{\overset{1}{a} \times \overset{1}{b} \times b}{3 \times \underset{1}{a} \times a \times \underset{1}{b}} = -\dfrac{b}{3a}$ … 答

Point ○÷△の式は，○を分子，△を分母にして約分する。

テストで **注意** **文字の約分を忘れない!**

(1) 数どうしの約分だけをして，答えを $\dfrac{3xy}{y}$ としてはいけない。同じ文字どうしは，数と同じように約分できる。

くわしく **分数の形にしたら，まず符号を決定**

分数の形にしたら，まず，符号を決めること。

$(-) \div (-) \to (+)$
$(+) \div (-) \to (-)$
$(-) \div (+) \to (-)$

もちろん，「＋」の符号は省略してもよい。

文字を約分するときは，もう約分できないかどうかを最後に確認しよう。

練習 |　　　　　　　　　　　　　　　　　**解答** ▶ 別冊p.2

23 次の計算をしなさい。

(1) $12a \div (-3ab)$　　(2) $-8xy \div (-2x)$　　(3) $(-16x^3y) \div 4xy$

例題 24 分数係数の単項式の除法 Level ★★☆

$\dfrac{1}{6}xy \div \dfrac{1}{24}xy^2$ を計算しなさい。

解き方

$$\dfrac{1}{6}xy \div \dfrac{1}{24}xy^2$$

$$= \dfrac{xy}{6} \div \dfrac{xy^2}{24}$$

逆数をかける ▶ $= \dfrac{xy}{6} \times \dfrac{24}{xy^2}$

約分する ▶ $= \dfrac{\overset{1}{x} \times \overset{1}{y} \times \overset{4}{24}}{\underset{1}{6} \times \underset{1}{x} \times \underset{1}{y} \times y} = \dfrac{4}{y}$ …答

くわしく まず，式を変形！

計算しやすいように，まず，式を変形して，$\dfrac{\triangle}{\bigcirc} \div \dfrac{\diamond}{\square}$ の形にする。

Point 「$\div \dfrac{\bigcirc}{\triangle}$」は「$\times \dfrac{\triangle}{\bigcirc}$」に直す。

例題 25 単項式の乗除混合計算 Level ★★☆

$40x^2y \div 5x \times 2y$ を計算しなさい。

解き方

$$40x^2y \div 5x \times 2y$$

かける式は分子に ▶
わる式は分母に ▶ $= \dfrac{40x^2y \times 2y}{5x}$

約分する ▶ $= \dfrac{\overset{8}{40} \times 2 \times x \times \overset{1}{x} \times y \times y}{\underset{1}{5} \times \underset{1}{x}} = 16xy^2$ …答

別解 乗法だけの式に直して計算！

次のように，わる数の逆数をかけて，乗法だけの式に直して計算してもよい。

$$40x^2y \div 5x \times 2y$$
$$= 40x^2y \times \dfrac{1}{5x} \times 2y$$
$$= \dfrac{40x^2y \times 2y}{5x}$$
$$= 16xy^2 \quad \text{…答}$$

Point かける式を分子，わる式を分母とする分数の形にして計算する。

練習 | 解答▶ 別冊 p.2

24 $\left(-\dfrac{5}{6}ab^2\right) \div \left(-\dfrac{2}{3}a^2b\right)$ を計算しなさい。

25 $2ab^2 \times (3b)^2 \div (-3ab^3)$ を計算しなさい。

$a=-2$, $b=\dfrac{2}{3}$ のとき，次の式の値を求めなさい。

(1) $8ab^2 \div 4b$

(2) $6a^2b \div (-3ab) \times b^2$

解き方

(1) $8ab^2 \div 4b$ ←○÷△は $\dfrac{○}{△}$ に直す

分数の形にする ▶ $= \dfrac{8ab^2}{4b}$ $\dfrac{\overset{2}{8} \times a \times \overset{1}{b} \times b}{\underset{1}{4} \times \underset{1}{b}}$

式を簡単にする ▶ $= 2ab$

数値を代入する ▶ $= 2 \times (-2) \times \dfrac{2}{3}$

$= -\dfrac{8}{3}$ … 答

ーの値を代入するとき
は，かっこをつけるのを
忘れちゃダメ。

(2) $6a^2b \div (-3ab) \times b^2$

分数の形にする ▶ $= -\dfrac{6a^2b \times b^2}{3ab}$ $-\dfrac{\overset{2}{6} \times \overset{1}{a} \times a \times \overset{1}{b} \times b \times b}{\underset{1}{3} \times \underset{1}{a} \times \underset{1}{b}}$

式を簡単にする ▶ $= -2ab^2$

数値を代入する ▶ $= -2 \times (-2) \times \left(\dfrac{2}{3}\right)^2$

$= -2 \times (-2) \times \dfrac{4}{9}$

$= \dfrac{16}{9}$ … 答

くわしく **まず，符号を決定**

$(+) \div (-) \times (+) \to (-)$

次に，かける式は分子に，わる式
は分母にする。

テストで注意 **分数のかっこを忘れない！**

かっこをつけないで代入すると，
次のように，分子だけ2乗しやすい。

$-2 \times (-2) \times \dfrac{2^2}{3}$

Point ▶ 式をできるだけ簡単にしてから，
数値を代入する。

練 習   解答 ▶ 別冊 p.2

26 次の式の値を求めなさい。

(1) $a=-2$, $b=3$ のとき，$12a^2b \div (-6ab) \times 2a$ の値

(2) $x=\dfrac{1}{2}$, $y=-\dfrac{2}{3}$ のとき，$9x^2y^2 \times 4y \div (-3x) \div 2xy^2$ の値

5 文字式の利用

文字を使った説明 [例題 27]～[例題 31]

文字を使って，数についての問題を説明するには，次の数の表し方を使うとよいです。

■ 倍数	nを整数とすると，ある整数aの倍数は，$\boldsymbol{an}$
■ 偶数と奇数	m，nを整数とすると，偶数 ➡ $\boldsymbol{2m}$，奇数 ➡ $\boldsymbol{2n+1}$
■ 2けたの自然数	十の位の数字をx，一の位の数字をyとすると，$\boldsymbol{10x+y}$
■ 余りのある 自然数	例 nを整数とすると，4でわった余りが3である自然数は， $\boldsymbol{4n+3}$

等式の変形 [例題 32]

たとえば，$2x-y=3$を$\boldsymbol{x=\sim}$**の形**に変形することを，$\boldsymbol{x}$**について解く**といいます。

等式をある文字について解くには，**他の文字を数と考えて，方程式を解く**のと同じように変形していきます。

■ 等式の変形	例 $2x-y=3$をxについて解く。
	$2x-y=3$
	$2x=3+y$ $\quad$ $-y$を移項
	$x=\dfrac{3+y}{2}$ $\quad$ 両辺を2でわる

文字式の図形への利用 [例題 33]～[例題 35]

文字を使って，図形の問題を考えるときは，次の公式を使うとよいです。

■ 円周の長さと 円の面積	半径rの円の円周の長さをℓ，面積をSとすると， $\ell=2\pi r$ $\qquad$ $S=\pi r^2$
■ おうぎ形の弧の 長さと面積	半径r，中心角$a°$のおうぎ形の弧の長さをℓ，面積をSとすると， $\ell=2\pi r\times\dfrac{a}{360}$ $\qquad$ $S=\pi r^2\times\dfrac{a}{360}$
■ 角柱・円柱の体積	底面積をS，高さをh，体積をVとすると，$V=Sh$

次の問いに答えなさい。

(1)　3の倍数どうしの和は，3の倍数になるわけを説明しなさい。

(2)　6の倍数と9の倍数の和は，3の倍数になるわけを説明しなさい。

解き方

2つの3の倍数を文字で表す ▶

(1)　〔説明〕m，n を整数とすると，2つの3の倍数は，$3m$，$3n$ と表せる。

これらの和は，

2数の和を式に表す ▶

$$3m+3n=3(m+n)$$

和が3の倍数であることを導く ▶

ここで，m，n は整数だから，$m+n$ も整数であり，$3(m+n)$ は3の倍数。

したがって，3の倍数どうしの和は，3の倍数である。

(2)　〔説明〕m，n を整数とすると，

6の倍数と9の倍数をそれぞれ文字で表す ▶

6の倍数は $6m$

9の倍数は $9n$

と表せる。

これらの和は，

2数の和を式に表す ▶

$$6m+9n=3(2m+3n)$$

和が3の倍数であることを導く ▶

ここで，m，n は整数だから，$2m+3n$ も整数であり，$3(2m+3n)$ は3の倍数。

したがって，6の倍数と9の倍数の和は，3の倍数である。

Point ▶ a の倍数の説明 ➡ $a×$（整数）の形を導く。

テストで注意 **2つとも $3m$ と $3m$ では説明することにならない！**

　(1)では2つの数を文字で表す必要があるが，$3m$ と $3m$ では，同じ数を表すことになってしまう。

　この問題では，12と15のように異なる3の倍数どうしの和について考えなければいけないので，同じ数についての説明では，この問題の説明としては不十分。

✔確認 **整数の和・差・積は必ず整数**

　どんな2つの整数でも，その和・差・積は必ず整数である。

　ただし，商は必ずしも整数とは限らない。

3の倍数になるわけを説明したいので，3（○＋□）の形を導こう。

練習 　　　　　　　　　　　　　　　　　　　　　　　　　　　**解答** 別冊p.2

27　4の倍数どうしの和は，4の倍数になるわけを説明しなさい。

例題 28 2けたの自然数についての説明
Level ★★☆

　一の位が0でない2けたの自然数から，十の位と一の位を入れかえた自然数をひくと，差が9の倍数になります。このわけを，十の位の数をx，一の位の数をyとして説明しなさい。

解き方

2つの自然数を文字で表す ▶ 〔説明〕もとの数は$10x+y$，もとの数の位を入れかえた数は$10y+x$と表せる。

9×(整数)の形を導く ▶ 　　それらの差は，$(10x+y)-(10y+x)$

$$=9x-9y=9(x-y)$$

　　ここで，$x-y$は整数だから，$9(x-y)$は9の倍数である。したがって，問題の条件で与えられた数は，9の倍数である。

Point ▶ もとの自然数は$10x+y$，位を入れかえると$10y+x$と表せる。

テストで注意 **もとの数は「xy」ではいけない！**

　xyは$x \times y$の意味である。
　　$28=10\times2+1\times8$
　　$47=10\times4+1\times7$
などと同じように考えて，式に表そう。

✓確認 **負の数と倍数**

　絶対値が9の倍数なら，負の数も9の倍数である。たとえば，$25-52=-27$も9の倍数となる。

例題 29 連続する3つの整数についての説明
Level ★★☆

　6，7，8のように，連続する3つの整数の和は3の倍数です。このわけを説明しなさい。

解き方

3つの整数を文字で表す ▶ 〔説明〕連続する3つの整数をn，$n+1$，$n+2$とすると，それらの和は，

3×(整数)の形を導く ▶ 　　$n+(n+1)+(n+2)=3n+3=3(n+1)$

　　$n+1$は整数だから，$3(n+1)$は3の倍数である。したがって，連続する3つの整数の和は，3の倍数である。

Point ▶ 連続する3つの整数 → n，$n+1$，$n+2$と表せる。

別解 $n-2$，$n-1$，n

　3つの整数は連続してさえいればよいので，$n-2$，$n-1$，nなどとしてもかまわない。
　　$(n-2)+(n-1)+n$
　$=3n-3$
　$=3(n-1)$
は3の倍数となる。

練習
解答 ▶ 別冊p.2

28 　2けたの自然数に，その数の十の位と一の位を入れかえた自然数を加えると，その和は11の倍数になります。そのわけを説明しなさい。

29 　2，4，6のように，1つおきに並んでいる整数の和は3の倍数であることを説明しなさい。

次の問いに答えなさい。

(1) 偶数どうしの和は，偶数になるわけを説明しなさい。

(2) 偶数と奇数の和は，奇数になるわけを説明しなさい。

解 き 方

2つの偶数を
文字で表す ▶

(1) 〔**説明**〕m，nを整数とすると，2つの偶数は，

$2m$，$2n$と表せる。

これらの和は，

2数の和を式に
表す ▶

$2m+2n=2(m+n)$

ここで，$m+n$は整数だから，

和が偶数である
ことを導く ▶

$2(m+n)$は偶数である。

したがって，偶数どうしの和は，偶数である。

(2) 〔**説明**〕m，nを整数とすると，

偶数と奇数を
文字で表す ▶

偶数は$2m$，奇数は$2n+1$

と表せる。これらの和は，

$2m+(2n+1)=2m+2n+1$

2数の和を式に
表す ▶

$=2(m+n)+1$

ここで，$m+n$は整数だから，

和が奇数である
ことを導く ▶

$2(m+n)+1$は奇数である。

したがって，偶数と奇数の和は，奇数である。

Point ▶ m，nを整数とすると， 偶数 ➜ $2m$
奇数 ➜ $2n+1$

復習 **偶数と奇数**

整数の範囲でわり算を考えるとき，2でわり切れる数($\cdots$，-4，-2，0，2，4，$\cdots$)を**偶数**といい，2でわり切れない数($\cdots$，-3，-1，1，3，$\cdots$)を**奇数**という。したがって，0は**偶数**となる。

テストで
注意 **2つの偶数を，「$2m$と$2m$」として説明してはダメ!**

$2m$と$2m$では，同じ数になってしまうので，この問題の説明としては不十分。

ここも，$2m$と$2n$のように，文字を変えて説明すること。

$2(m+n)+1$で，
(偶数)$+1$となり，
奇数の形になるね。

練 習

解答 ▶ 別冊p.2

30 奇数どうしの和は，偶数になるわけを説明しなさい。

例題 31 連続する数の和の説明　Level ★★★

次の問いに答えなさい。

(1) 連続する2つの自然数があります。小さいほうを5でわった余りが2であるとき，2つの数の和は5の倍数になります。そのわけを説明しなさい。

(2) 連続する2つの自然数があります。大きいほうを7でわった余りが4であるとき，2つの数の和は7の倍数になります。そのわけを説明しなさい。

解き方

2つの数を文字で表す ▶ (1)〔説明〕n を整数とすると，小さいほうの数は $5n+2$ と表せる。このとき，大きいほうの数は
$$(5n+2)+1=5n+3$$
と表せるから，これらの和は，

2数の和を式に表す ▶
$$(5n+2)+(5n+3)=10n+5=5(2n+1)$$
ここで，$2n+1$ は整数だから，

和が5の倍数であることを導く ▶ $5(2n+1)$ は5の倍数である。よって，問題の条件で与えられた2つの自然数の和は，5の倍数である。

2つの数を文字で表す ▶ (2)〔説明〕n を整数とすると，大きいほうの数は $7n+4$ と表せる。このとき，小さいほうの数は
$$(7n+4)-1=7n+3$$
と表せるから，これらの和は，

2数の和を式に表す ▶
$$(7n+4)+(7n+3)=14n+7=7(2n+1)$$
ここで，$2n+1$ は整数だから，

和が7の倍数であることを導く ▶ $7(2n+1)$ は7の倍数である。よって，問題の条件で与えられた2つの自然数の和は，7の倍数である。

✔ 確認 「$5n+2$」となる理由

「5でわった余りが2」である数は，7，12，17 などが考えられるが，これらはいずれも5の倍数（5，10，15 など）に2をたした数である。5の倍数は $5n$（n は整数）と表せるので，「5の倍数に2をたした数」は $5n+2$ と表すことができる。

くわしく　**大きい数＝小さい数＋1**

連続する2つの自然数だから，大きいほうの数は，小さいほうの数より1大きい。

> 問題文がややこしいときは，「3と4，10と11，…」のように条件にあう例をいくつか挙げると考えやすいよ。

練習 | 解答 別冊p.2

31 連続する3つの自然数があります。いちばん小さい数を6でわった余りが3であるとき，3つの数の和は6の倍数になります。このわけを説明しなさい。

次の等式を，〔　〕の中の文字について解きなさい。

(1)　$4x+2y=7$ 〔y〕　　　　　(2)　$V=\dfrac{1}{3}\pi r^2 h$ 〔h〕

(3)　$\ell=2(m+n)$ 〔m〕

解き方

(1)　$4x+2y=7$

解く文字以外の項を右辺へ移項 ▶

$2y=7-4x$

両辺を2でわる ▶

$y=\dfrac{7-4x}{2}$ …答

(2)　$V=\dfrac{1}{3}\pi r^2 h$

両辺を入れかえる ▶

$\dfrac{1}{3}\pi r^2 h=V$

両辺に3をかける ▶

$\pi r^2 h=3V$

両辺をπr^2でわる ▶

$h=\dfrac{3V}{\pi r^2}$ …答

(3)　$\ell=2(m+n)$

両辺を入れかえる ▶

$2(m+n)=\ell$

両辺を2でわる ▶

$m+n=\dfrac{\ell}{2}$

$+n$を移項する ▶

$m=\dfrac{\ell}{2}-n$ …答

解く文字以外の文字を数と考え，等式の性質を使って解くよ。

📘くわしく **変形の第一歩**

（解く文字）＝～の形に変形するのだから，まず，両辺を入れかえ，解く文字を左辺にもってきて，変形しやすくする。

Point 方程式を解くのと同じやり方で変形する。

練習 | 　　　　　　　　　　　　　　　　　　　　　　　解答 ▶ 別冊p.3

32　次の等式を，〔　〕の中の文字について解きなさい。

(1)　$10x+y=z$ 〔x〕　　　　　(2)　$S=\dfrac{5(a+b)}{2}$ 〔a〕

例題 33 式の計算の面積への利用 Level ★★☆

半径が$r$cm，中心角が$a°$のおうぎ形Aと，半径が$2r$cm，中心角が$2a°$のおうぎ形Bがあります。Bの面積はAの面積の何倍ですか。

解き方

それぞれの面積を式に表す ▶ Aの面積は，$\pi r^2 \times \dfrac{a}{360} = \dfrac{\pi a r^2}{360}$（cm²）

Bの面積は，$\pi \times (2r)^2 \times \dfrac{2a}{360} = \dfrac{\pi a r^2}{45}$（cm²）

Bの面積をAの面積でわる ▶ したがって，$\dfrac{\pi a r^2}{45} \div \dfrac{\pi a r^2}{360} = 8$（倍）　…答

Point ▶ Bの面積をAの面積でわる。

図解 おうぎ形

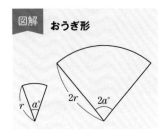

✓確認 おうぎ形の面積

（面積）$= \pi \times$（半径）$^2 \times \dfrac{（中心角）}{360°}$

例題 34 式の計算の体積への利用 Level ★★★

底面の1辺が$a$cm，高さが$h$cmの正四角柱Aと，底面の1辺が$2a$cm，高さが$\dfrac{1}{2}h$cmの正四角柱Bがあります。Bの体積はAの体積の何倍ですか。

解き方

それぞれの体積を式に表す ▶ Aの体積は，$a^2 \times h = a^2 h$（cm³）

Bの体積は，$(2a)^2 \times \dfrac{1}{2}h = 2a^2 h$（cm³）

Bの体積をAの体積でわる ▶ したがって，$2a^2 h \div a^2 h = 2$（倍）　…答

Point ▶ Bの体積をAの体積でわる。

図解 正四角柱の体積

（体積）＝（底面積）×（高さ）

$V = a^2 \times h$

底面積a^2

練習 | 解答▶別冊p.3

33 1辺が$2a$cmの立方体Aと，1辺が$3a$cmの立方体Bがあります。Bの表面積はAの表面積の何倍ですか。

34 底面の半径が$3r$cm，高さが$2h$cmの円柱Aと，底面の半径が$2r$cm，高さが$h$cmの円柱Bがあります。Bの体積はAの体積の何倍ですか。

例題 **35** 円の弧の長さ

右の図のような，半円を組み合わせた形をしたハイキングコースがあります。AからBへ行くのに，赤いコースを通る行き方と青いコースを通る行き方があり，コースの長さはどちらも同じになります。このことを，文字を使って説明しなさい。

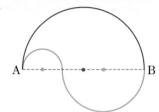

解き方

〔**説明**〕右の図で，直径ACの長さをa，直径CBの長さをbとすると，

赤いコースの長さは

円周の長さの公式を利用 ▶
$$\pi \times (a+b) \times \frac{1}{2} = \frac{\pi}{2}(a+b) \cdots ①$$

└ABを直径とする半円の弧の長さ

青いコースの長さは

円周の長さの公式を利用 ▶
$$\pi \times a \times \frac{1}{2} + \pi \times b \times \frac{1}{2} = \frac{\pi}{2}(a+b) \cdots ②$$

└CBを直径とする半円の弧の長さ

ACを直径とする半円の弧の長さ

①，②より，コースの長さはどちらも同じになる。

Point 各円の直径から，
半円の弧の長さを求める。

図解

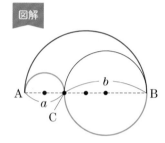

✔確認 **円周の長さの公式**

半径rの円の円周の長さをℓとすると，$\ell = 2\pi r$

練 習 | 解答▶ 別冊p.3

35 右の図のように，円Oの直径AB上に点C，Dをとり，AC，CD，DBをそれぞれ直径とする円P，Q，Rをかきます。AからBへ行くのに，赤い線上を通るのと，青い線上を通るのとでは，どちらも同じ長さになります。このことを，文字を使って説明しなさい。

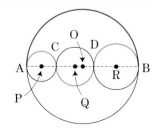

赤道のまわりに ロープを巻くと？

地球の半径は約6400kmである。地球の赤道上空にロープを，地表から1m離して巻くとする。このとき，ロープと赤道の長さの差はどれくらいになるか，考えてみよう。

計算で求める
のは大変だよ。

① 2つの計算のしかたを比べよう

●計算で求める

6400km＝6400000mだから，

赤道の長さ：$2\pi \times 6400000$（m）

ロープの長さ：$2\pi \times (6400000+1)$（m）

その差は，

$2\pi \times (6400000+1) - 2\pi \times 6400000$

$= 12800002\pi - 12800000\pi$

$= 2\pi$

答 約6m

●文字式を利用する

文字式を利用すると，簡単に求められる。

地球の半径をrmとすると，

赤道の長さ：$2\pi r$（m）

ロープの長さ：$2\pi (r+1)$（m）

その差は，

$2\pi (r+1) - 2\pi r$

$= 2\pi r + 2\pi - 2\pi r$

$= 2\pi$ 答 約6m

ロープと赤道の長さの差は，地球の半径rには関係がなく，地表から離した長さだけに関係することがわかる。

定期テスト予想問題 ①

時間 40分
解答 別冊 p.3

得点 /100

1／単項式と多項式

1 多項式 $4x^2-x-11$ について，次の問いに答えなさい。【4点×2】

(1) 項を答えなさい。〔　　〕

(2) 何次式ですか。〔　　〕

2／多項式の加法・減法

2 次の計算をしなさい。【4点×4】

(1) $5x-4y+6x-7y$ 〔　　〕

(2) $8a^2+3b-4-5a^2-4b$ 〔　　〕

(3) $(3x+6y)+(2x-5y)$ 〔　　〕

(4) $(6a^2-3a)-(a^2-3a)$ 〔　　〕

3／数と多項式の乗法・除法

3 次の計算をしなさい。【4点×6】

(1) $3(2x-5y)$ 〔　　〕

(2) $(3a+b)\times(-2)$ 〔　　〕

(3) $(8x-12y)\div 2$ 〔　　〕

(4) $(3x+8y)+3(x-2y)$ 〔　　〕

(5) $2(4a-b)-3(a+3b)$ 〔　　〕

(6) $\dfrac{x-y}{2}+\dfrac{x+y}{3}$ 〔　　〕

4／単項式の乗法・除法

4 次の計算をしなさい。【4点×4】

(1) $3a\times(-5b)$ 〔　　〕

(2) $(-2a)^2\times 3a$ 〔　　〕

(3) $-15xy\div 5y$ 〔　　〕

(4) $x^2\times(-12y)\div 4xy$ 〔　　〕

4／単項式の乗法・除法

5 $x=2$, $y=-\frac{1}{4}$ のとき，次の式の値を求めなさい。 【4点×2】

(1) $(x+3y)-(3x-5y)$ 〔　　　〕

(2) $20xy^2\div(-5y)$ 〔　　　〕

5／文字式の利用

6 次の等式を，〔　〕の中の文字について解きなさい。 【4点×2】

(1) $2x+y=5$ 〔y〕 〔　　　〕

(2) $2\pi r=a+3b$ 〔b〕 〔　　　〕

5／文字式の利用

7 m, n を 0 以上の整数とするとき，3 でわると 1 余る数は $3m+1$，3 でわると 2 余る数は $3n+2$ と表すことができます。これを用いて，

(3 でわると 1 余る数)＋(3 でわると 2 余る数)＝(3 でわり切れる数)

であることを説明しなさい。 【10点】

〔　　　〕

5／文字式の利用

8 右の図について，次の問いに答えなさい。 【5点×2】

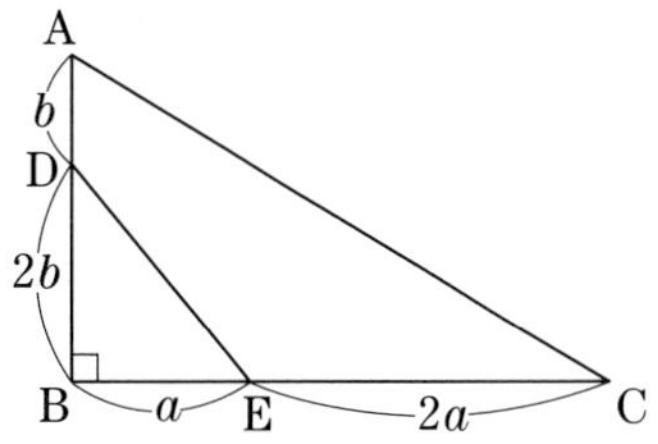

(1) △ABC の面積は，△DBE の面積の何倍ですか。 〔　　　〕

(2) 四角形 ADEC の面積は，△ABC の面積の何倍ですか。 〔　　　〕

1章／式の計算

1／単項式と多項式

1 次の多項式は何次式ですか。 【4点×2】

(1) $4a-bc+b$ 〔　　　　〕

(2) $5xy+2x^2y-4$ 〔　　　　〕

2／多項式の加法・減法

2 次の2つの式について、次の問いに答えなさい。 【4点×2】

$3a-8b,\ 4a+2b$

(1) 2つの式の和を求めなさい。 〔　　　　〕

(2) 左の式から、右の式をひいた差を求めなさい。 〔　　　　〕

3／数と多項式の乗法・除法

3 次の計算をしなさい。 【4点×4】

(1) $(2a-3b)\div\left(-\dfrac{1}{3}\right)$ 〔　　　　〕

(2) $5(a+b)-2(4a-b)$ 〔　　　　〕

(3) $3(x^2+x-4)-4(x-5)$ 〔　　　　〕

(4) $\dfrac{5a+b}{8}-\dfrac{a-3b}{4}$ 〔　　　　〕

4／単項式の乗法・除法

4 次の計算をしなさい。 【4点×6】

(1) $-9xy\times\left(-\dfrac{y}{3}\right)$ 〔　　　　〕

(2) $8x^3\div(-2x)$ 〔　　　　〕

(3) $-10a^2\div\dfrac{a}{5}$ 〔　　　　〕

(4) $4ab\times3a^2b\div(-2a)^2$ 〔　　　　〕

(5) $12xy\div(-2xy^2)\times(-xy)^2$ 〔　　　　〕

(6) $\dfrac{4}{3}a^3b^2\div4a\div6ab$ 〔　　　　〕

4／単項式の乗法・除法

5 次の式の値を求めなさい。　　　　　　　　　　　　　　　【5点×2】

(1) $x=-2$, $y=3$ のとき，$3(x-2y)-(2x+3y)$ の値　　　〔　　　　　〕

(2) $a=\dfrac{1}{2}$, $b=-\dfrac{2}{3}$ のとき，$6ab\div(-3a^2)\times 9a^2b$ の値　　〔　　　　　〕

5／文字式の利用

6 次の等式を，〔　〕の中の文字について解きなさい。　　　　【5点×2】

(1) $3a-4b-7=0$ 〔b〕　　　　　　　　　　　　　　〔　　　　　〕

(2) $\dfrac{1}{2}x+\dfrac{1}{3}y=1$ 〔y〕　　　　　　　　　　　　　〔　　　　　〕

5／文字式の利用

7 5，7，9のように，連続する3つの奇数の和は，3の倍数になります。このことを，n を整数として，説明しなさい。　　　　　　　　　　　　　　　　　　　　　　【12点】

思考 **5／文字式の利用**

8 右の図のように，底面の1辺が a cm の正方形，高さが h cm の正四角錐 A があります。正四角錐 B は，正四角錐 A の底面の1辺と高さをそれぞれ2倍にしたものです。このとき，次のように予想しました。

> 正四角錐 B の体積は正四角錐 A の体積の8倍である

この予想が成り立つことを，文字 a, h を使って説明しなさい。

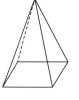

正四角錐 A　　　正四角錐 B

【12点】

スタート位置を決めよう

100m走などのトラック競技では，レーンによってスタートの位置がわずかにずれている。この理由とスタート位置の決め方について，考えてみよう。

---

① なぜスタート位置がずれている？

100m走などのトラック競技でスタート位置がずれているのを知って，「ずるい」と思ったことはないかな？

これには，スタートとゴールの間の長さを同じにするためという，きちんとした数学的な理由がある。

では，実際にどれくらい位置をずらせばよいのかを，この章で勉強した「文字式の利用」を使った計算で，考えてみよう。

---

② 第1レーンと第2レーンの1周の長さを求める

トラックは，下の図のような，2つの半円と長方形を組み合わせた形になっている。ここでは，レーンの幅を1m，各レーンの内側の周の長さを，そのレーンの1周の長さとする。

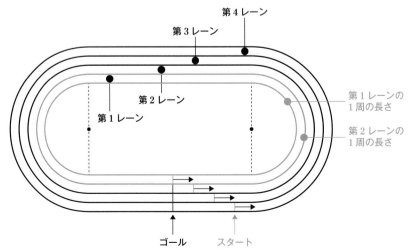

トラックの直線部分をam，半円部分の半径をrmとして，第1レーンと第2レーンの1周の長さを，aとrを使ってそれぞれ表す。

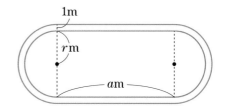

●第1レーン

　　$2a+2\pi r$（m）

●第2レーン

　　$2a+2\pi(r+1)=2a+2\pi r+2\pi$（m）

1周の長さは，直線部分2つ分と，半円2つをあわせた円のまわり1つ分だね。

③ 第1レーンと第2レーンの長さの差を求める

　次の式より，1周の長さは，第2レーンのほうが，2πm長くなる。

　　$(2a+2\pi r+2\pi)-(2a+2\pi r)=2\pi$（m）

　となり合うレーンの長さの差は，直線部分の長さが同じだから，2つの半円をあわせた円の周の長さで比べることができる。

　第1レーンと第2レーンで走る長さを同じにするためには，第2レーンのスタート位置を2πm前にしなければならない。

④ ほかのレーンを考える

　トラック1周の長さを，第3レーンと第4レーンについても考える。

●第3レーン　　$2a+2\pi(r+2)=2a+2\pi r+4\pi$（m）
●第4レーン　　$2a+2\pi(r+3)=2a+2\pi r+6\pi$（m）

　上の式より，どのレーンも2πmずつ長くなっていることがわかる。

　第2レーンと第3レーン，第3レーンと第4レーンで走る長さを同じにするためには，スタート位置をそれぞれ2πmずつ前にすればよいことがわかった。

　以上の考察からわかったように，となり合うレーンの1周の長さの差は，半円部分の半径（r）や直線（a）の長さには関係がなく，レーンの幅で決まる。

中学生のための
勉強・学校生活アドバイス

計画との正しい付き合い方

「テスト前は，勉強の計画は立てているよね？　それ以外では勉強の計画って立てている？」

「テスト前以外は立てていないです。ダメですか？」

「中2だとそういう人がまだ多いかもね。でも，中3になったら毎月の勉強の計画は立てたほうがいいと思うよ。僕は中2の3学期から立てているよ。」

「どういう風に立てているんですか？」

「"3月は数学・英語のここからここまで，4月は理科や社会のここからここまでを復習しよう"みたいな感じだよ。」

「計画を立てるときのコツってありますか？」

「コツは2つ。**1つ目は計画は厳しめに立てる**ってこと！　ダラけてしまわないように，できるかできないかギリギリの計画を立てるようにしているよ。」

「えぇ，厳しめに計画立てると，できなかったときにへこみそう…。」

「そう，それがコツの2つ目。**計画通りにいかなくても落ち込まず，『計画はズレるもの』だと思っておくこと。**」

「いいんですか？　計画って守らないとダメな気がしますけど。」

「基本的には守ろうと頑張(がんば)るべきだけど，厳しめに立てた計画だからできないこともある。ズレたらまた計画を立て直せばいいんだ。」

「そう考えておくと，すこし気がラクになりますね。」

「計画を立てる段階では，スムーズにできると思ったことも，実際に勉強してみると実は時間がかかったなんてよくあることだからさ。」

「オレもちょっと計画立ててみようっと。」

66

連立方程式

1 連立方程式とその解き方

方程式とその解 [例題 1 ～ 例題 3]

●**2元1次方程式とその解**……$2x+y=18$のように，**2つの文字を含む1次方程式を2元1次方程式**といいます。また，2元1次方程式を成り立たせる**文字の値の組**を，2元1次方程式の**解**といいます。

●**連立方程式とその解**…$\begin{cases} x+y=5 \\ 2x+3y=13 \end{cases}$ のように，**2つ以上の方程式を組み合わせたもの**を**連立方程式**といいます。また，組み合わせたどの方程式も成り立たせる**文字の値の組**を，連立方程式の**解**といい，**解を求めること**を，連立方程式を**解く**といいます。

連立方程式の加減法による解き方 [例題 4 ～ 例題 5・例題 8 ～ 例題 9]

たとえば，x, yについての連立方程式から，**yを含まない方程式を導くこと**を，yを**消去する**といいます。このとき，連立方程式を解くのに，**左辺どうし，右辺どうしをたすかひくか**して，1つの文字を消去する方法を**加減法**といいます。

■ 加減法による
解き方

例 $\begin{cases} 3x-2y=5 ……① \\ 4x+y=14 ……② \end{cases}$

$$\begin{array}{r} ① \quad\quad 3x-2y=\ 5 \\ ②×2 \ +)\ \ 8x+2y=28 \\ \hline 11x\quad\quad=33 \\ x\quad\quad=\ 3 \end{array}$$

←係数の絶対値をそろえて，yを消去

$x=3$を②に代入して，$4×3+y=14$，$y=2$

答 $x=3$, $y=2$

連立方程式の代入法による解き方 [例題 6 ～ 例題 9]

連立方程式を解くのに，**代入によって1つの文字を消去する方法**を**代入法**といいます。

■ 代入法による
解き方

例 $\begin{cases} y=2x+1 ……① \\ x+2y=7 ……② \end{cases}$

①を②に代入すると，$x+2(2x+1)=7$

└かっこをつけて代入

これを解くと，$x=1$

$x=1$を①に代入して，$y=2×1+1=3$

答 $x=1$, $y=3$

例題 1 2元1次方程式を成り立たせる値

Level ★☆☆

右の表は，2元1次方程式 $2x+y=7$ を成り立たせる x, y の値を示したものです。

表の空らんをうめなさい。

x	1	2	3	4	イ
y	5	ア	1	-1	-5

解き方

方程式に x の値を代入 ▶ **ア**. $2x+y=7$ に，$x=2$ を代入して，

$$2\times2+y=7$$

y について解く ▶ $y=\boxed{3}$ …答

方程式に y の値を代入 ▶ **イ**. $2x+y=7$ に，$y=-5$ を代入して，

$$2x+(-5)=7$$

x について解く ▶ $x=\boxed{6}$ …答

x と y の値の取りちがえに注意しよう！

> **Point** わかっている文字の値を，式に代入する。

例題 2 2元1次方程式の解

Level ★☆☆

$x=3$, $y=-1$ は，2元1次方程式 $2x+3y=3$ の解といえますか。

解き方

左辺に x, y の値を代入 ▶ $2x+3y=3$ の左辺に $x=3$, $y=-1$ を代入すると，

$$2\times3+3\times(-1)=3$$

両辺を比べる ▶ (左辺)＝(右辺)だから，**解といえる。**…答

（左辺）の下に 3

> **Point** 代入して，（左辺）＝（右辺）となれば解。

参考 解の表し方

2元1次方程式や連立方程式の解は，$x=3$, $y=-1$ のような表し方のほかに，

$$(x,\ y)=(3,\ -1),\quad \begin{cases} x=3 \\ y=-1 \end{cases}$$

のような表し方もある。

本書では，$x=\sim$, $y=\sim$ の形で表すことにする。

練習

解答 ▶ 別冊p.5

1 右の表は，2元1次方程式 $3x+y=8$ を成り立たせる x, y の値を示したものです。空らんをうめなさい。

x	1	2	3	4	イ
y	5	2	ア	-4	-13

2 $x=1$, $y=-3$ は，2元1次方程式 $3x+4y=9$ の解といえますか。

次の⑦〜⑦のうちで，連立方程式 $\begin{cases} x+2y=5 \cdots\cdots① \\ x+y=4 \ \cdots\cdots② \end{cases}$ の解であるものはどれですか。記号で答えなさい。

⑦ $x=1,\ y=2$ ⑦ $x=3,\ y=1$ ⑦ $x=2,\ y=3$

解 き 方

それぞれの値を①，②の左辺に代入すると，

| $x,\ y$の値を 左辺に代入 | ▶ | ⑦ | ① | 左辺$=1+2\times2=5$ |

右辺と比べる ▶   右辺$=5$だから，**左辺＝右辺**

$x,\ y$の値を 左辺に代入 ▶   ②   左辺$=1+2=3$

右辺と比べる ▶   右辺$=4$だから，**左辺≠右辺**

     ⑦   ①   左辺$=3+2\times1=5$

         右辺$=5$だから，**左辺＝右辺**

     ②   左辺$=3+1=4$

         右辺$=4$だから，**左辺＝右辺**

     ⑦   ①   左辺$=2+2\times3=8$

         右辺$=5$だから，**左辺≠右辺**

したがって，①，②の両方の式を成り立たせる値の組は，⑦だけである。

答 ⑦

左辺＝右辺が成り立って，ようやく正解になるよ。

テストで 注意 **解だとまちがえないように!**

両方の式を成り立たせなければ，連立方程式の解とはいえない。片方だけの式で解だと判断しないこと。

✔確認 **一方が成り立たなければ解ではない!**

①が成り立たないのだから，⑦は解ではない。したがって，②について調べる必要はない。

Point 連立方程式の解 ➡ 両方の方程式を
成り立たせる$x,\ y$の値の組。

練 習

解答 別冊p.5

3 $x=2,\ y=3$が解である連立方程式は，次のうちどれですか。記号で答えなさい。

⑦ $\begin{cases} x+y=5 \ \cdots\cdots① \\ 3x-y=3 \cdots\cdots② \end{cases}$ ⑦ $\begin{cases} 2x+y=7 \cdots\cdots① \\ x-2y=4 \cdots\cdots② \end{cases}$

例題 ❹ 連立方程式の加減法による解き方　Level ★★★

次の連立方程式を，加減法を使って解きなさい。

(1) $\begin{cases} 3x-2y=14 \cdots\cdots① \\ 5x+2y=18 \cdots\cdots② \end{cases}$　　(2) $\begin{cases} 3x+2y=12 \cdots\cdots① \\ 3x-y=3 \quad\cdots\cdots② \end{cases}$

解き方

(1)
$$3x-2y=14 \cdots\cdots①$$
$$\underline{+)\ 5x+2y=18 \cdots\cdots②}$$

①＋②でyを消去 ▶
$$8x\quad=32$$

xの値を求める ▶
$$x=4$$

$x=4$を②に代入すると，
$$5\times4+2y=18$$

xの値を代入し
yについて解く ▶
$$2y=-2$$
$$y=-1$$

答 $x=4,\ y=-1$

くわしく ①に代入してもよい

$$3\times4-2y=14$$
$$-2y=2$$
$$y=-1$$

この場合は，-2でわるときの商の符号に注意する。

(2)
$$3x+2y=12 \cdots\cdots①$$
$$\underline{-)\ 3x-\ y=3\ \ \cdots\cdots②}$$

①－②でxを消去 ▶
$$3y=9$$

yの値を求める ▶
$$y=3$$

$y=3$を②に代入すると，
$$3x-3=3$$

yの値を代入し
xについて解く ▶
$$3x=6$$
$$x=2$$

答 $x=2,\ y=3$

くわしく どちらでもよいが，②に代入すると計算がラク

①に代入すると，
$$3x+2\times3=12$$
となり，計算がやや複雑になる。なるべく簡単な式に代入すると，計算ミスを防げる。

Point 加減法 ➡ 左辺どうし，右辺どうしを加減して，1つの文字を消去する。

練習

解答 ▶ 別冊p.5

❹ 次の連立方程式を，加減法を使って解きなさい。

(1) $\begin{cases} x+y=9 \cdots\cdots① \\ x-y=5 \cdots\cdots② \end{cases}$　　(2) $\begin{cases} 5x+4y=3\ \ \cdots\cdots① \\ 5x-3y=24 \cdots\cdots② \end{cases}$

次の連立方程式を，加減法を使って解きなさい。

(1) $\begin{cases} 3x+4y=18 \cdots\cdots① \\ 7x-2y=8 \ \cdots\cdots② \end{cases}$　　(2) $\begin{cases} 2x+3y=4 \ \ \ \cdots\cdots① \\ 3x-5y=-13\cdots\cdots② \end{cases}$

解 き 方

係数をそろえる ▶ (1)　②の両辺を2倍して，y の係数の絶対値を4にそろえる。

$$
\begin{array}{rl}
① & 3x+4y=18 \\
②×2 \quad +) & 14x-4y=16 \\
\hline
& 17x \qquad =34 \\
& x=2
\end{array}
$$

①+②×2で，yを消去 ▶
xの値を求める ▶

$x=2$ を①に代入して，

xの値を代入し yについて解く ▶ $3×2+4y=18, \ 4y=12, \ y=3$

答 $\boldsymbol{x=2, \ y=3}$

(2)　①の両辺を3倍し，②の両辺を2倍して，

係数をそろえる ▶ x の係数を6にそろえる。

$$
\begin{array}{rl}
①×3 & 6x+ \ 9y=12 \\
②×2 \quad -) & 6x-10y=-26 \\
\hline
& 19y=38 \\
& y=2
\end{array}
$$

①×3−②×2で，xを消去 ▶
yの値を求める ▶

$y=2$ を①に代入して，

yの値を代入し xについて解く ▶ $2x+3×2=4, \ 2x=-2, \ x=-1$

答 $\boldsymbol{x=-1, \ y=2}$

Point 係数の絶対値を，最小公倍数にそろえる。

別解

x の係数の絶対値を21にそろえる。

$$
\begin{array}{rl}
& 21x+28y=126 \\
-) & 21x- \ 6y= \ 24 \\
\hline
& 34y=102 \\
& y=3
\end{array}
$$

よって，　$x=2$

上の解き方よりも，y を消去するほうが計算がラクだね！

✔確認 $\boldsymbol{x}$ **の係数に注目**

(2)は，x の係数である2と3に着目する。この2数の最小公倍数は6なので，それぞれの係数が6になるように両辺に数字をかけて，x を消去する。

練 習 　　　　　　　　　　　　　　　　　　　　**解答** 別冊p.5

5 次の連立方程式を，加減法を使って解きなさい。

(1) $\begin{cases} 2x-7y=-5\cdots\cdots① \\ 3x+y=4 \ \ \ \ \cdots\cdots② \end{cases}$　　(2) $\begin{cases} 3x+4y=2 \ \cdots\cdots① \\ 5x-6y=16\cdots\cdots② \end{cases}$

例題 6 連立方程式の代入法による解き方 Level ★☆☆

次の連立方程式を，代入法を使って解きなさい。

(1) $\begin{cases} y=2x-8 & \cdots\cdots① \\ 2x+3y=0 & \cdots\cdots② \end{cases}$

(2) $\begin{cases} 2x-3y=5 & \cdots\cdots① \\ x=2y+4 & \cdots\cdots② \end{cases}$

解き方

(1) ①を②に代入すると，

$y=\sim$の式を代入してyを消去 ▶

$$2x+3(2x-8)=0$$

かっこをはずしxについて解く ▶

$$2x+6x-24=0$$
$$8x=24$$
$$x=3$$

$x=3$を①に代入して，

xの値を代入しyの値を求める ▶

$$y=2\times3-8$$
$$=-2$$

答 $x=3,\ y=-2$

(2) ②を①に代入すると，

$x=\sim$の式を代入してxを消去 ▶

$$2(2y+4)-3y=5$$

かっこをはずしyについて解く ▶

$$4y+8-3y=5$$
$$y=-3$$

$y=-3$を②に代入して，

yの値を代入しxの値を求める ▶

$$x=2\times(-3)+4$$
$$=-2$$

答 $x=-2,\ y=-3$

Point 代入法 ➡ 一方の式を他方の式に代入して，1つの文字を消去する。

テストで注意 **代入するときかっこを忘れないように！**

かっこをつけないと，-8に3をかけるのを忘れやすい。

また，符号のミスもしやすくなる。必ずかっこをつけること。

$x=\sim,\ y=\sim$という形の式があったら，代入法が便利！

練習 | 解答▶別冊p.5

6 次の連立方程式を，代入法を使って解きなさい。

(1) $\begin{cases} 3x+2y=4 & \cdots\cdots① \\ y=2x-5 & \cdots\cdots② \end{cases}$

(2) $\begin{cases} x=1+3y & \cdots\cdots① \\ 3x-5y=7 & \cdots\cdots② \end{cases}$

次の連立方程式を，代入法を使って解きなさい。

(1) $\begin{cases} 2x+y=3 & \cdots\cdots① \\ 3x+2y=9 & \cdots\cdots② \end{cases}$　　　　(2) $\begin{cases} 3x-5y=7 & \cdots\cdots① \\ x-3y=1 & \cdots\cdots② \end{cases}$

解き方

$y=\sim$の形に変形 ▶ (1)　①を y について解くと，　$y=-2x+3\cdots\cdots③$

これを②に代入すると，

③を②に代入し y を消去 ▶ 　　　　$3x+2(-2x+3)=9$

　　　　　　　　$3x-4x+6=9$

かっこをはずし x について解く ▶ 　　　　　　　　　$-x=3$

　　　　　　　　　　$x=-3$

$x=-3$ を③に代入して，

xの値を代入し yの値を求める ▶ 　　$y=-2\times(-3)+3$

　　　　$=9$　　　　　　**答** $x=-3$，$y=9$

$x=\sim$の形に変形 ▶ (2)　②を x について解くと，　$x=3y+1\cdots\cdots③$

これを①に代入すると，

③を①に代入し x を消去 ▶ 　　　　$3(3y+1)-5y=7$

　　　　　　　　$9y+3-5y=7$

かっこをはずし y について解く ▶ 　　　　　　　　　$4y=4$

　　　　　　　　　　$y=1$

$y=1$ を③に代入して，

yの値を代入し xの値を求める ▶ 　　$x=3\times1+1$

　　　　$=4$　　　　　　**答** $x=4$，$y=1$

Point 一方の式を $x=\sim$ または，$y=\sim$ の形に変形する。

✔確認 **ラクな変形のしかたを考える**

　たとえば，$2x+y=3$ を $y=\sim$ の形に変形することを，
「yについて解く」 という。

　①を x について解くと，
$x=\dfrac{-y+3}{2}$ となり，式が複雑になり，これを②に代入すると，あとの計算が大変。なるべく簡単な式になるように変形すること。

つねに簡単な式にすることを心がけて解いていこう！

練 習

解答▶ 別冊p.5

7 次の連立方程式を，代入法を使って解きなさい。

(1) $\begin{cases} 11x-4y=-2 & \cdots\cdots① \\ x-3y=13 & \cdots\cdots② \end{cases}$　　　　(2) $\begin{cases} 3x-2y=-7 & \cdots\cdots① \\ -2x+y=3 & \cdots\cdots② \end{cases}$

連立方程式 $\begin{cases} 7x-2y=-13 \cdots\cdots① \\ 3x+4y=9 \quad\cdots\cdots② \end{cases}$ を，加減法と代入法で解きなさい。

また，この問題では，どちらの方法が解きやすいですか。

解き方

〔加減法〕

①×2 　　　$14x-4y=-26$
② 　　　$+)\ 3x+4y=9$

①×2+②で, yを消去 ▶ 　　　$17x\ \ \ \ \ =-17$

xの値を求める ▶ 　　　　　　$x=-1$

$x=-1$を②に代入して，

xの値を代入し yについて解く ▶ $3\times(-1)+4y=9$ 　$\left.\begin{array}{l} -3+4y=9 \\ 4y=12 \end{array}\right.$
　　　　　　　　　　　$y=3$

〔代入法〕

$y=\sim$の形に変形 ▶ ①をyについて解くと，$y=\dfrac{7x+13}{2}\cdots\cdots③$

これを②に代入すると，

③を②に代入し xについて解く ▶ $3x+4\times\dfrac{7x+13}{2}=9$ 　$\begin{array}{l} 3x+2(7x+13)=9 \\ 3x+14x+26=9 \\ 17x=-17 \end{array}$
　　　　　　　　　　　　$x=-1$

$x=-1$を③に代入して，

xの値を代入し yの値を求める ▶ $y=\dfrac{7\times(-1)+13}{2}=3$

答 $x=-1,\ y=3$　加減法が解きやすい。

Point 加減法 ➡ 1つの文字の係数の絶対値を同じにする。
代入法 ➡ $x=\sim$ または，$y=\sim$ の形に変形する。

くわしく　**2式とも$ax+by=c$の形ならば加減法**

連立方程式を解くとき，2つの式がともに$ax+by=c$の形ならば，加減法で解くのがよい。

また，一方の式が$x=\sim$や$y=\sim$の形ならば，代入法で解くのがよい。

式の形を見て，簡単に計算しやすいほうを選ぼう！

確認　**どちらの解き方でもOK**

加減法と代入法のどちらが解きやすいかは，人によって感覚が異なる。自分がより簡単だと思うほうを使ってかまわない。

練習　　　　　　　　　　　　　　　　　　　　　　　　　**解答** 別冊p.6

8 連立方程式 $\begin{cases} 4x+5y=40\cdots\cdots① \\ y=-x+9\quad\cdots\cdots② \end{cases}$ を，加減法と代入法で解きなさい。また，この問題ではどちらの方法が解きやすいですか。

次の連立方程式を，加減法か代入法を使って解きなさい。

(1) $\begin{cases} x-3y=0 & \cdots\cdots① \\ x+4y=-14 & \cdots\cdots② \end{cases}$　　(2) $\begin{cases} 3x+2y=-1 & \cdots\cdots① \\ x-3y=-15 & \cdots\cdots② \end{cases}$

自分のしやすい方法で
計算すればいいよ！

解き方

(1)　加減法で解くと，

$$x-3y=0 \quad\cdots\cdots①$$
$$-)\ x+4y=-14 \quad\cdots\cdots②$$

①-②でxを消去 ▶

$$-7y=14$$

yの値を求める ▶

$$y=-2$$

$y=-2$を①に代入して，

$$x-3\times(-2)=0$$

yの値を代入し
xについて解く ▶

$$x+6=0$$
$$x=-6$$

答 $x=-6,\ y=-2$

$x=\sim$の形に変形 ▶ (2)　②をxについて解くと，$x=3y-15\cdots\cdots③$

これを①に代入すると，

③を①に代入し
xを消去 ▶

$$3(3y-15)+2y=-1$$

かっこをはずし
yについて解く ▶

$$9y-45+2y=-1$$
$$11y=44$$
$$y=4$$

$y=4$を③に代入して，

yの値を代入し
xの値を求める ▶

$$x=3\times4-15=-3$$

答 $x=-3,\ y=4$

別 解 **代入法で解いてみる**

①をxについて解くと，$x=3y\cdots③$
これを②に代入すると，
$$3y+4y=-14$$
$$7y=-14$$
$$y=-2$$
$y=-2$を③に代入して，
$$x=3\times(-2)=-6$$

別 解 **加減法で解いてみる**

①　　　　$3x+2y=-1$
②×3 $-)\ 3x-9y=-45$
　　　　　$11y=44$
　　　　　　$y=4$
$y=4$を②に代入して，
$$x-3\times4=-15,\ x=-3$$

練 習

解答 別冊p.6

9 次の連立方程式を，加減法か代入法を使って解きなさい。

(1) $\begin{cases} 7x-4y=-11 & \cdots\cdots① \\ 4x-y=4 & \cdots\cdots② \end{cases}$　　(2) $\begin{cases} 2x-3y=-37 & \cdots\cdots① \\ 3x-y=-17 & \cdots\cdots② \end{cases}$

2 いろいろな連立方程式

いろいろな連立方程式　［例題10～例題14］

● **かっこがある連立方程式**…**分配法則**で，**かっこをはずしてから**解きます。

● **係数に分数を含む連立方程式**…両辺に**分母の最小公倍数**をかけ，**分母をはらってから**解きます。

● **係数に小数を含む連立方程式**…両辺を 10 倍，100 倍，…して，**係数を整数にしてから**解きます。

● **$A=B=C$ の形の連立方程式**…右のいずれかの組み合わせをつくって解きます。

$$\begin{cases} A=B \\ A=C \end{cases} \quad \begin{cases} A=B \\ B=C \end{cases} \quad \begin{cases} A=C \\ B=C \end{cases}$$

■ かっこがある連立方程式

例 $\begin{cases} 3(x-1)-2y=21 \\ 4x-(y-3)=30 \end{cases}$ かっこをはずすと，$\begin{cases} 3x-3-2y=21 \\ 4x-y+3=30 \end{cases}$

■ 係数に分数を含む連立方程式

例 $\begin{cases} \dfrac{x}{3}+\dfrac{3}{4}y=1 \\[2mm] \dfrac{x+1}{2}-\dfrac{y-1}{3}=\dfrac{5}{6} \end{cases}$ 　←両辺を12倍　←両辺を6倍　$\Rightarrow$ $\begin{cases} 4x+9y=12 \\ 3(x+1)-2(y-1)=5 \end{cases}$

分子の多項式にはかっこをつける

■ 係数に小数を含む連立方程式

例 $\begin{cases} 0.5x+0.3y=0.9 \\ 0.03x-0.07y=0.23 \end{cases}$ 　←両辺を10倍　←両辺を100倍　$\Rightarrow$ $\begin{cases} 5x+3y=9 \\ 3x-7y=23 \end{cases}$

右辺にかけ忘れやすいので注意！

■ $A=B=C$ の形の連立方程式

例 $x+3y=2x+y=5$ $\Rightarrow$ $\begin{cases} x+3y=5 \\ 2x+y=5 \end{cases}$ 5を2度使うと式が簡単になる

連立方程式の解と係数　［例題16～例題18］

解が与えられた連立方程式の係数にも a，b などの文字が使われているとき，a，b の値を求めるには，まず，与えられた連立方程式の**解を代入して**，**a，b に関する連立方程式を新しく立てる**とよいです。

■ 連立方程式の解と係数

例 連立方程式 $\begin{cases} ax-by=1 \cdots\cdots① \\ bx+ay=8 \cdots\cdots② \end{cases}$ の解が $\begin{cases} x=-1 \\ y=2 \end{cases}$ のとき，a，b の値は？

$\begin{cases} x=-1 \\ y=2 \end{cases}$ を①，②に代入すると，$\begin{cases} -a-2b=1 \\ -b+2a=8 \end{cases}$ ←a，bについての新しい連立方程式

これを a，b について解いて，**$a=3$，$b=-2$**

次の連立方程式を解きなさい。

(1) $\begin{cases} -4x+y=-1 & \cdots\cdots① \\ 2x+3(y+6)=29 & \cdots\cdots② \end{cases}$

(2) $\begin{cases} 2(x-y)-3y=10 & \cdots\cdots① \\ 4x-3(x-2y)=22 & \cdots\cdots② \end{cases}$

解き方

(1)　②のかっこをはずすと，

かっこをはずす ▶ 　　　$2x+3y+18=29$

式を整理する ▶ 　　　　$2x+3y=11\cdots\cdots③$

加減法で，yについて解く ▶ 　$①+③×2$より，$7y=21$

$y=3$

$\begin{array}{r} -4x+\ y=-1 \\ +)\ \ 4x+6y=22 \\ \hline 7y=21 \end{array}$

$y=3$を①に代入して，

yの値を代入しxについて解く ▶ 　$-4x+3=-1$，　$-4x=-4$，　$x=1$

答 $x=1$，$y=3$

(2)　①，②のかっこをはずすと，

かっこをはずす ▶ 　$\begin{cases} 2x-2y-3y=10 \\ 4x-3x+6y=22 \end{cases}$

それぞれの式を整理すると，

式を整理する ▶ 　$\begin{cases} 2x-5y=10\cdots\cdots③ \\ x+6y=22\ \ \cdots\cdots④ \end{cases}$

加減法で，yについて解く ▶ 　$③-④×2$より，$-17y=-34$

$y=2$

$\begin{array}{r} 2x-\ 5y=10 \\ -)\ 2x+12y=44 \\ \hline -17y=-34 \end{array}$

yの値を代入しxについて解く ▶ 　$y=2$を④に代入して，$x+12=22$，$x=10$

答 $x=10$，$y=2$

Point 分配法則を利用して，
まず，かっこをはずす。

✔確認　分配法則の利用

かっこをはずすには，次の分配法則を使う。
$$a(b+c)=ab+ac$$
$$a(b-c)=ab-ac$$

テストで注意　符号をまちがえるな！

②のかっこをはずすとき，
$$-3(x-2y)=-3x\diagup6y$$
のように，うしろの項にかけるときの符号ミスが多い。

かっこをはずすときは，符号に十分注意すること。

練習　　　　　　　　　　　　　　**解答** 別冊p.6

10　次の連立方程式を解きなさい。

(1) $\begin{cases} x-y=-6 \\ 3x=2(1-y) \end{cases}$

(2) $\begin{cases} 2x-3(x-y)=8 \\ x+3(x+y)=-2 \end{cases}$

例題 11 係数に分数を含む連立方程式

Level ★★☆

次の連立方程式を解きなさい。

(1) $\begin{cases} 2x+y=10 & \cdots\cdots① \\ \dfrac{1}{3}x+\dfrac{1}{4}y=3 & \cdots\cdots② \end{cases}$

(2) $\begin{cases} \dfrac{x}{2}+\dfrac{y}{3}=1 & \cdots\cdots① \\ \dfrac{1}{12}x+\dfrac{2}{9}y=1 & \cdots\cdots② \end{cases}$

解き方

(1) ②の両辺に12をかけて,
└ 分母3と4の最小公倍数は12

分母をはらう ▶ $4x+3y=36\cdots\cdots③$

加減法で, y について解く ▶ ①×2−③より, $-y=-16$
$\begin{array}{r} 4x+2y=20 \\ -)\ 4x+3y=36 \\ \hline -y=-16 \end{array}$

$y=16$

$y=16$を①に代入して,

y の値を代入し x について解く ▶ $2x+16=10,\ 2x=-6,\ x=-3$

答 $x=-3,\ y=16$

(2) ①×6より, $3x+2y=6\quad\cdots\cdots③$

分母をはらう ▶ ②×36より, $3x+8y=36\cdots\cdots④$

加減法で, y について解く ▶ ③−④より, $-6y=-30$
$\begin{array}{r} 3x+2y=6 \\ -)\ 3x+8y=36 \\ \hline -6y=-30 \end{array}$

$y=5$

$y=5$を③に代入して,

y の値を代入し x について解く ▶ $3x+10=6,\ 3x=-4,\ x=-\dfrac{4}{3}$

答 $x=-\dfrac{4}{3},\ y=5$

テストで注意 **右辺にもかけることを忘れるべからず**

両辺に分母の最小公倍数12をかけて, 分母をはらうとき, 次のように, 右辺に12をかけ忘れるミスが多いので, 注意しよう。

$\left(\dfrac{1}{3}x+\dfrac{1}{4}y\right)\times12=3$

必ず, 右辺の3にも12をかけること。

テストで注意 **2つの式に同じ数をかけなくてOK**

連立方程式の上の式と下の式は, x と y の値が同じになるだけの異なる式なので, 下の式の両辺に12をかけたからといって, 上の式にも12をかける必要はない。

分数のままだと, 計算が複雑になるだろうなぁ。

Point 両辺に分母の最小公倍数をかけて, 分母をはらう。

練習

解答▶別冊p.6

11 次の連立方程式を解きなさい。

(1) $\begin{cases} \dfrac{x}{3}+\dfrac{y}{2}=2 \\ x+3y=9 \end{cases}$

(2) $\begin{cases} \dfrac{1}{4}x+\dfrac{1}{2}y=\dfrac{1}{2} \\ \dfrac{5}{12}x+\dfrac{3}{4}y=\dfrac{1}{2} \end{cases}$

$$連立方程式 \begin{cases} \dfrac{x+2}{2} + \dfrac{y-2}{3} = 1 \cdots\cdots① \\[2mm] \dfrac{x+3}{5} + \dfrac{y+1}{4} = 1 \cdots\cdots② \end{cases} を解きなさい。$$

解き方

分母をはらう ▶ ①×6より，$3(x+2)+2(y-2)=6$

かっこをはずして整理すると，

かっこをはずす ▶ $3x+6+2y-4=6$

式を整理する ▶ $3x+2y=4 \cdots\cdots③$

分母をはらう ▶ ②×20より，$4(x+3)+5(y+1)=20$

└─── 分子の式にかっこをつける

かっこをはずして整理すると，

かっこをはずす ▶ $4x+12+5y+5=20$

式を整理する ▶ $4x+5y=3 \cdots\cdots④$

加減法で，yに ▶ ③×4−④×3より，$-7y=7$

ついて解く $y=-1$

$$\begin{array}{r} 12x+\ 8y=16 \\ -)\ 12x+15y=9 \\ \hline -7y=7 \end{array}$$

$y=-1$を③に代入して，

yの値を代入し ▶ $3x-2=4, \ 3x=6, \ x=2$
xについて解く

答 $x=2, \ y=-1$

┌ Point ▶ 分母をはらうとき，分子の多項式には，
　　　　かっこをつける。

テストで 注意 かっこを忘れるな!

　両辺に分母の最小公倍数6をかけて分母をはらうとき，式を
　　$3x+2+2y-2=6$
としてしまうミスが目立つ。

　3は多項式$x+2$の全体に，2は多項式$y-2$の全体にかけるのだから，それぞれの式にかっこをつけて，はずすときにはそれぞれの項にかけないといけない。

復習 「分母をはらう」の意味

　分数を含む等式の両辺に分母の公倍数をかけて，分数を含まない等式に直すことを，**分母をはらう**という。

式を簡単にしさえすれば，あとは普通の連立方程式と同じだ！

練習　　　　　　　　　　　　　　**解答** 別冊p.6

12 次の連立方程式を解きなさい。

(1) $\begin{cases} 8x-3y=9 \\[1mm] \dfrac{x+3}{6} = \dfrac{y-3}{2} \end{cases}$

(2) $\begin{cases} \dfrac{x+5y}{4} + \dfrac{x-2y}{3} = 7 \\[2mm] 2x - \dfrac{5x+y}{4} = -1 \end{cases}$

例題 13 係数に小数を含む連立方程式　Level ★★☆

次の連立方程式を解きなさい。

(1)
$$\begin{cases} 1.3x - y = -0.7 & \cdots\cdots① \\ 0.03x - 0.1y = -0.17 & \cdots\cdots② \end{cases}$$

(2)
$$\begin{cases} 0.02x + 0.01y = 0.22 & \cdots\cdots① \\ 0.1x - 3y = -5 & \cdots\cdots② \end{cases}$$

解き方

係数を整数に ▶
(1)　①×10より，　$13x - 10y = -7$　……③

②×100より，　$3x - 10y = -17$……④

加減法で，xについて解く ▶
③－④より，　$10x = 10$，　$x = 1$

xの値を代入し yについて解く ▶
$x = 1$を④に代入して，

　$3 - 10y = -17$，　$-10y = -20$，　$y = 2$

答 $x = 1$，$y = 2$

係数を整数に ▶
(2)　①×100より，　$2x + y = 22$　……③

②×10より，　$x - 30y = -50$……④

加減法で，yについて解く ▶
③－④×2より，　$61y = 122$　←
　　　　　　　$y = 2$

$$\begin{array}{r} 2x + y = 22 \\ -)\ 2x - 60y = -100 \\ \hline 61y = 122 \end{array}$$

yの値を代入し xについて解く ▶
$y = 2$を③に代入して，

　$2x + 2 = 22$，　$2x = 20$，　$x = 10$

答 $x = 10$，$y = 2$

Point 両辺を10倍，100倍，……して，
まず係数を整数にする。

テストで注意　**②は，10倍しても係数は整数にならない！**

小数点以下のけた数が最も大きいものに着目して，両辺を何倍すればよいかよく考えること。

小数点以下のけた数が1けたなら10倍，2けたなら100倍するとよい。

テストで注意　**整数部分にかけるのを忘れない！**

(2)の②で，整数部分を10倍するのを忘れて，式を$x - 3y = -5$としないように気をつけよう。

$0.1 = \dfrac{1}{10}$，
$0.01 = \dfrac{1}{100}$
だったね。

練習　解答▶ 別冊p.6

13　次の連立方程式を解きなさい。

(1)
$$\begin{cases} x + 2y = 6 \\ 0.3x - 0.2y = 1 \end{cases}$$

(2)
$$\begin{cases} 0.3x + y = 3.4 \\ 0.06x + 0.1y = 0.52 \end{cases}$$

例題 **14** $A=B=C$ の形の連立方程式　　Level ★★☆

右の連立方程式を解きなさい。　　$3x+4y=-5x-8y=1$

解き方

組み合わせて，
式を2つつくる
▶ $\begin{cases} 3x+4y=1 & \cdots\cdots① \\ -5x-8y=1 & \cdots\cdots② \end{cases}$　　1を2度使う

加減法で，xに
ついて解く
▶ ①×2＋②より，$x=3$

$x=3$を①に代入して，

xの値を代入し
yについて解く
▶ $9+4y=1$，$4y=-8$，$y=-2$

答 $x=3$，$y=-2$

どの組み合わせでも解ける
けれど，ほかの組み合わせ
だとあとがめんどうだよ。
できるだけ，簡単にできる
式をつくろう！

> **Point** $A=B=C$ の形の連立方程式は，次の
> いずれかの形に直して解く。
>
> $\begin{cases} A=B \\ A=C \end{cases}$　$\begin{cases} A=B \\ B=C \end{cases}$　$\begin{cases} A=C \\ B=C \end{cases}$

練習 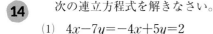　　　　解答▶別冊p.6

14 次の連立方程式を解きなさい。

(1) $4x-7y=-4x+5y=2$　　　　(2) $3x+5y=x+1=5x+3y-8$

Column 3つの文字を含む連立方程式　　発展

3つの文字についての方程式を，3元1次方程式といいます。次のような3元1次方程式の連立方程式を解くには，どうすればよいでしょうか。

$$\begin{cases} x+y-z=10 & \cdots\cdots① \\ x-4y+z=-2 & \cdots\cdots② \\ 2x-5y+z=3 & \cdots\cdots③ \end{cases}$$

この連立方程式を解くには，どれか1つの文字を消去して，2つの文字についての連立方程式をつくり，それを解けばよいです。

ここでは，文字zを消去して解いてみましょう。

①＋②より，$2x-3y=8$ ……④

①＋③より，$3x-4y=13$ ……⑤

④，⑤は，xとyについての連立方程式ですから，これを解くと，④×3－⑤×2より，

$-y=-2$，$y=2$

$y=2$を④に代入すると，

$2x-6=8$，$2x=14$，$x=7$

$x=7$，$y=2$を①に代入すると，

$7+2-z=10$，$-z=1$，$z=-1$

したがって，解は，次のようになります。

答 $x=7$，$y=2$，$z=-1$

例題 **15** 解が特別な連立方程式 Level ★★★

次の連立方程式を解きなさい。

(1) $\begin{cases} 2x-5y=1 & \cdots\cdots① \\ 6x-15y=3 & \cdots\cdots② \end{cases}$

(2) $\begin{cases} 4x-12y=3 & \cdots\cdots① \\ x=3y+1 & \cdots\cdots② \end{cases}$

解き方

係数をそろえる ▶ (1) ①の両辺を3倍すると，$6x-15y=3$
xの係数を②とそろえる

2式を比べる ▶ この式は②と同じである。

したがって，①の解はすべて②の方程式を成り立

解を検討する ▶ たせ，しかも，①の解は無数にあるから，この連立

方程式の**解は無数にある。**… 答

移項する ▶ (2) ②の$3y$を移項すると，$x-3y=1$

この式の両辺を4倍すると，

係数をそろえる ▶ $4x-12y=4\cdots\cdots③$
yの係数を①とそろえる

2式を比べる ▶ ①と③の式は左辺は同じである。

①の右辺は3，③の右辺は4であるから，①と③

のどちらも成り立たせるx，yの値があるとすれば，

解を検討する ▶ $3=4$という矛盾が起こる。したがって，この連立

方程式の**解はない。**… 答

> **くわしく　無数の解とは?**
>
> (1)では，$x=1$のとき$y=\dfrac{1}{5}$，
> $x=2$のとき$y=\dfrac{3}{5}$，$x=3$のとき$y=1$，
> ……のように，解は無数にある。
> このように，解が無数にある場合を**不定**という。

> **くわしく　解がない方程式のx，yの値**
>
> 1つの文字を消去しようとすると残りの文字も同時に消去されるなどの理由で，解がない連立方程式は，x，yの値を求めることはできない。
> このように，解がない場合を**不能**という。

Point 解が無数にある場合や，
解がない場合がある。

練習 解答▶別冊p.6

15 次の連立方程式を解きなさい。

(1) $\begin{cases} x+3y=-2 & \cdots\cdots① \\ 3x+9y=6 & \cdots\cdots② \end{cases}$

(2) $\begin{cases} 9x-3y=15 & \cdots\cdots① \\ 3x-y=5 & \cdots\cdots② \end{cases}$

連立方程式 $\begin{cases} ax+3y=6 & \cdots\cdots① \\ -2x+by=12 & \cdots\cdots② \end{cases}$ の解が $x=-2$, $y=4$ のとき，a, b の値を求めなさい。

解 き 方

$x=-2$, $y=4$ を①，②に代入すると，

x, yの値を代入 ▶ $\begin{cases} -2a+12=6 & \cdots\cdots③ \\ 4+4b=12 & \cdots\cdots④ \end{cases}$ a, bについての連立方程式

aについて解く ▶ ③より，$-2a=-6$, $a=3$

bについて解く ▶ ④より，$4b=8$, $b=2$　　　　**答** $a=3$, $b=2$

Point 解を2つの方程式に代入し，係数の値を求める。

✔確認 **答えの確かめ方**

a, b の値をもとの連立方程式に代入して，x, y についての連立方程式を解き，与えられた解になっているかを調べるとよい。

連立方程式 $\begin{cases} ax+by=10 & \cdots\cdots① \\ bx+ay=-8 & \cdots\cdots② \end{cases}$ の解が $x=2$, $y=-1$ のとき，a, b の値を求めなさい。

解 き 方

$x=2$, $y=-1$ を①，②に代入すると，

x, yの値を代入 ▶ $\begin{cases} 2a-b=10 & \cdots\cdots③ \\ 2b-a=-8 & \cdots\cdots④ \end{cases}$ a, bについての連立方程式

a, bの連立方程式を解く ▶ ③×2+④より，$3a=12$, $a=4$

$a=4$ を③に代入して，$8-b=10$, $-b=2$, $b=-2$

答 $a=4$, $b=-2$

x, yについての連立方程式が，a, bについての連立方程式に変身するよ！

練 習　　　　　　　　　　　　　　　　　　　　　　　解答 別冊p.6

16 連立方程式 $\begin{cases} x+ay=-13 \\ bx-2y=20 \end{cases}$ の解が $x=2$, $y=-5$ のとき，a, b の値を求めなさい。

17 連立方程式 $\begin{cases} ax+by=13 \\ bx-ay=11 \end{cases}$ の解が $x=3$, $y=-1$ のとき，a, b の値を求めなさい。

例題 18 連立方程式の解と係数(3)〔解から連立方程式の係数を求める〕 Level ★★★

次のA，Bの連立方程式が同じ解をもつとき，a，bの値を求めなさい。

A. $\begin{cases} 2x-y=7 \\ 3x+2y=7 \end{cases}$

B. $\begin{cases} ax-by=14 \\ bx+ay=12 \end{cases}$

解き方

係数にa，bなどの文字のないAを解く ▶

A. $\begin{cases} 2x-y=7 & \cdots\cdots① \\ 3x+2y=7 & \cdots\cdots② \end{cases}$ を解くと，

①×2+②より，$7x=21$ ←
$\begin{array}{r} 4x-2y=14 \\ +)\ 3x+2y=7 \\ \hline 7x\ \ \ \ =21 \end{array}$

$x=3$

$x=3$を①に代入して，

$6-y=7$，$-y=1$，$y=-1$

よって，連立方程式の解は$x=3$，$y=-1$

$x=3$，$y=-1$をBに代入すると，

x，yの値をBに代入 ▶

$\begin{cases} 3a+b=14 & \cdots\cdots③ \\ 3b-a=12 & \cdots\cdots④ \end{cases}$]a，bについての連立方程式

これをa，bについて解くと，

③+④×3より，$10b=50$ ←
$\begin{array}{r} 3a+\ \ b=14 \\ +)\ -3a+9b=36 \\ \hline 10b=50 \end{array}$

a，bの連立方程式を解く ▶

$b=5$

$b=5$を④に代入して，

$15-a=12$，$-a=-3$，$a=3$

答 $a=3$，$b=5$

> **Point** 解が同じ ➡ 解はどの式も成り立たせる。

参考 a，bが両方の連立方程式にあっても解ける

この問題が，たとえば，式が

$\begin{cases} 2x-y=7 \\ ax-by=14 \end{cases}$

$\begin{cases} 3x+2y=7 \\ bx+ay=12 \end{cases}$

のように与えられていても，左の解き方と同様に，

$\begin{cases} 2x-y=7 \\ 3x+2y=7 \end{cases}$

の組み合わせをつくって，まずその解を求めればよい。

> x，yについての連立方程式を解いてから，a，bについての連立方程式を解く，という手順だね。

練習

解答 ▶ 別冊p.6

18 次のA，Bの連立方程式が同じ解をもつとき，a，bの値を求めなさい。

A. $\begin{cases} 3x-5y=-8 \\ -ax+by=3 \end{cases}$

B. $\begin{cases} 3bx+ay=-1 \\ 4x+3y=-1 \end{cases}$

3 連立方程式の利用

連立方程式の応用問題の解き方　[例題 19 ～ 例題 28]

2元1次連立方程式の応用問題を解くには，次の手順で解くとよいです。

①**問題を分析**する ── 問題の内容をつかみ，**等しい数量関係**を見つける。
（等しい数量関係は2つ）

②**文字を決定**する ── **求める数量**，あるいは**それと関連する数量**を，x, y で表す。

③**連立方程式をつくる** ── 等しい数量関係を**2つの方程式**で表す。

④**連立方程式を解く**

⑤**解を検討**する ── 問題の条件に注意して，**解が問題にあてはまるかどうか**を調べる。

立式によく使われる公式や表し方　[例題 19 ～ 例題 28]

連立方程式の応用問題では，次の公式や表し方を使って立式するとよいです。

■ 代金と個数	**代金＝1個の値段×個数**
■ 2けたの整数	十の位の数がx，一の位の数がyの2けたの整数 ➡ $10x+y$
■ 速さの公式	**速さ＝道のり÷時間　　道のり＝速さ×時間** **時間＝道のり÷速さ**
■ 割合の表し方	$1\% ➡ \dfrac{1}{100}$ ←または，0.01　　$1割 ➡ \dfrac{1}{10}$ ←または，0.1 ある数量のa%増の数量 ➡ もとの数量の$(100+a)$% ある数量のa%減の数量 ➡ もとの数量の$(100-a)$%
■ 食塩水中に含まれる食塩の重さ	**食塩の重さ＝食塩水の重さ×濃度** └ 水の重さ×濃度ではない！

例題 ⑲ 数の関係

大，小2つの数があります。大きい数に小さい数の2倍を加えると1になります。また，大きい数の3倍から小さい数をひくと10になります。この2数を求めなさい。

解き方

2数を x, y に	▶	大きい数を x, 小さい数を y とすると，
1つ目の立式	▶	大きい数に小さい数の2倍を加えると1になるから， $x+2y=1$ ……①
2つ目の立式	▶	また，大きい数の3倍から小さい数をひくと10になるから， $3x-y=10$ ……②
連立方程式を解く	▶	①，②を連立方程式として解くと， $x=3$, $y=-1$
解を検討する	▶	これは問題にあてはまる。

答 **大きい数3，小さい数 −1**

Point 何を x に，何を y にするかをはっきりさせる。

例題 ⑳ 代金と個数

1個80円のみかんと1個120円のりんごを合わせて18個買ったら，代金は1680円でした。みかんとりんごを，それぞれ何個買いましたか。

解き方

個数を x, y に	▶	みかんを x 個，りんごを y 個買ったとすると，
個数から立式	▶	個数の関係から， $x+y=18$ ……①
代金から立式	▶	代金の関係から， $80x+120y=1680$ ……②
連立方程式を解く	▶	①，②を連立方程式として解くと， $x=12$, $y=6$
解を検討する	▶	これは問題にあてはまる。

答 **みかん12個，りんご6個**

別解 **1つの文字でも解ける！**

みかんを x 個とすると，りんごは $(18-x)$ 個だから，代金の関係から，

$$80x+120(18-x)=1680$$

これを解くと， $x=12$ だから，みかんの個数は12個で，りんごの個数は， $18-12=6$ (個)

練習

解答 **別冊p.7**

⑲ 大，小2つの数があります。大きい数の2倍から小さい数をひくと15になります。また，大きい数の3倍に小さい数の2倍をたすと26になります。この2数を求めなさい。

⑳ 鉛筆3本とノート1冊の代金は340円で，同じ鉛筆2本とノート3冊の代金は460円です。この鉛筆1本，ノート1冊の値段は，それぞれ何円ですか。

例題 21 2けたの整数の関係　　　Level ★★☆

　2けたの正の整数があります。その整数は，各位の数の和の3倍よりも13大きいです。また，十の位の数と一の位の数を入れかえた整数は，もとの整数より9大きいです。

　もとの整数を求めなさい。

解き方

　十の位の数をx，一の位の数をyとすると，

もとの整数をx，yで表す ▶ もとの整数は，$10x+y$

　もとの整数が，各位の数の和を3倍した数よりも13大きいことから，

（もとの整数）=（各位の数の和）×3+13 ▶ $10x+y=3(x+y)+13$……①

└─ かっこを忘れない！

　また，もとの整数の十の位の数と一の位の数を入れ

位を入れかえた数をx，yで表す ▶ かえた整数は，$10y+x$

　これがもとの整数より9大きいことから，

（位を入れかえた数）=（もとの数）+9 ▶ $10y+x=10x+y+9$……②

　①，②を連立方程式として解くと，

連立方程式を解く ▶ $x=3,\ y=4$

　したがって，求める整数は，十の位の数が3，一の位の数が4だから，34

解を検討する ▶ 34は2けたの正の整数なので，これは問題にあてはまる。

答 **34**

Point 十の位の数がx，一の位の数がyの2けたの整数 ➡ $10x+y$

テストで注意 **xyではいけない！**

　xyは$x\times y$の意味である。

$96=10\times9+1\times6$

$45=10\times4+1\times5$

などと同じように考えて，

$10\times x+1\times y=10x+y$

とする。

くわしく **解の検討**

　2けたの整数の各位の数は，0から9までの整数である。

　ただし，「2けた」ということから，十の位の数は0ではいけない。

　したがって，$x\neq0$でないかに注意して，解の検討をすること。

練習

解答 別冊p.7

21 2けたの正の整数があります。各位の数の和は16であり，十の位の数と一の位の数を入れかえた整数は，もとの整数よりも18小さいそうです。

　もとの整数を求めなさい。

88

例題 22 速さと道のり

Level ★★☆

　自動車で，A地点から峠を越えてB地点まで行きます。A地点から峠までを時速30km，峠からB地点までを時速40kmで行くと9時間かかります。また，A地点から峠までを時速40km，峠からB地点までを時速50kmで行くと7時間で行けます。

　A地点から峠まで，峠からB地点までの道のりは，それぞれ何kmですか。

解き方

各道のりを x, y で表す ▶ 　A地点から峠までの道のりを x km，峠からB地点までの道のりを y km とすると，

　A地点から峠までを時速30km，峠からB地点までを時速40kmで行くと9時間かかるから，

所要時間が9時間から立式 ▶
$$\frac{x}{30}+\frac{y}{40}=9 \cdots\cdots ①$$

　また，A地点から峠までを時速40km，峠からB地点までを時速50kmで行くと7時間かかるから，

所要時間が7時間から立式 ▶
$$\frac{x}{40}+\frac{y}{50}=7 \cdots\cdots ②$$

　①，②を連立方程式として解くと，

連立方程式を解く ▶ 　$x=120$, $y=200$

解を検討する ▶ 　道のりは正の値なので，これは問題にあてはまる。

答 A地点から峠まで120km
峠からB地点まで200km

Point

道のり，速さ，時間のうち，求めたい値を文字で表す。

くわしく ─ 速さの公式を利用

　道のり，速さ，時間の関係は，下の図のように表せる。

　図より，**時間＝道のり÷速さ**だから，x km の道のりを時速30km で行くときにかかる時間は，

$$x \div 30 = \frac{x}{30}（時間）$$

　また，y km の道のりを時速40km で行くときにかかる時間は，

$$y \div 40 = \frac{y}{40}（時間）$$

　これらの合計が9時間だから，

$$\frac{x}{30}+\frac{y}{40}=9$$

速さの3つの公式を，しっかりおさえよう。

練習

解答 ▶ 別冊p.7

22　A町から26km離れたB町まで，はじめはバスに乗って時速36kmで進み，その後，時速4kmで歩いたら，全体で1時間10分かかりました。

　バスに乗った道のりと歩いた道のりを，それぞれ求めなさい。

　ある列車が，1280mの鉄橋を渡り始めてから渡り終わるまでに60秒かかりました。また，この列車が，2030mのトンネルにはいり始めてから完全に出るまでに90秒かかりました。

　この列車の長さと時速を求めなさい。

解き方

列車の長さと速さをx, yで表す ▶ 列車の長さをxm，速さを秒速ymとする。

　鉄橋を渡る場合，

　　　列車の進む距離は$x+1280$（m）で，
　　　↑列車の長さ　　↑鉄橋の長さ

　　かかった時間は60秒

　だから，鉄橋を渡った列車の距離についての式は，

鉄橋を渡る場合で立式 ▶ $x+1280=60y$……① ← 距離＝速さ×時間

　また，トンネルを通過する場合，

　　　列車の進む距離は$x+2030$（m）で，
　　　↑列車の長さ　　↑トンネルの長さ

　　かかった時間は90秒

　だから，トンネルを通過した列車の距離についての式は，

トンネルを通過する場合で立式 ▶ $x+2030=90y$……② ← 距離＝速さ×時間

連立方程式を解く ▶ ①，②を連立方程式として解くと，$x=220$，$y=25$

解を検討する ▶ 　したがって，列車の長さは220m，速さは秒速25mで，これを時速に直すと時速90kmだから，これらは問題にあてはまる。

答 列車の長さ220m，時速90km

Point 走行距離には，列車自身の長さも含まれる。

図解 走行距離に列車の長さを入れる

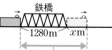

鉄橋

1280m　xm

列車が鉄橋を渡り始めてから渡り終えるまでに走った距離

上の距離を走るのにかかった時間…60秒

トンネル

2030m　xm

列車がトンネルにはいり始めてから完全に出るまでに走った距離

上の距離を走るのにかかった時間…90秒

✔確認 時速に直す方法

　まず，秒速25mの物体が1時間に進む距離を求める。1時間＝60分，1分＝60秒より，1時間＝3600秒なので，

　　25（m/秒）×3600（秒）

　＝90000（m）

　1km＝1000mなので，

　　90000÷1000

　＝90（km）

　つまり，秒速25mの速さの物体は1時間に90kmだけ進むので，秒速25mと時速90kmは同じ速さ。

　1つの式にまとめると，

　　25×3600÷1000＝90（km/時）

練習　　　　　　　　　　　　　　　　　　　　　解答 ▶ 別冊p.7

23 　ある列車が，2850mのトンネルにはいり始めてから完全に出るまでに1分39秒かかり，930mの鉄橋を渡り始めてから渡り終わるまでに35秒かかりました。

　この列車の長さと時速を求めなさい。

例題 24 割引きされた値段と定価　Level ★★★

　ある店で，Tシャツとブラウスを1枚ずつ買いました。定価どおりだと代金の合計は4300円でしたが，その日は大売り出しの日で，Tシャツは定価の20%引き，ブラウスは定価の25%引きだったので，代金の合計は3300円になりました。

　このTシャツとブラウスの定価は，それぞれいくらですか。

解き方

2つの定価をx, yで表す ▶
　Tシャツの定価をx円，ブラウスの定価をy円とすると，定価どおりに買ったときの代金の合計は，

定価どおりの代金から立式 ▶
$$x+y=4300 \cdots\cdots ①$$
　割引きして買ったときの代金の合計は，

割引き後の代金から立式 ▶
$$\frac{80}{100}x+\frac{75}{100}y=3300 \cdots\cdots ②$$
　①，②を連立方程式として解くと，

連立方程式を解く ▶
$$x=1500, \quad y=2800$$

解を検討する ▶
　定価は正の整数なので，これは問題にあてはまる。

答 Tシャツ1500円，ブラウス2800円

> **Point**　定価のa%引きの値段は，定価の$(100-a)$%にあたる。

代金の合計について，2つの式をつくればいいね。

🔍 **くわしく　20%引きの値段**

　定価の20%引きということは，定価の$100-20=80$（%）にあたるから，定価の$\frac{80}{100}$倍にあたる。

　したがって，定価x円の20%引きの値段は，
$$x\times\frac{80}{100}=\frac{80}{100}x（円）$$

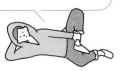

とくにことわりがない限りは，定価と値段の問題で消費税のことは考えなくていいよ。

練習 |　　　　　　　　　　　　　　　　　　　　　　　解答 ▶ 別冊p.7

24　ある文房具店で，絵の具1箱と，同じ値段の絵筆2本を買いました。その日は特売日だったので，絵の具は定価の10%引き，絵筆は定価の20%引きでした。

　支払った代金の合計は996円で，定価で買うより164円安くなっていたそうです。

　絵の具1箱，絵筆1本の定価は，それぞれ何円ですか。

16%の食塩水と10%の食塩水を混ぜて，12%の食塩水を600g
作ります。それぞれ何gずつ混ぜればよいですか。

解 き 方

各食塩水の重さ ▶ 16%の食塩水をxg，10%の食塩水をyg混ぜるとす
をx，yに
ると，食塩水の重さの関係から，

食塩水の重さの ▶ $x+y=600$……①
関係から立式

また，食塩水を混ぜる前と混ぜたあとで，含まれる

食塩の重さは変わらないので，食塩の重さの関係から，

混合前後の食塩 ▶ $\dfrac{16}{100}x+\dfrac{10}{100}y=600\times\dfrac{12}{100}$……②
の重さから立式

①，②を連立方程式として解くと，

連立方程式を解く ▶ $x=200$，$y=400$

解を検討する ▶ 食塩水の重さは正の値なので，これは問題にあては

まる。

答 **16%…200g，10%…400g**

✔確認 食塩水の関係

食塩水の重さをag，濃度をb%と
すると食塩の重さは$a\times\dfrac{b}{100}$(g)

図解 食塩水の関係

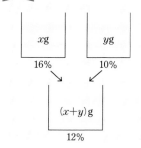

**テストで
注意** 濃度の意味を
まちがえるな！

　食塩水の濃度とは，食塩水全体
(水＋食塩)の重さに対する食塩の
重さの割合のことである。
　水の重さに対する食塩の重さの割
合ではないことに注意しよう。

別 解

次のように，1次方程式に表し，それを解いてもよい。

16%の食塩水をxg混ぜるとすると，10%の食塩水は$(600-x)$g混ぜることになる。

混合前後で含まれる食塩の重さは変わらないから，$\dfrac{16}{100}x+\dfrac{10}{100}(600-x)=600\times\dfrac{12}{100}$

これを解くと，$x=200$

したがって，16%の食塩水を200g，10%の食塩水を$600-200=400$(g)混ぜればよい。

これは問題にあてはまる。 答 **16%…200g，10%…400g**

Point 食塩水の重さに関する式と，食塩の重さに関する式を立てる。

練 習 解答 ▶ 別冊p.7

25 　10%の食塩水と5%の食塩水を混ぜて，7%の食塩水を200g作ります。それぞれ何gずつ混ぜ
ればよいですか。

例題 26 所持金　Level ★★★

　AさんとBさんは，6500円の品物を買うために，それぞれ持っているお金の中から，Aさんは80%を，Bさんは60%を出し合いました。また，残ったお金を比べると，Bさんのほうが1400円多かったそうです。

　2人がはじめに持っていたお金は，それぞれいくらですか。

解き方

はじめの所持金をx, yで表す ▶
　はじめに，Aさんがx円，Bさんがy円持っていたとすると，出したお金の合計金額の関係から，

合計金額の関係から立式 ▶
$$\frac{80}{100}x + \frac{60}{100}y = 6500 \cdots\cdots①$$

　また，Aさんの残金ははじめの$100-80=20$（%），Bさんの残金ははじめの$100-60=40$（%）だから，残金の関係から，

残金の関係から立式 ▶
$$\frac{40}{100}y - \frac{20}{100}x = 1400 \cdots\cdots②$$

　①，②を連立方程式として解くと，

連立方程式を解く ▶ $x=4000,\ y=5500$

解を検討する ▶ 金額は正の整数なので，これは問題にあてはまる。

答 **Aさん4000円，Bさん5500円**

> **Point** 出し合った合計金額と，残金の差から立式。

参考 百分率を小数の割合に直して立式

　①，②の連立方程式は，次のように，百分率を小数に直して立式してもよい。

$$\begin{cases} 0.8x + 0.6y = 6500 \cdots\cdots① \\ 0.4y - 0.2x = 1400 \cdots\cdots② \end{cases}$$

図解 金額の変化

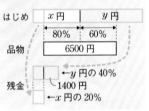

図をかくと，問題のイメージがしやすくなるよ。

練習 |　解答 ▶ 別冊p.7

26　AさんとBさんは，7400円の品物を買うために，それぞれ持っているお金の中から，Aさんは60%を，Bさんは50%を出し合いました。また，残ったお金を比べると，Aさんのほうが1600円多かったそうです。

　2人がはじめに持っていたお金は，それぞれいくらですか。

　ある学級の去年の生徒数は，男女合わせて35人でした。今年は，男子生徒が20％増加し，女子生徒が20％減少したので，全体では1人の減少となりました。

　今年の男子生徒，女子生徒は，それぞれ何人ですか。

解き方

| 去年の生徒数を x，y で表す | ▶ | 去年の男子生徒数を x 人，去年の女子生徒数を y 人とすると，去年の人数の合計の関係から， |

$$x+y=35 \cdots\cdots ①$$

| 去年の人数の関係から立式 | ▶ | 今年の人数の合計の関係から， |

$$\frac{120}{100}x+\frac{80}{100}y=35-1 \cdots\cdots ②$$

└─ 全体では1人減少

①，②を連立方程式として解くと，

| 連立方程式を解く | ▶ | $x=15,\ y=20$ |

　したがって，去年の男子生徒数は15人，去年の女子生徒数は20人だから，

| 解を検討する 求めるのは今年の生徒数 | ▶ | 今年の男子生徒数は，$\dfrac{120}{100}\times15=18$（人） |

今年の女子生徒数は，$\dfrac{80}{100}\times20=16$（人）

答 男子生徒18人，女子生徒16人

Point 基準になる去年の人数を x 人，y 人とする。

くわしく 増加・減少の表し方

20％の増加⇨もとの数量の100＋20＝120（％）⇨もとの数量の $\dfrac{120}{100}$ 倍だから，今年の男子生徒数は，

$$x\times\frac{120}{100}=\frac{120}{100}x（人）$$

また，20％の減少⇨もとの数量の100－20＝80（％）⇨もとの数量の $\dfrac{80}{100}$ 倍だから，今年の女子生徒数は，

$$y\times\frac{80}{100}=\frac{80}{100}y（人）$$

テストで注意 **去年の人数を答えとするな!**

　求めるのは，今年の生徒数である。
　連立方程式を解いて求めた去年の生徒数を，そのまま答えにしないこと。

別解

　今年の男子生徒数を x 人，今年の女子生徒数を y 人とすると，

$$\begin{cases} x\times\dfrac{100}{120}+y\times\dfrac{100}{80}=35 \\ x+y=35-1 \end{cases}$$

去年の男子　去年の女子

より，$x=18,\ y=16$

練習　　　　　　　　　　　　　　　　　　　　　　　　　解答 別冊p.7

27　ある学校の今年度の入学者数は249人で，昨年度の入学者数に比べて男子は8％増加し，女子は5％減少したので，全体では4人増加しました。

　この学校の今年度の男女別の入学者数は，それぞれ何人ですか。

例題 **28** 身体活動と健康

身体活動は，日常生活での労働や通勤・通学などの「生活活動」と，体力の向上などを目的とする「運動」の2つに分けられます。

私たちが健康に暮らすための身体活動量の目標として，「3メッツ以上の身体活動を，週に合計で23メッツ以上行う」というものがあります(「メッツ」とは，身体活動の強度を表すものです)。

身体活動のメッツ表

強度(メッツ)	生活活動	運動
3	普通歩行，台所の手伝い	ボウリング，バレーボール
4	自転車，ゆっくり階段を上がる	卓球，ラジオ体操第1
5	かなり速足	野球，ソフトボール
6	スコップで雪かき	バスケットボール，のんびり泳ぐ

「健康づくりの身体活動基準2013」(厚生労働省)

身体活動量は，次のような式で計算して，数値で表すことができます。

身体活動量＝身体活動の強度(メッツ)×身体活動の実施時間(時間)

「普通歩行」と「卓球」を合計7時間行って，23メッツにするためには，それぞれ何時間行えばよいですか。

解き方

それぞれの活動の時間を x, y で表して立式 ▶

「普通歩行」を行う時間を x 時間，「卓球」を行う時間を y 時間とすると，
時間の合計の関係から，$x+y=7$ ……①
身体活動量の合計の関係から，$3x+4y=23$ ……②

連立方程式を解く ▶ ①，②を連立方程式として解くと，$x=5$, $y=2$

解を検討する ▶ 時間は正の値なので，これは問題にあてはまる。

答 普通歩行…5時間，卓球…2時間

> たとえば，強度4の自転車を1時間30分行ったときの身体活動量は，
> 4×1.5＝6(メッツ)
> となるよ。

練習 | 解答 ▶ 別冊 p.7

28 例題**28**で，「自転車」と「バスケットボール」を合計5時間行って，27メッツにするためには，それぞれ何時間行えばよいですか。

2章／連立方程式

3／連立方程式の利用

1／連立方程式とその解き方

1 次の連立方程式を加減法で解きなさい。 【4点×4】

(1) $\begin{cases} 2x+y=5 \\ x-y=1 \end{cases}$

(2) $\begin{cases} 4x-5y=13 \\ 2x-y=5 \end{cases}$

(3) $\begin{cases} 4x+3y=10 \\ 3x-5y=-7 \end{cases}$

(4) $\begin{cases} 3x+4y=1 \\ 2x+3y=0 \end{cases}$

1／連立方程式とその解き方

2 次の連立方程式を代入法で解きなさい。 【4点×4】

(1) $\begin{cases} y=3x \\ 2x+y=10 \end{cases}$

(2) $\begin{cases} 5x-2y=13 \\ y=x-2 \end{cases}$

(3) $\begin{cases} 3x+y=2 \\ x+3y=14 \end{cases}$

(4) $\begin{cases} 2x=4-y \\ 2x=5y+16 \end{cases}$

2／いろいろな連立方程式

3 次の連立方程式を解きなさい。 【6点×4】

(1) $\begin{cases} x+3=5-y \\ 2x=3(1-y) \end{cases}$

(2) $\begin{cases} 4(x+y)-7y=9 \\ 2x+9y=15 \end{cases}$

(3) $\begin{cases} 0.4x+1.2y=1 \\ \dfrac{x}{3}-\dfrac{y}{4}=\dfrac{5}{12} \end{cases}$

(4) $\begin{cases} \dfrac{x+y}{3}+x=40 \\ \dfrac{x-y}{5}+y=21 \end{cases}$

2／いろいろな連立方程式

4 次の問いに答えなさい。 【7点×2】

(1) 連立方程式 $\begin{cases} ax-7b=y \\ ax+by=17 \end{cases}$ の解が $x=3$，$y=5$ であるとき，a，b の値を求めなさい。

〔　　　　〕

(2) $3a-2b=4$，$5a-b=-5$ のとき，$-a^2+3ab+b^2$ の値を求めなさい。

〔　　　　〕

3／連立方程式の利用

5 鉛筆 1 本とノート 1 冊を買うと代金は210円，同じ鉛筆 8 本とノート 3 冊を買うと代金は930円です。

鉛筆 1 本，ノート 1 冊の値段は，それぞれ何円ですか。 【10点】

〔　　　　〕

3／連立方程式の利用

6 ある人が，A 町から峠を越えて7.8km 離れた B 町まで，平地の部分は毎時 4 km，上りの部分は毎時 3 km，下りの部分は毎時4.8km の速さで歩いたら，全体で 2 時間 9 分かかったといいます。

平地の部分は合わせて1.8km あるとすると，上りの部分と下りの部分は，それぞれ何 km ですか。

【10点】

〔　　　　〕

3／連立方程式の利用

7 ある中学校の今年度の生徒数は，男女合わせて413人です。これは，昨年度に比べると全体で13人増え，男女別にみると男子では10％増え，女子では 5 ％減っているといいます。

今年度の男子生徒数，女子生徒数は，それぞれ何人ですか。 【10点】

〔　　　　〕

1／連立方程式とその解き方

1 次の連立方程式を解きなさい。 【4点×6】

(1) $\begin{cases} 7x-2y=-11 \\ 3x+2y=1 \end{cases}$

(2) $\begin{cases} x+6y=9 \\ 2x-5y=1 \end{cases}$

(3) $\begin{cases} 2x-5y=4 \\ 3x-4y=-1 \end{cases}$

(4) $\begin{cases} y=7x-13 \\ 7x+2y=16 \end{cases}$

(5) $\begin{cases} x=9y-11 \\ 2x+5y=1 \end{cases}$

(6) $\begin{cases} y=-x+8 \\ y=3x-4 \end{cases}$

2／いろいろな連立方程式

2 次の連立方程式を解きなさい。 【5点×4】

(1) $\begin{cases} 2x+y=8 \\ 5x-3(2x-y)=3 \end{cases}$

(2) $\begin{cases} \dfrac{3}{10}x+\dfrac{1}{5}y=1 \\ 4x+y=0 \end{cases}$

(3) $\begin{cases} 0.04x+0.1y=1 \\ 0.2x-0.3y=1.8 \end{cases}$

(4) $5x-6y=x-2y=2$

2／いろいろな連立方程式

3 連立方程式 $\begin{cases} 3x-y=10 \\ ax+y=-4 \end{cases}$ の解の比が $x:y=3:4$ であるとき，a の値を求めなさい。 【8点】

4 3／連立方程式の利用

2けたの正の整数があります。その整数の十の位の数と一の位の数をたすと11になります。また，十の位の数と一の位の数を入れかえた整数は，もとの整数より27小さいです。もとの整数を求めなさい。　　　　　　　　　　　　　　　　　　　　　　　　　　　　　　【12点】

〔　　　　　　　　　　　〕

5 3／連立方程式の利用

周囲が4800m の公園を，A さんは自転車で，B さんは徒歩でまわります。同じ場所を同時に出発して，反対の方向にまわると20分後にはじめて出会います。また，同じ方向にまわると，A さんは40分後にはじめて B さんに追いつきます。A さん，B さんそれぞれの速さは分速何 m ですか。ただし，A さんのほうが B さんよりも速いとします。　　　　　　　　　　　　　　　【12点】

〔　　　　　　　　　　　〕

6 3／連立方程式の利用

濃度が18%の食塩水と10%の食塩水を混ぜて，15%の食塩水を600g 作ろうと思います。それぞれ何 g ずつ混ぜればよいですか。　　　　　　　　　　　　　　　　　　　　【12点】

〔　　　　　　　　　　　〕

思考 **7** 3／連立方程式の利用

健康のために，どのくらい運動をすればよいかの基準となる，身体活動量について調べました。身体活動には，その運動によって，強度（メッツ）が決まっており，身体活動量は次の式で求めることができます。

> 身体活動量＝身体活動の強度（メッツ）×身体活動の実施時間（時間）

「健康づくりの身体活動基準2013」（厚生労働省）

強度5の「動物と遊ぶ（活発に）」と強度4.5の「水中歩行」を合計5時間行って，24メッツにするためには，これらの運動をそれぞれ何時間行えばよいですか。　　　　　　　　　　【12点】

〔　　　　　　　　　　　〕

さっさ立て

江戸時代，日本独自の数学である「和算」が発達した。さまざまな数学的な遊びを集めて解説している和算書『勘者御伽双紙』という本に，「さっさ立て」という数あて遊びが紹介されている。

1 さっさ立てのやり方

「さっさ立て」は出題者と解答者に分かれて，次のように行う。

・碁石30個と，中身が見えない箱A，Bを用意する。

・解答者は後ろを向き，出題者は「さぁ」と声を出しながら，碁石をどちらかの箱に入れていく。

・Aの箱に入れるのは1回につき2個，Bの箱に入れるのは1回につき3個と決め，碁石は余らないようにすべて分け入れる。

・解答者は，出題者の声の回数だけで，AとBの箱に碁石がそれぞれ何個はいっているかをあてる。

ここで，「さぁ」と13回言って碁石を全部分け入れたときに，AとBの箱にそれぞれ何個はいっているかを考える。

2 声の回数が13回だったときの2つの箱の中の碁石の数

〔考え方〕

13回全部をBに3個入れたとすると，その数は，

$$3 \times 13 = 39（個）$$

なので，$39 - 30 = 9$で，9個分多い。

この9は，Aに2個を入れた回数となる。

したがって，

Aの箱には，$2 \times 9 = 18（個）$

Bの箱には，$3 \times (13 - 9) = 12（個）$

の碁石がはいっている。

$3 \times 13 = 39$

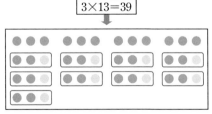

多い9個分

$39 - 30$

『勘者御伽双紙』でも，次のように，似た解き方をしている。

> 声の回数を3倍した数から最初の碁石の数を
> ひき，その差を2倍すると，Aの箱の碁石の
> 数になる。

「3倍」がBの箱に入れる3個，
「2倍」がAの箱に入れる2個と
考えると，〔考え方〕と同じだね。

$$(13 \times 3 - 30) \times 2$$
$$= (39 - 30) \times 2$$
$$= 9 \times 2$$
$$= 18（個）\cdots Aの箱$$

このように，どちらか一方の量に置きかえて，実際の量とのちがいから考えて解く解き方を
「鶴亀算」という。

3 連立方程式を使って解く

次のように，連立方程式を使って，簡単に解くこともできる。

〔考え方〕

Aに2個入れる回数をx回，Bに3個入れる回数をy回とすると，碁石は30個あるので，

$$2x + 3y = 30 \quad \cdots\cdots①$$

また，声の回数は13回だから，

$$x + y = 13 \quad \cdots\cdots②$$

①，②を連立方程式として解くと，

$$x = 9, \ y = 4$$

鶴亀算の問題は，連立方程式を
使って解くと，簡単に解けるね。

したがって，

Aの箱には，$2 \times 9 = 18$（個）

Bの箱には，$3 \times 4 = 12$（個）

の碁石がはいっている。

中学生のための
勉強・学校生活アドバイス

塾に行けば何とかなる？

「三角先輩って塾に通ってないんですよね？通わないんですか？」

「特に今のところは考えていないよ。入試の情報はほしいから，夏以降はどうしようか考えているけど。」

「塾に行ったら三角先輩もっと頭よくなってスゴくなりそう！」

「**塾は頭のよくなる魔法の場所じゃない**から（笑）。塾に行っても成績が上がらない人もいるし，塾に期待しすぎてはいけないよ。」

「オレ，"そろそろ塾に入れるからね"って親から言われてます。」

「強制的に勉強する時間を作るには塾に入るのが手っ取り早いから（笑）。ほかにも塾に行くメリットは一人じゃないってことや，受験情報が得られることだね。」

「じゃあ塾に入ったほうがいいんですかね？」

「さっきも言ったけど，塾は頭のよくなる魔法の場所じゃない。塾に行くにしても『**自分で勉強する意識**』がないと成績は上がらないよ。」

「自分で勉強する意識ですか…。」

「塾は通っているだけで勉強を頑張っているように感じてしまう。でも知識が定着するのって，自分一人で勉強しているときだよね。」

「たしかにそうだと思います。」

「塾の授業を受けているだけ，塾で出された宿題をやるだけの受け身では，塾に行ったとしても成績は上がらないと思うな。」

「逆に言えば，しっかり自分で勉強できるなら塾は必ずしも必要ではないってことですね。」

「それを知ったうえで，塾を利用するかどうか自分でちゃんと考えてみるといいよ。」

3章

1次関数

1 1次関数と変化の割合

1次関数 〔例題 1 〜 例題 5〕

y が x の関数で，y が x の1次式で表されるとき，y は x の1次関数であるといいます。

■ 1次関数の 判別	1次関数は，一般に次の式で表される。

$$y=\underline{ax}+\underline{b}\,(a,\ b\text{は定数，}\ a\neq0)$$

└ x に比例する部分 ┘　└ 定数の部分

〔1次関数である場合〕

$y=ax+b$ の形 ⇒ 例 $y=\dfrac{2}{3}x+4$

$y=ax+b$ で $b=0$ のとき ⇒ 例 $y=5x$ ←比例

変形すると $y=ax+b$ の形になるもの ⇒ 例 $2x+3y=3$ ⇨ $y=-\dfrac{2}{3}x+1$

└── 変形すると ──┘

〔1次関数にならない場合〕

例 $y=\dfrac{8}{x}+3$ ←右辺が1次式でない→ $y=x^2+1$

1次関数の変化の割合 〔例題 6 〜 例題 8〕

x の増加量に対する y の増加量の割合を変化の割合といいます。

■ 1次関数の 変化の割合	1次関数 $y=ax+b$ の変化の割合は一定で，x の係数 a に等しい。

$$(\text{変化の割合})=\frac{(y\text{の増加量})}{(x\text{の増加量})}=a$$

例　1次関数 $y=\dfrac{2}{3}x-4$ で，x が3から9まで増加したときの変化の割合は，

x の増加量 ⇨ $9-3=6$

y の増加量 ⇨ $\left(\dfrac{2}{3}\times9-4\right)-\left(\dfrac{2}{3}\times3-4\right)=4$

└ もとの式に $x=9$ を代入 ┘　　└ もとの式に $x=3$ を代入

だから，変化の割合は，$\dfrac{4}{6}=\dfrac{2}{3}$ ← x の係数に等しい

例題 1 関数を表す式　　　Level ★ ☆ ☆

自動車が時速40kmの速さでx時間走ったとき，進んだ道のりを$y$kmとします。このとき，yをxの式で表しなさい。また，yはxの関数かどうかを答えなさい。

解き方

公式にあてはめて，yをxの式で表す ▶

道のり＝速さ×時間の関係から，

$$y \;=\; 40 \;\times\; x$$

したがって，式は，$y=40x$　…答

yが1つに決まるか調べる ▶

また，上の式で，xの値を決めると，対応するyの値は1つに決まる。

したがって，yはxの関数である。…答

┌

Point ▶ xの値を決めたとき，yの値が1つに決まれば，yはxの関数。

┘

復習 **比例**

yがxの関数で，その間の関係が

$$y=ax\,(a\text{ は定数})$$

で表せるとき，yはxに比例するという。

例題 2 1次関数と対応　　　Level ★ ☆ ☆

1次関数$y=2x+3$について，次の値をそれぞれ求めなさい。

(1) $x=-1$のとき，対応するyの値

(2) $y=11$のとき，対応するxの値

解き方

式にxの値を代入 ▶ (1)　$y=2x+3$に，$x=-1$を代入して，

$$y=2\times(-1)+3=1 \quad \text{…答}$$

式にyの値を代入 ▶ (2)　$y=2x+3$に，$y=11$を代入して，$11=2x+3$

xについて解く ▶ 　これより，$x=4$　…答

わかっている文字の値を，式に代入しよう。

練習　　　　　　　　　　　　　　　　　　　　　　　解答 ▶ 別冊p.9

1 　縦が4cm，横が$x$cmの長方形の周の長さを$y$cmとするとき，yをxの式で表しなさい。また，yはxの関数かどうかを答えなさい。

2 　1次関数$y=-3x-4$について，次の値をそれぞれ求めなさい。

(1) $x=-3$のとき，対応するyの値　　　　(2) $y=2$のとき，対応するxの値

次の⑦～⓪のうち，y が x の1次関数であるものはどれですか。記号で答えなさい。

⑦ $y = \dfrac{3}{x} + 5$ ⓘ $\dfrac{1}{3}y = x$

⓪ $x = \dfrac{y}{3} + 4$ ⓔ $x^2 + 2y = 4$

解き方

⑦ $y = \dfrac{3}{x} + 5$

右辺から判断 ▶ 右辺は x の1次式ではないから，
1次関数ではない。

$y = \sim$ の形に ▶ ⓘ 変形すると，$y = 3x$

右辺から判断 ▶ 右辺は x の1次式だから，
1次関数である。

$y = \sim$ の形に ▶ ⓪ 変形すると，$y = 3x - 12$

右辺から判断 ▶ 右辺は x の1次式だから，
1次関数である。

$y = \sim$ の形に ▶ ⓔ 変形すると，$y = -\dfrac{1}{2}x^2 + 2$

右辺から判断 ▶ 右辺は x の1次式ではないから，
1次関数ではない。

答 ⓘ，⓪

Point $y = ax + b$ の形 ➡ y は x の1次関数

参考 **分数式という!**

⑦のように，分母に文字を含む式を**分数式**という。これに対して，分母に文字を含まない式を**整式**という。

$y = ax + b$ で，$b = 0$ の場合も1次関数だよ。

参考 **2次関数という!**

ⓔのように，y が x の2次式で表されるとき，

y は x の2次関数である

という。2次関数は，中学3年で部分的に扱う。

練習 解答 ▶ 別冊 p.9

3 次の⑦～⓪のうち，y が x の1次関数であるものはどれですか。記号で答えなさい。

⑦ $y + 1 = 2x^2$ ⓘ $x + y = 0$ ⓪ $y - 5 = \dfrac{x}{2}$

例題 **4** 1次関数の判別(2)〔数量関係から〕 Level ★★☆

次の⑦～⑤のxとyの関係について，yがxの1次関数である
ものはどれですか。記号で答えなさい。

⑦ 半径$x$cmの円の面積が$y$cm²である。

⑦ 1本60円の鉛筆x本と，1本120円のボールペン2本を合わせ
た代金はy円である。

⑦ 縦が$x$cm，横が$y$cmの長方形の面積が20cm²である。

⑤ 水温が27℃から毎分3℃上がると，x分後にはy℃になる。

解き方

円の面積＝半径
×半径×円周率 ▶ ⑦ 式に表すと，$y = x \times x \times \pi$ より，$y = \pi x^2$
右辺はxの1次式ではないから，

右辺から判断 ▶ **1次関数ではない。**

代金＝1本の値段
×本数 ▶ ⑦ 式に表すと，$y = 60 \times x + 120 \times 2$ より，
$y = 60x + 240$　<u>鉛筆の代金</u>　<u>ボールペンの代金</u>
右辺はxの1次式だから，

右辺から判断 ▶ **1次関数である。**

長方形の面積＝
縦×横 ▶ ⑦ 式に表すと，$x \times y = 20$ より，$y = \dfrac{20}{x}$

右辺はxの1次式ではないから，

右辺から判断 ▶ **1次関数ではない。**

水温と時間の
関係を式に表す ▶ ⑤ 式に表すと，$y = 27 + 3 \times x$ より，$y = 3x + 27$
右辺はxの1次式だから，

右辺から判断 ▶ **1次関数である。**

答 ⑦，⑤

Point 数量関係を式に表し，$y = \sim$ の形に変形
して判断する。

文章からxとyの関
係をつかんで，
yをxの式に表して
から考えよう！

テストで注意 **必ず，$y = \sim$ の形に!**

⑦は，$x \times y = 20$ のままでは，1次
式かどうかを判断できない。

必ず，$y = \sim$ の形に直して考えよ
う。

練習　　　　　　　　　　　　　　　　　　解答▶別冊p.9

4 次の場合について，yがxの1次関数であるかどうかをそれぞれ答えなさい。

(1) 面積が10cm²の三角形の底辺の長さが$x$cmのとき，高さは$y$cmである。

(2) 長さ12cmのろうそくが毎分0.5cmずつ短くなると，x分後には$y$cmになる。

わたしたちが暮らす日常での空気中の音の速さは，気温が0℃のとき毎秒331mで，気温が1℃上がるごとに毎秒0.6mだけ増すことが知られています。

これについて，次の問いに答えなさい。

(1) 気温がx℃のときの音の速さを毎秒ymとして，yをxの式で表しなさい。

(2) 気温が15℃のときの音の速さを求めなさい。

解き方

xに比例する部分を見つける ▶	(1) 気温xに比例する部分が**0.6x**であるから，定数部分をbとすると，求める式は，
定数部分をbとし，1次関数の式に表す ▶	$$y=0.6x+b$$ とおける。
対応するx，yの値がわかっている部分に着目 ▶	気温が0℃のときの音の速さは毎秒331mであるから，$x=0$のとき$y=331$ これを式に代入すると，
もとの式にx，yの値を代入 ▶	$331=0.6×0+b$
bの値を求める ▶	これより，$b=$**331** したがって，求める式は，
	$$y=0.6x+331 \quad \cdots 答$$
	(2) (1)で求めた式に，$x=15$を代入して，
(1)の式にxの値を入れし，yの値を求める ▶	$y=0.6×15+331$ $=340$（m/秒）

答 毎秒340m

✔確認 1次関数の式

$y=$（xに比例する部分）
　　$+$（定数の部分）

くわしく bの値は$x=0$のときのyの値

$y=ax+b$に$x=0$を代入すると，
$y=a×0+b$より，$y=b$となる。

音の速さの正確な式は，気圧や気温の状態によって決まるよ。

練習 | 　　　　　　　　　　　　　　　　解答▶ 別冊p.9

5 　10kmあたり1Lのガソリンを使う自動車があります。この自動車のタンクに40Lのガソリンを入れて出発しました。次の問いに答えなさい。

(1) $x$km走ったときの残りのガソリンの量をyLとして，yをxの式で表しなさい。

(2) 50km走ったときの残りのガソリンの量を求めなさい。

例題 6 変化の割合を求める　　Level ★☆☆

　1次関数 $y=-3x-5$ について，次の場合の変化の割合を求めなさい。

(1)　x が1から5まで増加　　　(2)　x が -3 から -2 まで増加

(3)　x が -4 から2まで増加

解き方

(1)　$x=1$ のとき，$y=-3\times1-5=-8$

　　　$x=5$ のとき，$y=-3\times5-5=-20$

x の増加量を計算 ▶　だから，x の増加量は，$5-1=4$

y の増加量を計算 ▶　　　　　y の増加量は，$-20-(-8)=-12$

$\dfrac{(y\text{の増加量})}{(x\text{の増加量})}$ を計算 ▶　変化の割合は，$\dfrac{-12}{4}=-3$ … 答

(2)　$x=-3$ のとき，$y=-3\times(-3)-5=4$

　　　$x=-2$ のとき，$y=-3\times(-2)-5=1$

x の増加量を計算 ▶　だから，x の増加量は，$-2-(-3)=1$

y の増加量を計算 ▶　　　　　y の増加量は，$1-4=-3$

$\dfrac{(y\text{の増加量})}{(x\text{の増加量})}$ を計算 ▶　変化の割合は，$\dfrac{-3}{1}=-3$ … 答

(3)　$x=-4$ のとき，$y=-3\times(-4)-5=7$

　　　$x=2$ のとき，$y=-3\times2-5=-11$

x の増加量を計算 ▶　だから，x の増加量は，$2-(-4)=6$

y の増加量を計算 ▶　　　　　y の増加量は，$-11-7=-18$

$\dfrac{(y\text{の増加量})}{(x\text{の増加量})}$ を計算 ▶　変化の割合は，$\dfrac{-18}{6}=-3$ … 答

> **Point** $(\text{変化の割合})=\dfrac{(y\,\text{の増加量})}{(x\,\text{の増加量})}$

テストで注意 **増加量の計算を「1-5」や「-8-(-20)」としない!**

「a から b まで増加」というときの増加量は，$b-a$ である。

　つまり，うしろの値から前の値をひけばよい。$a-b$ とはしないこと。

くわしく **1次関数では変化の割合は一定**

　1次関数 $y=ax+b$ では，変化の割合は一定で，x の係数 a に等しい。

　したがって，慣れてきたら，$y=ax+b$ の a を変化の割合として答えてもよい。

練習　　　　　　　　　　　　　　　　　　　　　解答▶別冊p.9

6　1次関数 $y=2x+1$ について，次の場合の変化の割合を求めなさい。

(1)　x が1から3まで増加　　　　　(2)　x が -1 から0まで増加

1次関数 $y=\dfrac{1}{2}x+5$ について，x が次のように増加するときの y の増加量を求めなさい。

(1) x が1増加　　　　　　(2) x が4増加

> 1次関数 $y=ax+b$ の変化の割合は，x の係数 a に等しいよ。

解き方

| まず，変化の割合を求める | ▶ | 1次関数 $y=\dfrac{1}{2}x+5$ の変化の割合は $\dfrac{1}{2}$ である。 |

(1) x が1増加するときの y の増加量は，

| （変化の割合）×（x の増加量）を計算 | ▶ | $\dfrac{1}{2}\times1=\dfrac{1}{2}$ …答 |

(2) x が4増加するときの y の増加量は，

| （変化の割合）×（x の増加量）を計算 | ▶ | $\dfrac{1}{2}\times4=2$ …答 |

 Point （y の増加量）
＝（変化の割合）×（x の増加量）

テストで注意 $x=4$ のときの値を求めてはいけない！

(2)で，$y=\dfrac{1}{2}\times4+5=7$

としてはいけない。

これは，$x=4$ のときの y の値であって，x が4増加したときの y の増加量ではない。

 練習 | 解答 ▶ 別冊p.9

7 1次関数 $y=-2x+9$ で，x が次のように増加するときの y の増加量を求めなさい。

(1) x が3増加　　　　　　(2) x が−3増加

Column 反比例の関係の変化の割合

1次関数の変化の割合は一定でしたが，中1で学習した反比例では，変化の割合はどうなっているのでしょうか。

反比例 $y=\dfrac{12}{x}$ について，x の値が次のように増加したときの変化の割合を調べてみましょう。

(1) **2から6まで**

(2) **−3から−1まで**

(1) x の増加量は，$6-2=4$

y の増加量は，$\dfrac{12}{6}-\dfrac{12}{2}=-4$

だから，変化の割合は，$\dfrac{-4}{4}=-1$

(2) x の増加量は，$-1-(-3)=2$

y の増加量は，$\dfrac{12}{-1}-\dfrac{12}{-3}=-8$

だから，変化の割合は，$\dfrac{-8}{2}=-4$

(1)，(2)から，反比例 $y=\dfrac{12}{x}$ では，変化の割合は一定ではないことがわかります。

このように，**y が x に反比例するとき，変化の割合は一定ではありません。**

yがxの1次関数で，対応するx，yの値は右の表のように
なっています。このとき，A，Bの値を求めなさい。

x	-4	-2	0	2	4
y	A	-9	-3	B	9

解き方

まず，変化の割合を求める ▶ 　変化の割合は，$\dfrac{-3-(-9)}{0-(-2)}=\dfrac{6}{2}=3$

A．xが-4から-2まで増加するときのxの増加量は
2，yの増加量は$-9-$A

（yの増加量）
＝（変化の割合）
×（xの増加量） ▶ 　したがって，$-9-\text{A}=3\times2$

これより，A$=-9-6=$**-15** …答

B．xが0から2まで増加するときのxの増加量は2，
yの増加量はB$-(-3)=$B$+3$

（yの増加量）
＝（変化の割合）
×（xの増加量） ▶ 　したがって，B$+3=3\times2$

これより，B$=6-3=3$ …答

くわしく どの2組のx，yの値
で求めてもよい

ここでは，$x=-2$から$x=0$まで
の変化の割合を求めているが，1次
関数の変化の割合は一定だから，対
応表のどの2組の値を使ってもよい。
結果はすべて同じ値になる。

x，yの値が両方と
もわかっている
部分から求めよう。

別解

次のように，1次関数の式を求めてから，A，Bの値を求めてもよい。

〔別解①〕　yはxの1次関数で，変化の割合が3だから，$y=3x+b$と表せる。

また，対応表から，$x=0$のとき$y=-3$だから，これを式に代入して，$b=-3$

したがって，1次関数の式は，$y=3x-3$と表せるから，これに$x=-4$，$x=2$をそれぞれ代入して，

$\quad$A$=3\times(-4)-3=-15$，B$=3\times2-3=3$

〔別解②〕　yはxの1次関数だから，$y=ax+b$と表せる。対応表から，$x=0$のとき$y=-3$，

$x=4$のとき$y=9$だから，これを式に代入して，$\begin{cases}-3=a\times0+b\\9=a\times4+b\end{cases}$　これを解くと，$a=3$，$b=-3$

したがって，式は$y=3x-3$と表せる。（あとは〔別解①〕と同じ）

練習　　　　　　　　　　　　　　　　　　　　　　　　　　　　　　　解答▶別冊p.9

8　yがxの1次関数で，対応するx，yの値は右の表のようになってい
ます。このとき，Aの値を求めなさい。

x	-3	-1	1	3
y	5	1	-3	A

2 1次関数のグラフ

1次関数のグラフ 〔例題 9 〜 例題 11〕

1次関数$y=ax+b$のグラフは直線で，その直線は，式$y=ax+b$が成り立つようなx，yの値の組$(x,\ y)$をそれぞれx座標，y座標とする点の集まりです。

■ 比例のグラフと1次関数のグラフ	1次関数$y=ax+b$のグラフは，$y=ax$のグラフを，**y軸の正の方向にbだけ平行移動させた直線**である。 例 $y=\dfrac{1}{2}x+2$のグラフをかくには，比例 $y=\dfrac{1}{2}x$のグラフを，**y軸の正の方向に$+2$** だけ平行移動させればよい。	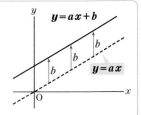

1次関数のグラフの切片と傾き 〔例題 12 〜 例題 17〕

1次関数$y=ax+b$のグラフは，点$(0,\ b)$を通ります。この**bの値**を，そのグラフの**切片**といいます。

また，1次関数$y=ax+b$のグラフの傾きぐあいは，aの値によって決まります。この**aの値**を，そのグラフの**傾き**といいます。

つまり，1次関数$y=ax+b$のグラフは，**傾きがa，切片がbの直線**です。

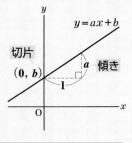

■ 1次関数の増減とグラフ	**$a>0$のとき**	**$a<0$のとき**
	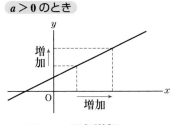	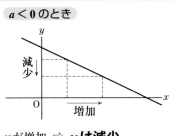
	xが増加 ⇨ **yも増加** グラフは**右上がりの直線**	xが増加 ⇨ **yは減少** グラフは**右下がりの直線**

　　次のそれぞれの点は，1次関数 $y=-2x+5$ のグラフ上の点です。□にあてはまる数を求めなさい。

A(6, □)　　　　　　　　　　　B(□, 13)

解き方

　　　　　　　A. $x=6$ を $y=-2x+5$ に代入して，

x座標を代入 ▶ 　　$y=-2\times6+5=-7$ … 答

　　　　　　　B. $y=13$ を $y=-2x+5$ に代入して，

y座標を代入 ▶ 　$13=-2x+5$ より，$x=-4$ … 答

> **Point** グラフ上の点の x 座標，y 座標をグラフの式に代入する。

テストで注意 **x 座標，y 座標をとりちがえないこと!**

　点($\bigcirc$, $\triangle$)は，$\bigcirc$ が x 座標，$\triangle$ が y 座標である。点Aの6は x 座標だから，$x=6$ をグラフの式に代入すること。

3章／1次関数

2／1次関数のグラフ

例題 **10** グラフ上の点を見つける　　　　　　　Level ★★☆

　　次の点のうちで，1次関数 $y=2x-3$ のグラフ上にあるものはどれですか。記号で答えなさい。

A(4, 5)　　　　　　　　　　　B(-6, -13)

解き方

x座標を代入 ▶ A. $x=4$ を $y=2x-3$ に代入すると，$y=2\times4-3=5$

y座標と比べる ▶ 　これは**y座標に等しい**から，グラフ上にある。
　　　　　　　　　　└ y 座標は 5

x座標を代入 ▶ B. $x=-6$ を $y=2x-3$ に代入すると，

　　　　　　　　　　$y=2\times(-6)-3=-15$

y座標と比べる ▶ 　これは**y座標に等しくない**から，グラフ上にない。
　　　　　　　　　　└ y 座標は -13

　　　　　　　　　　　　　　　　　　　　　　　　答 **A**

✔確認 **グラフ上の点**

　点がグラフ上にあるということは，点の x 座標，y 座標の値を式に代入して，グラフの式が成り立つということである。

練習　　　　　　　　　　　　　　　　　　　　　　解答 別冊p.9

9 次のそれぞれの点は，1次関数 $y=-4x+11$ のグラフ上の点です。□にあてはまる数を求めなさい。

　　A$\left(-\dfrac{1}{2},\ \square\right)$　　　　　　　B(□, 1)

10 次の点のうちで，1次関数 $y=-x+1$ のグラフ上にあるものはどれですか。記号で答えなさい。

　　A(-1, -1)　　　　　　　B(2, -1)　　　　　　　C(5, -4)

右の $y=3x$ のグラフを利用して，右の方眼に，1次関数 $y=3x-3$ のグラフをかきなさい。

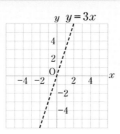

解き方

比例の式と1次関数の式のちがいに着目 ▶

　　比例のグラフの式 $y=3x$ の右辺に -3 を加えると，$y=3x-3$ となる。

　　したがって，比例 $y=3x$ のグラフを，

比例のグラフを平行移動 ▶

y 軸の正の方向に -3 だけ平行移動すればよい。

　　いいかえると，比例 $y=3x$ のグラフを，

正の方向に b 移動 ➡負の方向に $-b$ 移動 ▶

y 軸の負の方向に 3 だけ平行移動すればよい。

答 右のグラフ

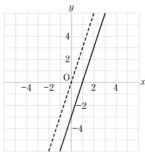

図解 比例のグラフを平行移動

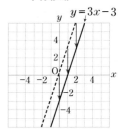

1次関数のグラフは，比例のグラフと同じように，直線になるね。

Point 　$y=ax+b$ のグラフは，$y=ax$ のグラフを，y 軸の正の方向に b だけ平行移動したもの。

練 習　　　　　　　　　　　　　　　　　　　　**解答** 別冊p.10

11　右の $y=-2x$ のグラフを利用して，右の方眼に，次の1次関数のグラフをかきなさい。

(1) $y=-2x+3$

(2) $y=-2x-2$

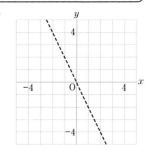

例題 **12** 1次関数のグラフの傾きと切片　　Level ★★★

次の直線の傾きと切片を求めなさい。

(1) $y=5x+4$

(2) $y=-\dfrac{1}{2}x-3$

(3) $y=\dfrac{2}{3}x$

(4) $y+\dfrac{3}{4}x=\dfrac{2}{5}$

解き方

a, bの値を確認 ▶ (1) 直線 $y=\underset{a}{5}x+\underset{b}{4}$ では，

　　　　傾きは5，切片は4 …答

a, bの値を確認 ▶ (2) 直線 $y=\underset{a}{-\dfrac{1}{2}}x\underset{b}{-3}$ では，

　　　　傾きは$-\dfrac{1}{2}$，切片は-3 …答

式を変形して a, bの値を確認 ▶ (3) $y=\dfrac{2}{3}x$ は，$y=\underset{a}{\dfrac{2}{3}}x\underset{b}{+0}$ と考えられるから，

　　　　傾きは$\dfrac{2}{3}$，切片は0 …答

(4) $y+\dfrac{3}{4}x=\dfrac{2}{5}$ で，$+\dfrac{3}{4}x$ を移項すると，

式を変形して a, bの値を確認 ▶

　　　　$y=\underset{a}{-\dfrac{3}{4}}x\underset{b}{+\dfrac{2}{5}}$

　　したがって，**傾きは$-\dfrac{3}{4}$，切片は$\dfrac{2}{5}$** …答

▶ **Point** 1次関数 $y=ax+b$ のグラフは，傾きがa，切片がbの直線。

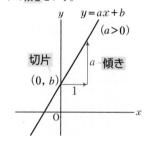

くわしく　切片，傾きの意味

下の図のように，1次関数 $y=ax+b$ のグラフは，点$(0,\ b)$を通る。このとき，直線 $y=ax+b$ とy軸との交点$(0,\ b)$のbの値を，この直線の**切片**という。

また，1次関数 $y=ax+b$ では，変化の割合はaであるから，グラフ上で，右へ1進むと，上へaだけ進み，グラフの傾きぐあいは，aの値によって決まる。そこで，aの値をグラフの**傾き**という。

✔確認　比例は1次関数の特別な場合

(3)の $y=\dfrac{2}{3}x$ は比例の関係で，一般に $y=ax$ の式で表せる。これは，1次関数 $y=ax+b$ の$b=0$の場合である。

したがって，比例の関係は，1次関数の特別な場合と考えられる。

練習　　　　　　　　　　　　　　　　　　　　　　解答 ▶ 別冊p.10

12 次の直線の傾きと切片を求めなさい。

(1) $y=-x+1$

(2) $y=0.3x+10$

(3) $y=-2x$

(4) $8x-6y-3=0$

1次関数 $y=-2x+3$ のグラフをかきなさい。

解き方

切片から通る1点を求める	$y=-2x+3$ のグラフは,

▶ 切片が3だから, 点$(0,3)$を通る。

└ この点をAとする

傾きからもう1点を求める	

▶ また, 傾きが-2だから, 点$(0,3)$から右へ1, 下へ2だけ進んだ点$(1,1)$も通る。

└ この点をBとする

2点を通る直線をひく	

▶ したがって, この2点A, Bを通る直線をひけばよい。

答 右のグラフ

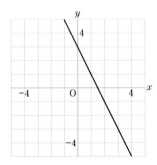

切片と傾きがわかれば
グラフがかけるね。

図解 通る2点の求め方

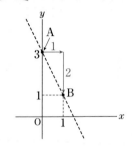

テストで注意 直線は, ていねいに

直線はできるだけきれいにかくこと。雑にかくと, 思わぬまちがいをすることも。

汚くかいたせいで, 傾きが変わってしまっている。

Point $y=ax+b$ より, 切片 b と傾き a を利用。

練習 | 　　　　　　　　　　　　　　　　　　　　　　　　　　　　　　　　**解答** 別冊p.10

13 次の1次関数のグラフを, 右の方眼にかきなさい。

⑴ $y=-3x-2$

⑵ $y=x+4$

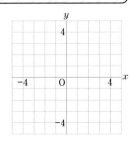

例題 **14** 1次関数のグラフのかき方⑵〔切片が整数でない場合〕Level ★★☆

1次関数 $y=\dfrac{2}{3}x-\dfrac{1}{3}$ のグラフをかきなさい。

解き方

$y=\dfrac{2}{3}x-\dfrac{1}{3}$ において，

> x，y ともに整数になる値を2組求める

$x=-1$ のとき，$y=-1$

$x=2$ のとき，$y=1$

したがって，この1次関数のグラフは，

> x，y 座標とも整数である2点を見つける

2点$(-1,\ -1)$，$(2,\ 1)$
└点Aとする └点Bとする

を通る。

> 2点を通る直線をひく

そこで，この2点A，Bを通る直線をひけばよい。

答 右のグラフ

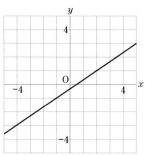

くわしく　x，y とも整数値の求め方

$x=-1$，0，1，2，……と代入して，y が整数になるものを見つけるのはめんどう。

もとの式を $y=\dfrac{2x-1}{3}$ と，式を変形して考えると，

$3y=2x-1$

$2x-1$ が3の倍数となる x の値を代入すると，x，y の値がともに整数になる。

図解　通る2点を決定

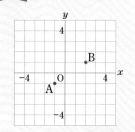

> **Point** 切片が整数でない場合は，x 座標，y 座標がともに整数になる2点を見つける。

練習

解答▶ 別冊p.10

14 次の1次関数のグラフを，右の方眼にかきなさい。

(1) $y=-\dfrac{3}{2}x+\dfrac{1}{2}$

(2) $y=\dfrac{3}{4}x-\dfrac{1}{2}$

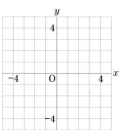

次の⑦〜⊂の直線について，下の問いに答えなさい。

⑦　$y=2x+3$　　　　　　　　⊆　$y=\dfrac{2}{5}x+\dfrac{3}{5}$

⑨　$y=-\dfrac{2}{5}x+\dfrac{3}{5}$　　　　　⊇　$y=\dfrac{2}{5}x-3$

(1)　傾きぐあいが最も急な直線はどれですか。

(2)　右上がりの直線はどれですか。

(3)　平行な直線はどれとどれですか。

解き方

　　　　それぞれの直線の傾きaの値を求めると，

　　　⑦　2　　⊆　$\dfrac{2}{5}$　　⑨　$-\dfrac{2}{5}$　　⊇　$\dfrac{2}{5}$

　　(1)　傾きぐあいが最も急な直線は，

絶対値が最大 ▶　aの絶対値が最大だから，⑦ …答

傾きaが正 ▶ (2)　右上がりの直線は，$a>0$の場合だから，

　　　⑦, ⊆, ⊇ …答

傾きaが等しい ▶ (3)　平行な直線は，aの値が等しいから，

　　　⊆と⊇ …答

```
          傾きぐあいが急 ➡ aの絶対値が大
Point ▶   右上がり       ➡ a>0
          右下がり       ➡ a<0
          平行           ➡ aが等しい。
```

図解　グラフをかくとわかる

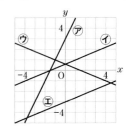

グラフをかくと
理解しやすいね。

練習　　　　　　　　　　　　　　　　　　　　　　　　解答▶ 別冊p.10

 次の⑦〜⊂の直線について，下の問いに記号で答えなさい。

⑦　$y=-\dfrac{5}{2}x+\dfrac{1}{2}$　　⊆　$y=2x-1$　　　⑨　$y=-\dfrac{2}{5}x+2$　　⊇　$y=2x+\dfrac{1}{3}$

(1)　傾きぐあいが最も急な直線はどれですか。

(2)　右下がりの直線はどれですか。

(3)　平行な直線はどれとどれですか。

1次関数 $y = \dfrac{1}{2}x + 3$ のグラフについて，次の問いに答えなさい。

(1) x の変域を $2 \leqq x \leqq 4$ としたときの y の変域を求めなさい。

(2) y の変域を $2 < y < 4$ としたときの x の変域を求めなさい。

≦と<の違いに
気をつけよう。

3章／1次関数

2／1次関数のグラフ

解 き 方

(1) $y = \dfrac{1}{2}x + 3$ のグラフをかき，

| x の変域をグラフ上に移す | ▶ | x の変域 $2 \leqq x \leqq 4$ をグラフ上に移す。 |

| さらに，それを y 軸上に移す | ▶ | 次に，それを y 軸上に移す。 |

ここで，$x = 2$ のとき，$y = \dfrac{1}{2} \times 2 + 3 = 4$

| x の変域の両端の値に対応する y の値を求める | ▶ | $x = 4$ のとき，$y = \dfrac{1}{2} \times 4 + 3 = 5$ |

したがって，y の変域は，**$4 \leqq y \leqq 5$** … 答

(2) (1)と同じグラフをかき，

| y の変域をグラフ上に移す | ▶ | y の変域 $2 < y < 4$ をグラフ上に移す。 |

| さらに，それを x 軸上に移す | ▶ | 次に，それを x 軸上に移す。 |

ここで，

| y の変域の両端の値に対応する x の値を求める | ▶ | $y = 2$ のとき，$2 = \dfrac{1}{2}x + 3$ より，$x = -2$ |

$y = 4$ のとき，$4 = \dfrac{1}{2}x + 3$ より，$x = 2$

したがって，x の変域は，**$-2 < x < 2$** … 答

図解 **x の変域と対応**

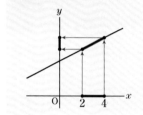

図解 **y の変域と対応**

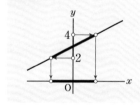

◆くわしく▶ ●と○の違い

上の図の「●」は「その点を含む」，「○」は「その点を含まない」という意味である。

> **Point** x 軸上の変域からグラフ上の線分を求め，線分から y 軸上の変域を求める。

練 習

解答▶別冊p.10

16 1次関数 $y = -2x - 3$ のグラフについて，次の問いに答えなさい。

(1) x の変域を $-4 < x < 2$ としたときの y の変域を求めなさい。

(2) y の変域を $-4 \leqq y \leqq 2$ としたときの x の変域を求めなさい。

　　1次関数 $y=-3x+b$ のグラフ上に点 $(2, 6)$ があるとき，次の問いに答えなさい。

(1) b の値を求めなさい。

(2) 点 $(m, -3)$ がこのグラフ上にあるとき，m の値を求めなさい。

(3) 点 (p, p) がこのグラフ上にあるとき，p の値を求めなさい。

点の座標を代入するとき，x 座標，y 座標の対応をまちがえないように気をつけよう。

解き方

(1) $x=2$, $y=6$ を，$y=-3x+b$ に代入すると，

通る点の座標を代入 ▶　　$6=-3\times2+b$

b について解く ▶　　これより，**$b=12$** …答

(2) (1)より，1次関数の式は，

1次関数の式を求める ▶　　$y=-3x+12$
　　　　　　　　　　　　　　└ $b=12$

となる。

この式に $x=m$, $y=-3$ を代入すると，

通る点の座標を代入 ▶　$-3=-3m+12$

m について解く ▶　　これより，**$m=5$** …答

(3) $y=-3x+12$ に $x=p$, $y=p$ を代入すると，

通る点の座標を代入 ▶　　$p=-3p+12$

p について解く ▶　　これより，**$p=3$** …答

参考 **x 座標と y 座標が等しい点**

　点 (p, p) とは，x 座標，y 座標がともに p の点だから，グラフ $y=x$ 上にある点である。

$y=x$ のグラフの直線上に，点 (p, p) がある

よって，求める点 (p, p) は2直線の交点である。

Point グラフ上の点の座標を式に代入し，方程式を解く。

練習　　　　　　　　　　　　　　　　　　　　　　　　　　　**解答** 別冊p.10

17　　1次関数 $y=ax+2$ のグラフ上に点 $(-2, 6)$ があるとき，次の問いに答えなさい。

(1) a の値を求めなさい。

(2) 点 $(m, 10)$ がこのグラフ上にあるとき，m の値を求めなさい。

(3) 点 $(p, -p)$ がこのグラフ上にあるとき，p の値を求めなさい。

3 1次関数の式の求め方

傾きと通る1点の座標から式を求める [例題 18 ~ 例題 19]

傾きと通る1点の座標から1次関数の式を求めるには，$y=ax+b$に**傾きaと1点の座標を代入**して，bの値を求めればよいです。

■ 傾きと通る 1点の座標から 式を求める	例 グラフの傾きが−3で，点$(4, -7)$を通る1次関数の式は？
$y=ax+b$のaに 傾きを代入する ⬇ **通る1点の座標を 代入する** ⬇ **bの値を求める**	式を$y=ax+b$とおく。 傾きが**−3**だから，$y=-3x+b$ ⬇ グラフは点$(4, -7)$を通るから， $-7=-3×4+b$ └ $x=4, y=-7$を代入 ⬇ $b=5$ 求める式は，$y=-3x+5$

通る2点の座標から式を求める [例題 20 ~ 例題 23]

通る2点の座標から1次関数の式を求めるには，$y=ax+b$に**通る2点の座標を代入**して，a, bについての**連立方程式を解け**ばよいです。

■ 通る2点の 座標から式を 求める	例 グラフが2点$(-3, 3)$，$(2, 23)$を通る1次関数の式は？
$y=ax+b$に通る 2点の座標を代入 し，a, bの連立方 程式をつくる ⬇ **連立方程式を解く**	式を$y=ax+b$とおくと，グラフは 2点$(-3, 3)$，$(2, 23)$を通るから， $\begin{cases} 3=-3a+b & \cdots\cdots① \\ 23=2a+b & \cdots\cdots② \end{cases}$ └ 通る2点の座標を代入 ⬇ ①，②を連立方程式として解くと， $a=4, b=15$ 求める式は，$y=4x+15$

次の1次関数の式を求めなさい。

(1)　グラフの傾きが−3で，切片が5である。

(2)　変化の割合が2で，$x=0$のとき$y=−1$である。

(3)　グラフが直線$y=5x$に平行で，点$(0,−4)$を通る。

解き方

$y=ax+b$に傾き
と切片を代入　▶

(1)　傾きが**−3**，切片が**5**だから，求める式は，
　　　　　└─a　　　└─b

$$y=−3x+5 \quad \cdots 答$$

変化の割合と
傾きは同じ　▶

(2)　1次関数の変化の割合が**2**だから，**傾きは2**

切片を求める　▶

　また，$x=0$のとき$y=−1$だから，**切片は−1**
　したがって，求める式は，

$$y=2x−1 \quad \cdots 答$$

平行なら傾きは
同じ　▶

(3)　グラフが直線$y=5x$に平行だから，**傾きは5**
　　　　　　　　　　平行な直線の傾きは等しい┘

切片を求める　▶

　また，点$(0,−4)$を通るから，**切片は−4**
　したがって，求める式は，

$$y=5x−4 \quad \cdots 答$$

Point 傾きa，切片bの直線の式 ➡ $y=ax+b$

くわしく　**1次関数の変化の
割合とグラフの傾き**

　1次関数では，変化の割合もグラフの傾きも，xの増加量1に対するyの増加量を表すので同じである。

✔確認　**$x=0$のときのyの値
が切片**

　1次関数$y=ax+b$のグラフは，点$(0,b)$を通るから，$x=0$のとき$y=b$である。

　ここで，bの値が切片であるから，$x=0$のときのyの値が切片である。

切片は
b

練習

解答 別冊p.10

18　次の1次関数の式を求めなさい。

(1)　グラフの傾きが7で，切片が−11である。

(2)　変化の割合が$−\dfrac{3}{4}$で，$x=0$のとき$y=1$である。

(3)　グラフが直線$y=−\dfrac{2}{5}x$に平行で，点$(0,−4)$を通る。

例題 19 傾きと通る1点から式を求める　Level ★★☆

次の1次関数の式を求めなさい。

(1) グラフの傾きが−2で，点(1, 3)を通る。

(2) 変化の割合が−3で，$x=3$のとき$y=1$である。

aの値はわかっているので，bの値を求めるよ。

解き方

(1) 求める1次関数の式を$y=ax+b$とすると，

$y=ax+b$に傾きを代入 ▶

傾きが−2だから，この関数の式は，

$$y=-2x+b$$

グラフは点(1, 3)を通るから，$x=1$，$y=3$をこの式に代入すると，

通る点の座標を代入 ▶

$$3=-2\times1+b$$

bについて解く ▶

これより，$b=5$

したがって，求める式は，

$$y=-2x+5 \quad \cdots 答$$

(2) 求める1次関数の式を$y=ax+b$とすると，

$y=ax+b$に変化の割合を代入 ▶

変化の割合が−3だから，この関数の式は，

$$y=-3x+b$$

この式に$x=3$，$y=1$を代入すると，

式にx, yの値を代入 ▶

$$1=-3\times3+b$$

bについて解く ▶

これより，$b=10$

したがって，求める式は，

$$y=-3x+10 \quad \cdots 答$$

別解 グラフから切片を求める

傾きが−2だから，xが1増加するとyは2減少する。

逆にyが2増加するとxは1減少する。したがって，下の図から，切片は5になる。

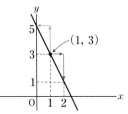

テストで注意 「$y=$」を省略しない

慣れてくると，「$y=$」を書き忘れてしまいそうになるが，例えば「$-3x+10$」はただの1次式であり，1次関数ではないので誤りである。必ず「$y=-3x+10$」と書くこと。

> **Point** $y=ax+b$に傾きと1点の座標を代入。

練習 | ////////////////////////////　解答 ▶ 別冊p.10

19 次の1次関数の式を求めなさい。

(1) グラフの傾きが−0.3で，点(10, −1)を通る。

(2) グラフが直線$y=6x-1$に平行で，$x=-1$のとき$y=1$である。

次の1次関数の式を求めなさい。

(1) グラフが2点$(-2, 25)$, $(3, -5)$を通る。

(2) $x=-8$のとき$y=-11$, $x=-4$のとき$y=5$である。

解き方

(1) 求める1次関数の式を$y=ax+b$とする。

グラフが点$(-2, 25)$を通るから，

通る1点の座標を代入 ▶ $x=-2$のとき$y=25$より，$25=-2a+b$……①

また，グラフが点$(3, -5)$を通るから，

通るもう1点の座標を代入 ▶ $x=3$, $y=-5$より，$-5=3a+b$……②

①，②を連立方程式として解くと，

連立方程式を解く ▶ ①-②より，$30=-5a$, $a=-6$

$a=-6$を①に代入して，$25=12+b$, $b=13$

よって，求める式は，$y=-6x+13$ … 答

(2) 求める1次関数の式を$y=ax+b$とする。

$x=-8$のとき$y=-11$だから，

1組のx, yの値を代入 ▶ $-11=-8a+b$……①

また，$x=-4$のとき$y=5$だから，

もう1組のx, yの値を代入 ▶ $5=-4a+b$……②

①，②を連立方程式として解くと，

連立方程式を解く ▶ ①-②より，$-16=-4a$, $a=4$

$a=4$を①に代入して，$-11=-32+b$, $b=21$

よって，求める式は，$y=4x+21$ … 答

別解 傾きを先に求める

(1)で，2点$(-2, 25)$, $(3, -5)$を通るから，グラフの傾きaは，

$$a=\frac{-5-25}{3-(-2)}=-6$$

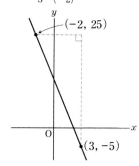

したがって，$y=-6x+b$

グラフが点$(3, -5)$を通るから，上の式に$x=3$, $y=-5$を代入して，

$-5=-18+b$, $b=13$

よって，求める式は，

$y=-6x+13$ … 答

Point ▶ $y=ax+b$に2点の座標を代入してから，a, bの連立方程式を解く。

練習 | 　　　　　　　　　　　　　　　　　　解答▶ 別冊p.10

20 次の1次関数の式を求めなさい。

(1) グラフが2点$(-1, 10)$, $(3, -10)$を通る。

(2) $x=-3$のとき$y=-2$, $x=-1$のとき$y=10$である。

例題 **21** 対応表から式を求める　　Level ★★★

ある1次関数の値が下の表で与えられているとき，x，yの関係を表す式を求めなさい。

x	-2	0	2	4
y	2.5	-1.5	-5.5	-9.5

解き方

表から変化の割合を調べる ▶

変化の割合は，どの区間でも，

$$\frac{-4}{2}=-2 \text{で一定}$$

だから，yはxの1次関数である。

したがって，式は，$y=ax+b$とおける。

ここで，変化の割合は -2 だから，

$y=ax+b$に変化の割合を代入 ▶

$y=\underset{\underset{a=-2}{\llcorner}}{-2}x+b$

また，$x=0$のとき$y=-1.5$だから，

bの値を求める ▶

$b=-1.5$

よって，求める式は，$\boldsymbol{y=-2x-1.5}$ …答

変化の割合に注目しよう！

> **Point** 表から変化の割合を調べる。
> 変化の割合が一定なら，1次関数。

図解　**変化の割合を調べる**

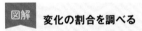
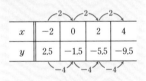

x	-2	0	2	4
y	2.5	-1.5	-5.5	-9.5

 確認 **$x=0$のときのyの値は切片**

グラフは点$(0，-1.5)$を通るから，切片は-1.5

練習

解答▶別冊p.10

21 ある1次関数の値が下の表で与えられているとき，x，yの関係について答えなさい。

(1) x，yの関係を表す式を求めなさい。

(2) $y=4.5$に対応するxの値を求めなさい。

x	-6	-3	0	3
y	2.5	-0.5	-3.5	-6.5

右の図の直線(1)，(2)の式を
それぞれ求めなさい。

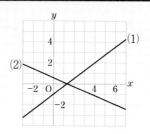

方眼の交点とグラフの
交わるところが，x座標，
y座標が整数の点だね。

解き方

通る2点を見つける ▶ (1)　グラフは2点$(0, -1)$，$(4, 2)$を通る。

切片と傾きを読み取る ▶　　　　したがって，切片が-1，傾きが$\dfrac{2-(-1)}{4-0}=\dfrac{3}{4}$

　　　　だから，求める式は，$y=\dfrac{3}{4}x-1$　…答

通る2点を見つける ▶ (2)　グラフは2点$(-1, 1)$，$(6, -2)$を通る。

傾きを求める ▶　　　　したがって，傾きは$\dfrac{-2-1}{6-(-1)}=-\dfrac{3}{7}$だから，

$y=ax+b$に傾きを代入 ▶　　　　式は，$y=-\dfrac{3}{7}x+b$とおける。

　　　　この直線は点$(-1, 1)$を通るから，

**点の座標を代入
bの値を求める** ▶　　$1=\dfrac{3}{7}+b$より，$b=\dfrac{4}{7}$

　　　　よって，求める式は，$y=-\dfrac{3}{7}x+\dfrac{4}{7}$　…答

Point x，y座標が整数の2点を見つける。

図解 グラフから読み取る

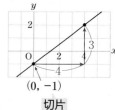

$(0, -1)$

切片

別解 $y=ax+b$に2点の座標を代入

　(1)(2)は，1次関数の式$y=ax+b$に
通る2点の座標を代入し，a，bの値
を求めてもよい。

図解 グラフから読み取る

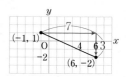

練習

解答▶ 別冊p.10

22 右の図の直線(1)，(2)の式をそれぞれ求めなさい。

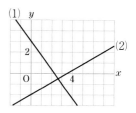

例題 23 平行な直線の式を求める Level ★★★

直線 $y=-x-6$ について，次の問いに答えなさい。

(1) この直線を，y 軸の正の方向に 2 だけ平行に移動してできる
直線の式を求めなさい。

(2) この直線を，x 軸の正の方向に 3 だけ平行に移動してできる
直線の式を求めなさい。

解き方

傾きを求める ▶ (1) 求める直線の傾きは -1 だから，式は，
└─ 平行移動しても傾きは同じ

**$y=ax+b$ に傾き
を代入** ▶ $y=-x+b$ とおける。
└─ $y=ax+b$ で $a=-1$

また，もとの直線は $x=0$ のとき $y=-6$ なので，
点$(0,\ -6)$ を通る。

**y 軸との交点の
座標を求める** ▶ よって，この点を y 軸の正の方向に 2 だけ移動した**点$(0,\ -4)$** を，求める直線は通るから，**$b=-4$**

したがって，求める式は，**$y=-x-4$** …答

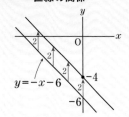

図解 **もとの直線と移動した
直線の関係**

傾きを求める ▶ (2) 求める直線の傾きは -1 だから，式は，

**$y=ax+b$ に傾き
を代入** ▶ $y=-x+b$ とおける。

**通る点の座標を
求める** ▶ また，もとの直線が通る点 $(0,\ -6)$ を x 軸の正の
方向に 3 だけ移動させた**点$(3,\ -6)$** を，求める直線
は通るから，$-6=-3+b$ より，**$b=-3$**

**点の座標を代入し
b の値を求める** ▶ したがって，求める式は，**$y=-x-3$** …答

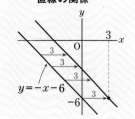

図解 **もとの直線と移動した
直線の関係**

練 習 | 解答 ▶ 別冊 p.10

23 直線 $y=3x+2$ について，次の問いに答えなさい。

(1) この直線を，y 軸の負の方向に 2 だけ平行に移動してできる直線の式を求めなさい。

(2) この直線を，x 軸の負の方向に 2 だけ平行に移動してできる直線の式を求めなさい。

4 方程式とグラフ

2元1次方程式のグラフ 〔例題 24 ～ 例題 25〕

2元1次方程式 $ax+by=c$ のグラフは**直線**です。

■ 2元1次方程式
のグラフ

●$ax+by=c$ のグラフ ⇨ 式を変形すると，$y=-\dfrac{a}{b}x+\dfrac{c}{b}$ となるので，

切片 $\dfrac{c}{b}$，傾き $-\dfrac{a}{b}$ の直線。

例 方程式 $3x-4y=-4$ のグラフをかくには，もとの式を変形すると，

$$y=\dfrac{3}{4}x+1$$ ──(0，1)を通る

だから，**切片が1，傾きが $\dfrac{3}{4}$** ←(4，4)を通る

の直線をかけばよい。

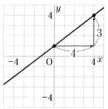

●$y=k$ のグラフ

⇨ **点(0，k)を通り，x軸に平行**な直線

●$x=h$ のグラフ

⇨ **点(h，0)を通り，y軸に平行**な直線

連立方程式の解とグラフ 〔例題 26 ～ 例題 28〕

x，y についての連立方程式で，それぞれの2元1次方程式をグラフ上の直線で表すと，**交点の x座標，y座標の組 $(x，y)$ の値は，連立方程式の解**となります。

■ 2直線の交点の
座標の求め方

2つの直線のグラフの交点の座標

⬇

**2つの直線の式を連立方程式として解いた解の
組に等しい。**

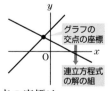

グラフの
交点の座標

連立方程式
の解の組

例 2直線 $y=x+2$ ……①，$y=-\dfrac{1}{2}x+1$ ……②の交点の座標は，

①，②を連立方程式として解くと，$x=-\dfrac{2}{3}$，$y=\dfrac{4}{3}$ ➡ 交点の座標は，$\left(-\dfrac{2}{3}，\dfrac{4}{3}\right)$

例題 24 方程式のグラフ(1)〔$ax+by=c$ のグラフ〕 Level ★★☆

次の方程式のグラフをかきなさい。

(1)　$2x-3y=6$　　　　　　(2)　$3x+2y=4$

切片と傾きから，まず
グラフの通る2点を見
つけよう。

解き方

(1)　$2x-3y=6$ を，$y=\sim$ の形に変形すると，

$y=\sim$ の形に ▶ $\quad\boldsymbol{y=\dfrac{2}{3}x-2}$

切片と傾きをつ
かみ，通る2点を ▶
見つける

したがって，グラフは切片が-2，傾きが$\dfrac{2}{3}$

の直線になる。
　　　　$(0,\ -2)$を通る┘　┗$(3,\ 0)$を通る

(2)　$3x+2y=4$ を，$y=\sim$ の形に変形すると，

$y=\sim$ の形に ▶ $\quad\boldsymbol{y=-\dfrac{3}{2}x+2}$

切片と傾きをつ
かみ，通る2点を ▶
見つける

したがって，グラフは切片が2，傾きが$-\dfrac{3}{2}$

の直線になる。
　　　　$(0,\ 2)$を通る┘　┗$(2,\ -1)$を通る

答 右のグラフ

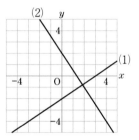

図解 通る2点を見つける

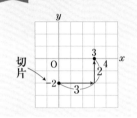

図解 通る2点を見つける

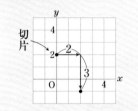

> **Point** $ax+by=c$ は，式を$y=\sim$ の形に変形。

練習 　　　　　　　　　　　　　　　　　　　　　　　　**解答** 別冊p.11

24 右の方眼に，次の方程式のグラフをかきなさい。

(1)　$4x+3y=-3$

(2)　$3x-2y=-4$

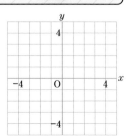

次の方程式のグラフをかきなさい。

(1)　$2y+6=0$　　　　　　(2)　$4x-8=0$

解 き 方

(1)　$2y+6=0$ を，$y=\sim$ の形に変形すると，

y＝〜の形に ▶　$\boldsymbol{y=-3}$

通る点と平行な軸を確認 ▶　したがって，グラフは**点(0，−3)**を通り，**x軸に平行**な直線になる。

(2)　$4x-8=0$ を，$x=\sim$ の形に変形すると，

x＝〜の形に ▶　$x=2$

通る点と平行な軸を確認 ▶　したがって，グラフは**点(2，0)**を通り，**y軸に平行**な直線になる。

答 **右のグラフ**

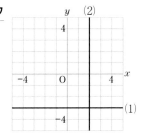

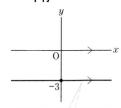

図解　**$y=k$ の形なら x 軸に平行**

x の値がどんな値でも y の値はいつも**−3**

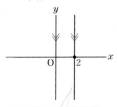

図解　**$x=h$ の形なら y 軸に平行**

y の値がどんな値でも x の値はいつも**2**

Point

$\boldsymbol{y=k}$ **のグラフ** ➡ 点$(0，k)$を通り，x軸に平行な直線
$\boldsymbol{x=h}$ **のグラフ** ➡ 点$(h，0)$を通り，y軸に平行な直線

練 習　　　　　　　　　　　　　　　　　　　　　　　**解答** 別冊p.11

25　右の方眼に，次の方程式のグラフをかきなさい。

(1)　$4y-12=0$

(2)　$3x+6=0$

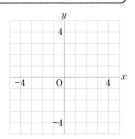

右の図の直線①の方程式は$x+2y=-4$，直線②の方程式は$3x+y=3$
です。右の図を使って，次の連立方程式の解を求めなさい。

$$\begin{cases} x+2y=-4 \cdots\cdots① \\ 3x+y=3 \quad\cdots\cdots② \end{cases}$$

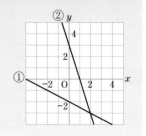

解き方

方程式のグラフ
の意味 ▶

　　方程式$x+2y=-4$……①のグラフは，その<u>方程式
の解を座標とする点の集まり</u>である。

　　これは，方程式$3x+y=3$……②のグラフも同じで
ある。

グラフの交点の
座標が表すこと ▶

つまり，2つのグラフの交点の座標は，①，②を<u>連立
方程式とみたときの解</u>を表している。

交点の座標を
読み取る ▶ 上の図で，交点の座標は$(2,\ -3)$だから，解は，

　　$x=2,\ y=-3$ … 答

> **Point** 連立方程式の解は，2直線のグラフの
> 交点のx座標，y座標で表せる。

それぞれの式をyに
ついて解くと，

$y=-\dfrac{1}{2}x-2$ ……①

$y=-3x+3$ ……②

図解 交点の座標

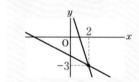

練習 　　　　　　　　　　　　　　　　　　　解答▶別冊p.11

26 　右の図から，連立方程式$\begin{cases} x+y=-1 \\ 2x+y=-4 \end{cases}$の解を求めなさい。

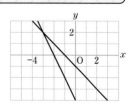

次の2直線の交点の座標を求めなさい。

$$y=-2x+3 \cdots\cdots ① \qquad y=3x-5 \cdots\cdots ②$$

解き方

直線①のグラフは，①を方程式としてみたときのとりうる解(x, y)を座標とする点の集まりである。これは，直線②も同様。

つまり，①②の交点は，方程式①②がどちらも解としてとりうる(x, y)の座標なので，方程式①②を

> グラフの交点の座標が表すこと

▶ **連立方程式としてみたときの解**に等しい。

そこで，直線①と直線②の式を連立方程式とみて，それを解くとよい。

> ①，②の式を連立方程式とみる

▶
$$\begin{cases} y=-2x+3 \cdots\cdots ① \\ y=3x-5 \ \cdots\cdots ② \end{cases}$$

これを解くと，

$$-2x+3=3x-5 \quad \text{①を②に代入}$$

> xの値➡x座標

▶ より，$x=\dfrac{8}{5}$

$x=\dfrac{8}{5}$を①に代入して，$y=-2\times\dfrac{8}{5}+3$

> yの値➡y座標

▶ より，$y=-\dfrac{1}{5}$ 答 $\left(\dfrac{8}{5}, \ -\dfrac{1}{5}\right)$

> **Point** 2直線の交点の座標は，2直線の式を
> 連立方程式とみたときの解。

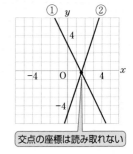

図解 グラフをかくと…

交点の座標は読み取れない

テストで注意 計算ミスを防ぐには，略図をかくとよい！

上の図のように，交点の座標は読み取れないが，グラフの略図をかくことで，交点が座標平面上のどこにあるかを確認してから，連立方程式を解くとよい。

くわしく 代入法を使うとよい

2直線の交点の座標を求めるとき，2つの式は，$y=\sim$の形をしているので，代入法を使って，まずyを消去するとよい。

練習   解答 別冊p.11

27 次の2直線の交点の座標を求めなさい。

$$2x+3y=5 \cdots\cdots ①$$
$$5x-3y=4 \cdots\cdots ②$$

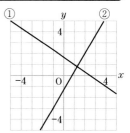

次の3つの直線が同じ点で交わるとき，aの値を求めなさい。

$$2x+y=1 \cdots\cdots① \qquad 2x-3y=-7 \cdots\cdots②$$

$$4x+3y=a \cdots\cdots③$$

解き方

まず，直線①と直線②の交点の座標を求めるために，次の連立方程式を解く。

▶ ①，②の式を連立方程式とみる

$$\begin{cases} 2x+y=1 & \cdots\cdots① \\ 2x-3y=-7 & \cdots\cdots② \end{cases}$$

これを解くと，①－②より，

▶ 連立方程式を解く

$$4y=8, \quad y=2$$

$y=2$を①に代入して，

$$2x+2=1, \quad 2x=-1, \quad x=-\frac{1}{2}$$

したがって，直線①，②の交点の座標は，

▶ 直線①，②の交点の座標を求める

$$\left(-\frac{1}{2},\ 2\right)$$

直線①，②の交点を，直線③も通るから，

▶ 交点の座標を③の式に代入

$x=-\frac{1}{2}, \ y=2$を③の式に代入すると，

その式をaに関する方程式とみても式が成り立つ。

したがって，

$$4\times\left(-\frac{1}{2}\right)+3\times2=a$$

これより，**$a=4$** …答

▶ **Point** 3直線が同じ点で交わるとき，対応する3つの方程式の解は同じ。

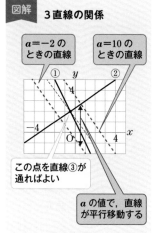

図解　**3直線の関係**

この点を直線③が通ればよい

aの値で，直線が平行移動する

③は，整理すると，

$$y=-\frac{4}{3}x+\frac{a}{3}$$

より，aの値によって$y=-\frac{4}{3}x$の直線が平行移動すると考えられる。

よって，①②の直線の交点に③が重なるようにaの値を決めると考えればよい。

連立方程式の解き方を思い出そう。

練習　　　　　　　　　　　　　　　　　　　　　解答▶別冊p.11

28 次の3つの直線が同じ点で交わるとき，aの値を求めなさい。

$$3x+2y=7 \cdots\cdots① \qquad 4x-y=a \cdots\cdots② \qquad 2x-5y=11 \cdots\cdots③$$

5　1次関数の応用

例題 29

ばねの長さと重さの問題

ある長さのばねにxgのおもりをつるしたときのばねの長さを$y$cmとすると，ばねののびは**おもりの重さに比例する**から，式は，$\boxed{y = ax + b}$

ばねののびで，xに比例する部分 ┘　└ はじめの長さ

座標平面上の図形の問題
例題 30 ～ 例題 33

座標平面上の図形の問題では，直線上の点のx座標，y座標に着目して考えるとよいです。

■ 直線上の点が つくる四角形	右の図の四角形OQPRで， 辺PQの長さ ⇨ **点Pのy座標b** 辺PRの長さ ⇨ **点Pのx座標a**

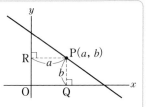

■ 直線上の2点 と原点とでで きる三角形の 面積	右の図の$\triangle$OABの面積は，y軸で2つの三角形 に分け，**OCを共通な底辺**と考えて， $\triangle \text{OAB} = \triangle \text{OAC} + \triangle \text{OBC}$

$$= \frac{1}{2} \times (\text{点Cの}y\text{座標}) \times (\text{点Aの}x\text{座標})$$

$$+ \frac{1}{2} \times (\text{点Cの}y\text{座標}) \times (\text{点Bの}x\text{座標の絶対値})$$

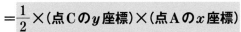

■ 2直線とx軸 でできる三角 形の面積	右の図の$\triangle$PABの面積は， 底辺 ⇨ **（点Bのx座標）－（点Aのx座標）** 高さ ⇨ **2直線①，②の交点Pのy座標** と考える。

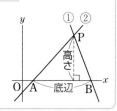

時間・距離・速さの問題
例題 34

右の図で，AがBに追いつくとき，

追いついた時間 ⇨ **交点Pのx座標m**

出発点からの距離 ⇨ **交点Pのy座標n**

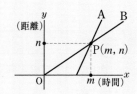

例題 29 ばねの長さと重さの関係　Level ★★☆

　ある長さのつるまきばねに6gのおもりをつるすと，ばねの長さは10cmになり，9gのおもりをつるすと，11cmになります。ただし，このばねののびる長さは，つるしたおもりの重さに比例します。このばねにxgのおもりをつるしたとき，ばねの長さは$y$cmになるとして，次の問いに答えなさい。

(1)　xとyの関係を式に表しなさい。

(2)　このばねに15gのおもりをつるすと，ばねの長さは何cmになりますか。

解き方

(1)　式は，$y=ax+b$とおける。

　　　　　└ xに比例する部分 ┘　└ はじめの長さ

　　　ここで，6gのおもりをつるしたときのばねの長さは10cmだから，$x=6$のとき$y=10$より，

1組のx，yの値を代入 ▶　　　$10=6a+b$……①

　　　また，9gのおもりをつるしたときのばねの長さは11cmだから，$x=9$のとき$y=11$より，

もう1組のx，yの値を代入 ▶　　　$11=9a+b$……②

　　　①，②を連立方程式として解くと，

a，bの連立方程式として解く ▶　　　$a=\dfrac{1}{3}$，$b=8$

　　　したがって，求める式は，$y=\dfrac{1}{3}x+8$　…答

(2)　(1)で求めた式に，$x=15$を代入して，

(1)の式にxの値を代入し，yの値を求める ▶　　　$y=\dfrac{1}{3}\times15+8$

　　　　　　$=13$　　　　　　　　答 **13cm**

図解 **xとyの関係**

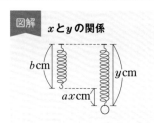

✔確認 **連立方程式の解き方**

　加減法で，bを消去して解くとよい。

　②−①より，$1=3a$，$a=\dfrac{1}{3}$

　$a=\dfrac{1}{3}$を①に代入して，

　$10=2+b$，$b=8$

Point　**2通りの重さとばねの長さを，$y=ax+b$の式に代入する。**

練習　　　　　　　　　　　　　　　　　　　　　　　　　　　解答 別冊p.11

29　ある長さのつるまきばねに，6gのおもりをつるすとばねの長さは8cmになり，10gのおもりをつるすと10cmになります。このばねに12gのおもりをつるすと，ばねの長さは何cmになりますか。ただし，ばねののびる長さは，おもりの重さに比例するとします。

関数 $y=-2x+15$ のグラフが x 軸，y 軸と交わる点を，それぞれ A，B とします。また，線分 AB 上に点 P をとり，P から x 軸，y 軸にひいた垂線と x 軸，y 軸との交点を，それぞれ Q，R とします。

四角形 OQPR が正方形になるとき，点 P の座標を求めなさい。

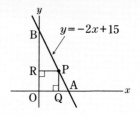

解き方

点 P の x 座標を t とすると，

| PR の長さを t で表す | ▶ | $PR=t$ |

└ PR の長さは，点 P の x 座標に等しい

点 P は，関数 $y=-2x+15$ のグラフ上の点だから，そのの y 座標は，$-2t+15$

| PQ の長さを t で表す | ▶ | よって，$PQ=-2t+15$ |

└ PQ の長さは，点 P の y 座標に等しい

四角形 OQPR が正方形になるとき，$PQ=PR$ で

| PQ＝PR から方程式をつくる | ▶ | あるから，$-2t+15=t$ |
| t について解く | ▶ | $t=5$ |

したがって，点 P の x 座標は 5 で，このとき，y 座標も 5 になる。

答 (5，5)

> **Point** 点 P の x 座標を t とし，PR，PQ の長さを t で表して考える。

図解 **PR，PQ の関係**

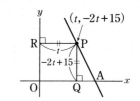

✓ 確認   **四角形 OQPR は正方形**

四角形 OQPR は正方形だから，点 P の x 座標と y 座標は等しくなる。

練習   解答 ▶ 別冊 p.11

30 関数 $y=-\dfrac{2}{3}x+8$ のグラフが y 軸，x 軸と交わる点を，それぞれ A，B とします。また，線分 AB 上に点 P をとり，P から x 軸，y 軸にひいた垂線と x 軸，y 軸との交点を，それぞれ Q，R とします。四角形 OQPR が，$PQ=2PR$ の長方形になるとき，点 P の座標を求めなさい。

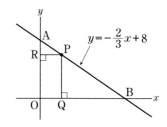

右の図のような2点A(4, 12)，B(−2, 3)を通り，y軸と点Cで交わる

直線ABがあります。

このとき，△OABの面積を求めなさい。

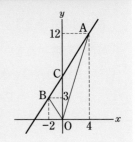

解 き 方

直線ABの式を，$y=ax+b$とおくと，この直線は

2点A(4, 12)，B(−2, 3)を通るから，

2点A，Bの座標
を代入 ▶

$$\begin{cases} 12=4a+b \cdots\cdots① \\ 3=-2a+b \cdots\cdots② \end{cases}$$

①，②を連立方程式として解くと，

連立方程式を解く ▶

$$a=\frac{3}{2}, \ b=6$$

直線の式を求める ▶

よって，直線ABの式は，$y=\dfrac{3}{2}x+6$

点Cの座標を
求める ▶

したがって，点Cの座標は，(0, 6) ←$x=0$

△OABの面積は，△OACと△OBCの面積の和で

あるから，求める面積は，

面積を求める ▶

$$\underbrace{\frac{1}{2}\times6\times4}_{\triangle OAC}+\underbrace{\frac{1}{2}\times6\times2}_{\triangle OBC}=18 \quad \cdots 答$$

まず，直線ABの式を
求めて，点Cの座標を
考えよう。

くわしく **OCを共通な底辺と
考える!**

OCを共通な底辺とみると，OCの
長さは，点Cのy座標6

→△OACの高さは，点Aのx座標4

→△OBCの高さは，点Bのx座標の
絶対値2

Point ▷ △OAB＝△OAC＋△OBC

練 習   解答▶ 別冊p.11

31 右の図のような2点A(6, 10)，B(−4, 5)を通り，y軸と点C

で交わる直線ABがあります。

このとき，△OABの面積を求めなさい。

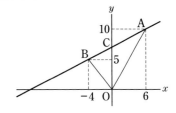

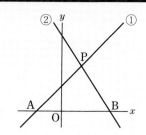

　　右の図の直線①は$y=x+1$，直線②は$y=-\dfrac{3}{2}x+3$のグラフです。

次の問いに答えなさい。

(1)　△PABの面積を求めなさい。

(2)　点Pを通り，△PABの面積を2等分する直線の式を求めなさい。

解き方

(1)　点Aのx座標は-1，点Bのx座標は2だから，

底辺の長さを
求める　▶　　AB$=2-(-1)=3$

　　　　　　　また，①，②の式を連立方程式とみて解くと，

①，②を連立方
程式とみて解く　▶　$x=\dfrac{4}{5}$，$y=\dfrac{9}{5}$だから，点Pの座標は，$\left(\dfrac{4}{5}, \dfrac{9}{5}\right)$

高さを求める　▶　　△PABの高さは，点Pのy座標だから，$\dfrac{9}{5}$

　　　　　　　したがって，求める△PABの面積は，

　　　　　　　　　$\dfrac{1}{2}\times3\times\dfrac{9}{5}=\dfrac{27}{10}$　…答

(2)　点Pを通り，△PABの面積を2等分する直線は，

ABの中点の座標
を求める　▶　AB の中点$\left(\dfrac{1}{2}, 0\right)$を通る。この点をMとする。

P, Mを通る直線
の式を求める　▶　　したがって，求める直線の式は，2点P, Mを通
る直線の式となり，$y=6x-3$　…答

Point　△**PABの面積 ➡ 底辺をABとみると，
高さは点Pのy座標**

まず，3点P, A, Bの
座標を求めよう。

参考　**中点の座標**

　2点(a, b), (c, d)の中点の座標
は，次の式で表せる。
$\left(\dfrac{a+c}{2}, \dfrac{b+d}{2}\right)$

図解　**三角形の面積を
2等分する直線**

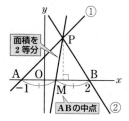

面積を
2等分

ABの中点

練習　　　　　　　　　　　　　　　　　　　　　　解答▶別冊p.11

32　　右の図の直線①は$y=-x+4$，直線②は$y=\dfrac{3}{4}x+1$のグラフです。

　　点Pを通り，△PABの面積を2等分する直線の式を求めなさい。

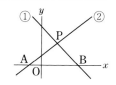

例題 **33** 図形の周上を動く点と面積　　　　　Level ★★★

　右の図のような長方形ABCDがあります。点Pは点Aを出発して，毎秒2cmの速さで，長方形の周上を点B，Cを通って点Dまで動きます。点Pが点Aを出発してからx秒後の$\triangle$APDの面積を$y$cm²とします。点Pが次の辺上を動くとき，yをxの式で表し，xの変域も書きなさい。

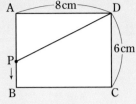

(1)　辺AB上　　　　(2)　辺BC上　　　　(3)　辺CD上

解き方

(1)　点Pが点Bに着くのは，動き始めてから3秒後であるから，xの
　　　　　　　　　　　　　　　　　　　　└ 6÷2=3(秒)
　　変域は，$0 \leqq x \leqq 3$

　　また，AD=8cm，AP=2$x$cmだから，

　　$y = \dfrac{1}{2} \times 8 \times 2x$ ⇨ $y = 8x \, (0 \leqq x \leqq 3)$ …答
　　　　　　　　　　　　　　　└ 変域も必ず書く

(2)　点Pが点Cに着くのは，動き始めてから7秒後であるから，xの
　　　　　　　　　　　　└ $x=3$のとき，点Pは　　　　└ (6+8)÷2=7(秒)
　　変域は，$3 \leqq x \leqq 7$　　辺AB上にも辺BC上にもある。

　　また，点Pの位置に関係なく，AD=8cm，AB=6cmだから，

　　$y = \dfrac{1}{2} \times 8 \times 6$ ⇨ $y = 24 \, (3 \leqq x \leqq 7)$ …答

(3)　点Pが点Dに着くのは，動き始めてから10秒後であるから，xの
　　　　　　　　　　　　　　　　　　　　└ (6+8+6)÷2=10(秒)
　　変域は，$7 \leqq x \leqq 10$

　　また，AD=8cm，DP=(6+8+6)$-2x$=20$-2x$(cm)だから，

　　$y = \dfrac{1}{2} \times 8 \times (20-2x)$ ⇨ $y = -8x+80 \, (7 \leqq x \leqq 10)$ …答

図解 点Pの位置と面積の関係

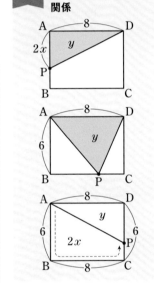

Point 図形の周上を動く点の問題では，辺ごとに分けて考える。

練習　　　　　　　　　　　　　　　　　　　　　　　**解答** 別冊p.11

33　右の直角三角形ABCの辺上を，点Pは点Aを出発し，点Bを通って点Cまで，秒速1cmで動きます。点Pが動き始めてからx秒後の$\triangle$APCの面積を$y$cm²とします。Pが次の辺上を動くとき，yをxの式で表し，xの変域も書きなさい。

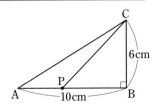

(1)　辺AB上　　　　　　　(2)　辺BC上

　下のグラフは，24km離れた2地点A，B間を，Pは自転車，Q
は自動車で往復したようすを表したものです。

　このとき，行きにPがQに追い越されたのは，何時何分です
か。また，その地点は，A地点から何kmの地点ですか。

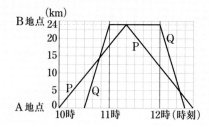

> PとQの行きの
> 直線の式を求め
> て，それらを連
> 立させて解こう。

解き方

　Pが10時に出発してから経過した時間をx分，A地
点からの距離を$y$kmとする。

　Pは2点$(0,\ 0)$，$(80,\ 24)$を通るから，Pの行きの

Pの行きの直線の式を求める ▶ 直線の式は，$y = \dfrac{3}{10}x$……①

　Qは2点$(30,\ 0)$，$(60,\ 24)$を通るから，Qの行きの

Qの行きの直線の式を求める ▶ 直線の式は，$y = \dfrac{4}{5}x - 24$……②

　①，②を連立方程式とみて解くと，

2直線の交点の座標を求める ▶ $x = 48,\ y = \dfrac{72}{5}$

　したがって，行きにPがQに追い越された時刻は，

　　10時の48分後なので，**10時48分**　… 答

　また，追い越された地点は，

　　A地点から$\dfrac{72}{5}$kmの地点　… 答

> くわしく **$y = ax + b$に2点の座標を代入**
>
> $y = ax + b$に，2点$(30,\ 0)$，
> $(60,\ 24)$の座標を代入して，
> $$\begin{cases} 0 = 30a + b \\ 24 = 60a + b \end{cases}$$
> これをa，bについて解いて，
> $$a = \dfrac{4}{5},\ b = -24$$

> テストで注意 **解の検討を忘れないこと！**
>
> 答えを「48分」としてはいけない。
> Pは10時に出発したのだから，Pが
> Qに追い越された時刻は，10時か
> ら48分後の10時48分である。

練習 | 　　　　　　　　　　　　　　　　　　　　　　　解答▶ 別冊p.11

34　上の例題**34**で，帰りにPがQに追い越されたのは，PがB地点を出発してから何分後ですか。
また，その地点は，B地点から何kmの地点ですか。

例題 35 1次関数とみなすこと

下の表は，あるクラスの男子18人について，握力とハンドボール投げの距離の記録を調べたものです。握力と距離との間にある関係について，次の問いに答えなさい。

番号	握力(kg)	距離(m)	番号	握力(kg)	距離(m)	番号	握力(kg)	距離(m)
1	29	20	7	28	22	13	25	19
2	33	21	8	37	27	14	36	24
3	31	25	9	39	27	15	23	19
4	25	24	10	40	26	16	41	30
5	21	20	11	33	23	17	35	21
6	18	15	12	20	19	18	34	25

右の図は，握力を$x$kg，距離をymとして，このx，yの値の組を座標とする点をとったものです。

この図に，点の集まりのなるべく真ん中を通るように直線をひきました。直線が2点$(0, 11)$，$(40, 26)$を通るとき，この直線の式を求めなさい。

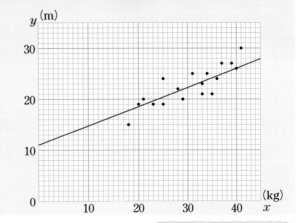

解き方

求める直線の式を$y=ax+b$とする。

通る点の座標を代入して，a，bの値を求める → 直線が点$(0, 11)$を通るから，**$b=11$**

直線が点$(40, 26)$を通るから，$26=40a+11$より，**$a=\dfrac{3}{8}$**

2つの数量の間の関係を1次関数とみなす → よって，求める式は，**$y=\dfrac{3}{8}x+11$** ……答

この直線を利用すれば，距離は握力の1次関数とみなして考えられる。

点の散らばりは左下から右上に向かう傾向にあることから，xが増加するとyも増加する傾向があるといえるね。

練習

解答▶別冊p.12

35 例題**35**で求めた直線の式を使って，次の問いに答えなさい。

(1) 握力が32kgの人のハンドボール投げの距離を予測しなさい。

(2) ハンドボール投げの距離が20mの人の握力を予測しなさい。

3章／1次関数

5／1次関数の応用

141

定期テスト予想問題 ①

時間 ▶ 40分
解答 ▶ 別冊 p.12

得点

／100

1／1次関数と変化の割合

1 次の⑦～⑦で，y が x の1次関数であるものをすべて選び，記号で答えなさい。　【5点】

⑦　時速 x km で20km進んだときにかかった時間は y 時間である。

⑦　60円のお菓子 x 個を買って，1000円払ったときのおつりが y 円である。

⑦　底辺が x cm，高さが5cmのときの平行四辺形の面積は y cm^2 である。

〔　　　　　　　〕

2／1次関数のグラフ

2 次の直線の傾きと切片を求め，そのグラフをかきなさい。

【(完答) 5点×3】

(1)　$y=-2x+3$　　　傾き 〔　　　　　〕，切片 〔　　　　　〕

(2)　$y=\dfrac{1}{2}x-2$　　　傾き 〔　　　　　〕，切片 〔　　　　　〕

(3)　$2x+3y=6$　　　傾き 〔　　　　　〕，切片 〔　　　　　〕

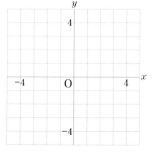

3／1次関数の式の求め方

3 右の図の直線①，②の式をそれぞれ求めなさい。　【5点×2】

①〔　　　　　　　〕

②〔　　　　　　　〕

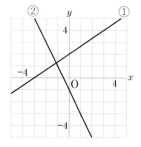

3／1次関数の式の求め方

4 次の直線の式を求めなさい。　【6点×3】

(1)　傾きが $\dfrac{2}{3}$ で，切片が5の直線　　　　　　　　〔　　　　　　　〕

(2)　2点 $(-4,-3)$，$(2,6)$ を通る直線　　　　　　　　〔　　　　　　　〕

(3)　直線 $y=2x+3$ に平行で，点 $(3,5)$ を通る直線　　　〔　　　　　　　〕

4／方程式とグラフ

5 次の方程式のグラフをかきなさい。 【5点×2】

(1) $x+3y=3$

(2) $2x-4=0$

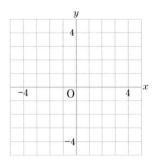

5／1次関数の応用

6 右の図のように，2直線 $y=x-3$……①，$y=ax+5$……②の交点をAとします。また，直線①，②は，y軸とそれぞれC，Bで交わっていて，△ABCの面積は16です。ただし，Aのx座標は正とします。

次の問いに答えなさい。 【(1)～(3)5点，(4)6点】

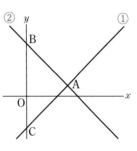

(1) 線分BCの長さを求めなさい。 〔　　　　　　　〕

(2) 交点Aの座標を求めなさい。 〔　　　　　　　〕

(3) aの値を求めなさい。 〔　　　　　　　〕

(4) 交点Aを通って，△ABCの面積を2等分する直線の式を求めなさい。

〔　　　　　　　〕

5／1次関数の応用

7 弟は，8時ちょうどに，家から12km離れた駅に自転車で向かっていました。右のグラフは，家を出てからx分後の家からの距離を$y$kmとして，xとyの関係を表したものです。次の問いに答えなさい。 【7点×3】

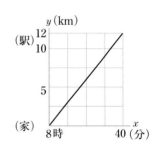

(1) 家を出発してから駅に着くまでのxとyの関係を式に表しなさい。 〔　　　　　　　〕

(2) 兄は，8時10分に駅から家に向かって，弟と同じ道を時速36kmの自動車で出発しました。弟が家を出発してからの時間をx分，兄の家からの距離を$y$kmとするとき，xとyの関係を式に表しなさい。

〔　　　　　　　〕

(3) 兄と弟が出会う場所は，家から何kmの地点ですか。また，出会う時刻は何時何分ですか。

〔　　　　　　　〕

143

定期テスト予想問題 ②

時間 40分
解答 別冊 p.13

得点 ／100

1／1次関数と変化の割合

1 1次関数 $y=-2x+3$ について，次の問いに答えなさい。 【5点×3】

(1) $x=5$ に対応する y の値を求めなさい。

〔　　　　　　〕

(2) 変化の割合を答えなさい。

〔　　　　　　〕

(3) x が3増加したときの y の増加量を求めなさい。

〔　　　　　　〕

2／1次関数のグラフ

2 1次関数 $y=\dfrac{1}{3}x-2$ のグラフについて，次の問いに答えなさい。

【(完答)5点×3】

(1) 傾きと切片を答えなさい。

傾き〔　　　　　〕，切片〔　　　　　〕

(2) グラフをかきなさい。

(3) x の変域を $-3 \leqq x \leqq 3$ としたときの y の変域を求めなさい。

〔　　　　　　〕

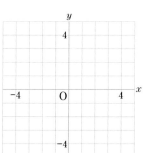

3／1次関数の式の求め方

3 次の1次関数の式を求めなさい。 【6点×4】

(1) x が5増加すると y が3増加し，$x=10$ のとき $y=9$ である。 〔　　　　　　〕

(2) グラフの傾きが−2で，点 $(3, 4)$ を通る。 〔　　　　　　〕

(3) $x=-1$ のとき $y=4$，$x=2$ のとき $y=1$ である。 〔　　　　　　〕

(4) グラフが直線 $y=\dfrac{2}{3}x+\dfrac{1}{2}$ に平行で，点 $(5, 2)$ を通る直線 〔　　　　　　〕

4 次の問いに答えなさい。 【6点×3】

(1) 右の2直線の交点の座標を求めなさい。

$$2x+y=3 \cdots\cdots ① \qquad x-3y=1 \cdots\cdots ②$$

〔　　　　　　　〕

(2) 3つの直線 $3x-2y=8$, $x-2y=-4$, $y=ax-7$ が同じ点で交わるとき, a の値を求めなさい。 〔　　　　　　　〕

(3) 直線 $y=-x+b$ が, 直線 $y=\dfrac{2}{3}x-4$ と x 軸上で交わるとき, b の値を求めなさい。 〔　　　　　　　〕

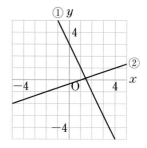

5 右の図のような台形 ABCD があります。点 P は点 B を出発して, 台形の辺上を点 C を通って点 D まで動きます。点 P が点 B から x cm 動いたときの△APC の面積を y cm² とします。点 P が次の辺上を動くとき, y を x の式で表し, x の変域も書きなさい。 【7点×2】

(1) 辺 BC 上 〔　　　　　　　〕

(2) 辺 CD 上 〔　　　　　　　〕

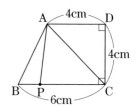

思考
6 写真をネットプリントで注文するために, A 社と B 社の料金プランを調べて, 右の表に表しました。たとえば, A 社で写真を10枚注文した場合, $15×10+120=270$ で270円が代金としてかかります。写真を x 枚印刷するときの代金を y 円としたとき, 次の問いに答えなさい。 【7点×2】

(1) 右のグラフは, A 社について, x と y の関係を表したものです。B 社について, y を x の式で表し, x と y の関係を右のグラフに表しなさい。

〔　　　　　　　〕

(2) B 社が A 社よりも安くなるのは, 写真を何枚以上注文するときですか。 〔　　　　　　　〕

A 社	1枚15円	送料120円
B 社	1枚10円	送料200円

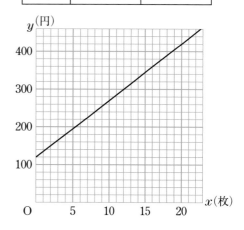

145

桜の開花日予想

毎年，気象情報を扱うさまざまな会社が桜の開花日を予想し，3月ごろからテレビなどで報道される。私たちは，桜の開花を待ち遠しく感じている。そんな桜の開花には，さまざまな要因が関係している。

1 桜の開花日予想はどのようにして行われているのか

桜の開花には，開花直前の天気や気温，冬の時期の寒さなど，さまざまな要因が関係しているため，それらのデータを組み合わせて予想することもある。

近年は，おもに春先の平均気温をもとに計算し，予想することが多い。

桜の開花を発表する際には，各地の気象台が観測する「標本木」が利用される。これを気象庁の職員が目視で観測し，5〜6輪の桜が咲いていれば"開花"となる。

標本木は，東京なら靖国神社，大阪は大阪城公園の中にあるよ

2 桜の開花日を予想する

開花直前の気温は，開花日とどのような関係があるのだろうか。A市の桜を例に，3月の平均気温から開花日を予想する方法を考える。

下の表は，A市の過去20年分の3月の平均気温と開花日のデータである。

年	平均気温(℃)	開花日	年	平均気温(℃)	開花日
2001	2.3	4/15	2011	1.5	4/21
2002	4.0	4/11	2012	1.9	4/24
2003	1.7	4/20	2013	2.5	4/20
2004	2.7	4/13	2014	2.5	4/16
2005	1.1	4/23	2015	3.5	4/9
2006	2.1	4/24	2016	3.2	4/11
2007	1.9	4/20	2017	2.2	4/17
2008	2.9	4/12	2018	3.6	4/11
2009	2.5	4/13	2019	2.9	4/16
2010	1.5	4/25	2020	3.1	4/14

3月の平均気温を x℃，開花日を4月 y 日として，x，y の値の組を座標とする点をかき入れ，点の集まりのなるべく真ん中を通るように直線をひくと下の図のようになる。

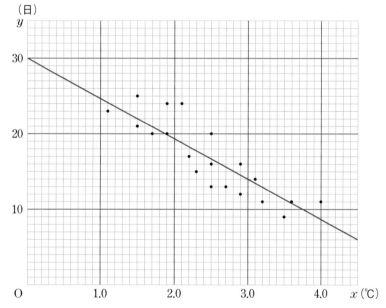

この直線の式は，$y = -\dfrac{16}{3}x + 30$ と表すことができ，平均気温と開花日の関係がわかる。これより，3月の平均気温さえわかれば，A市の桜の開花日の予想ができる。

観測や実験などから得られた数値をもとに，それらの傾向を表すグラフをかいたり，その式を求めたりすることで，測定していない数値を予想することができる。

中学生のための
勉強・学校生活アドバイス

長期休みは勉強の貯金を！

「そろそろ夏休みだね。二人は宿題はすぐやる派？　最後に頑張る派？」

「オレは最後に頑張るほうです。」

「私はなるべく早く片付けたいほうですね。」

「立石はそうだと思った（笑）。先延ばしする悪いクセは早めに直したほうがいいよ。中3になってなかなか受験勉強に火が付かないと痛い目を見るからね。」

「気をつけます。」

「夏休みとか冬休み，春休みなどの長期の休みは，自由に使える時間が多いから，ちょっと勉強の貯金をためておくといいよ。」

「勉強の貯金ですか？」

「うん，いままでの復習をまとめてやったり，この先の予習を多く進めておいたりね。参考書や問題集を活用するといいよ。」

「でも，部活とか遊びの予定とかで，けっこう忙しいですよ。家族で旅行にも行くし。」

「もちろん，そういうのは存分に楽しめばいいさ。でも，空いている時間だってけっこうあるんだから，その時間をダラダラ過ご

さないこと。」

「そうよ，どうせ昼寝してたりスマホいじったりしてるんでしょ。」

「う…図星。」

「休みの間に自分でしっかり勉強しておくと，休み明けにちゃんといい成績が取れるし，忙しい毎日が始まってからも心の余裕ができるよ。」

「長期休みは学校の宿題は早めにすませて，勉強の貯金ですね。」

4章

図形の調べ方

1 平行線と角

対頂角 　［例題 1 〜 例題 2］

　2つの直線が交わり，その交点のまわりにできる4つの角のうち，右の図の$\angle a$と$\angle c$のように，**向かい合っている角を対頂角**といいます。

　$\angle b$と$\angle d$も対頂角です。

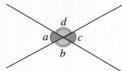

■ 対頂角の性質	**対頂角は等しい。**
	例　右上の図で，$\angle a = \angle c$
	$\angle b = \angle d$

同位角と錯角 　［例題 3］

　右の図のように，2つの直線ℓ，mに1つの直線nが交わってできる角のうち，**$\angle a$と$\angle e$のような位置にある角を同位角**といいます。

$\angle b$と$\angle f$，$\angle c$と$\angle g$，$\angle d$と$\angle h$も同位角です。

　また，**$\angle b$と$\angle h$のような位置にある角を錯角**といいます。

$\angle c$と$\angle e$も錯角です。

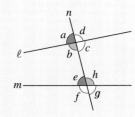

平行線と角 　［例題 4 〜 例題 10］

平行線と同位角・錯角の間には，次の関係が成り立ちます。

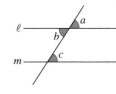

■ 平行線の性質	平行な2直線に1つの直線が交わるとき，**同位角，錯角は等しい。** 例　右の図で，$\ell /\!/ m$　ならば　　$\angle a = \angle c$　　（同位角） 　　　　　　　　　　　　　　　　　　$\angle b = \angle c$　　（錯角）
■ 平行線になるための条件	2直線に1つの直線が交わるとき，**同位角または錯角が等しければ，2直線は平行である。** 例　右上の図で，$\angle a = \angle c$ または $\angle b = \angle c$　ならば　$\ell /\!/ m$ 　　　　　　　　　└同位角　　　　└錯角

例題 1 対頂角 Level ★★★

　右の図のように，3つの直線が1点で交わっているとき，次の問いに答えなさい。

(1)　対頂角である∠*b*と∠*d*が等しいわけを説明しなさい。

(2)　∠*a*，∠*b*，∠*c*の大きさを求めなさい。

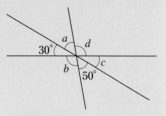

解き方

(1)　〔**説明**〕　一直線の角は180°だから，

∠*b*と∠*d*を，一直線の角を利用して表す ▶

$$\underline{\angle b = 180° - (50° + \angle c)}$$
$$\underline{\angle d = 180° - (50° + \angle c)}$$

右辺が等しい

したがって，

$$\angle b = \angle d$$

(2)　対頂角は等しい ▶　対頂角だから，　∠*a*=50°　…答

　　　　同様に，　　　　∠*c*=30°　…答

一直線の角に着目 ▶　また，30°+∠*b*+50°=180°

したがって，

$$\angle b = 180° - (30° + 50°)$$
$$= 100° \quad …答$$

図解　一直線の角に着目

　下の図の ↰ の部分と ↲ の部分は，一直線なのでどちらも180°である。また，どちらも ◁ の2つの角が共通なので，∠*b*と∠*d*はどちらも同じ角度になる。

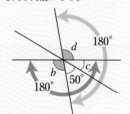

Point 「一直線の角は180°」を利用する。

練習 解答▶別冊p.14

1　右の図のように，2直線が1点で交わっているとき，次の角の大きさを求めなさい。

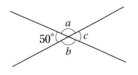

(1)　∠*a*

(2)　∠*b*

(3)　∠*c*

例題 **2** 対頂角の利用 Level ★★☆

右の図のように，4つの直線が1点で交わっているとき，$\angle a + \angle b + \angle c$ の大きさを求めなさい。

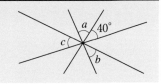

解き方

角の集まりをさがす ▶ $\angle c$ の対頂角を $\angle c'$ とすると，$\angle c' = \angle c$
└ 対頂角は等しい

$\angle a$，$40°$，$\angle c'$，$\angle b$ の和は一直線の角に等しいから，

一直線の角に着目 ▶ $\angle a + 40° + \angle c' + \angle b = 180°$

$\angle a + \angle b + \angle c = \angle a + \angle b + \angle c'$

$= 180° - 40° = 140°$ …答

Point 一直線の角は $180°$

図解 一直線の角に着目する

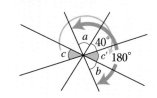

例題 **3** 同位角・錯角の位置 Level ★☆☆

右の図のように，2直線 ℓ，m に直線 n が交わっているとき，次の角を答えなさい。

(1) $\angle a$ の同位角　　(2) $\angle c$ の錯角

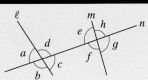

解き方

同位角をさがす ▶ (1) $\angle a$ の同位角は，$\angle e$ …答

錯角をさがす ▶ (2) $\angle c$ の錯角は，$\angle e$ …答

Point 同位角，錯角の位置をまちがえないようにする。

練習 解答 別冊p.14

2 右の図のように，4つの直線が1点で交わっているとき，$\angle x + \angle y + \angle z$ の大きさを求めなさい。

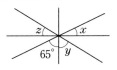

3 例題 **3** の図について，次の角を答えなさい。

(1) $\angle c$ の同位角　　(2) $\angle f$ の錯角

例題 4 平行線と角(1)〔等しい角を見つける〕

右の図で，$\ell /\!/ m$ のとき，次の問いに答えなさい。

(1) $\angle b$ に等しい角をすべて答えなさい。

(2) $\angle c$ に等しい角をすべて答えなさい。

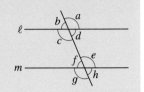

解き方

対頂角をさがす ▶ (1) $\angle b$ の対頂角は $\angle d$ だから，**$\angle b = \angle d$** …答
　　　　　　　　　　　　　　　　　　　対頂角は等しい┘

同位角をさがす ▶ 　$\angle b$ の同位角は $\angle f$ だから，**$\angle b = \angle f$** …答
　　　　　　　　　　　　　　　平行線の同位角は等しい┘

対頂角をさがす ▶ 　また，$\angle f$ の対頂角は $\angle h$ だから，

$$\angle b = \angle f = \angle h \quad \text{…答}$$

対頂角をさがす ▶ (2) $\angle c$ の対頂角は $\angle a$ だから，**$\angle c = \angle a$** …答

同位角をさがす ▶ 　$\angle c$ の同位角は $\angle g$ だから，**$\angle c = \angle g$** …答

錯角をさがす ▶ 　$\angle c$ の錯角は $\angle e$ だから，**$\angle c = \angle e$** 答
　　　　　　　　　　　　平行線の錯角は等しい┘

Point 平行線の同位角・錯角は等しい。

図解
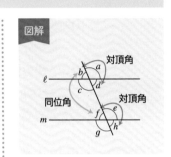

$\angle b = \angle f$ かつ，
$\angle f = \angle h$ だから，
$\angle b = \angle h$ だね。

図解
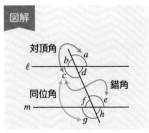

練習 解答 別冊p.14

4 右の図で，$\ell /\!/ m$ のとき，$\angle a$ と $\angle g$ の大きさが等しいことを説明しなさい。

例題 **5** 平行線と角(2)〔角の和の説明〕 Level ★★☆

右の図で, $\ell /\!/ m$ のとき, $\angle a + \angle b = 180°$ となることを説明しなさい。

解き方

〔**説明**〕　一直線の角は $180°$ だから,

一直線の角に着目 ▶ $\angle a + \angle d = 180°$ ……①

また, 平行線の同位角は等しいから,

平行線の同位角に着目 ▶ $\angle d = \angle b$ ……②

したがって, ①, ②より, $\angle a + \angle b = 180°$

図解

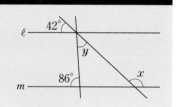

同位角

Point ▶ 一直線の角は $180°$ であることを利用する。

例題 **6** 平行線と角(3)〔角の大きさを求める〕 Level ★★☆

右の図で, $\ell /\!/ m$ のとき, $\angle x$, $\angle y$ の大きさを求めなさい。

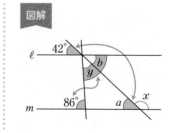

解き方

平行線の同位角 ▶ 右の図で, $\ell /\!/ m$ より, $\angle a = 42°$ だから,

一直線の角に着目 ▶ $42° + \angle x = 180°$　$\angle x = 180° - 42° = 138°$ … 答

対頂角に着目 ▶ また, $\angle b = 42°$ だから, $\ell /\!/ m$ より,

平行線の錯角 ▶ $\angle y + 42° = 86°$　$\angle y = 86° - 42° = 44°$ … 答

図解

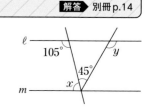

練習 | 解答 ▶ 別冊 p.14

5 例題 **5** の図で, $\angle c + \angle d = 180°$ となることを説明しなさい。

6 右の図で, $\ell /\!/ m$ のとき, $\angle x$, $\angle y$ の大きさを求めなさい。

右の図の直線 ℓ, m, n のうち，平行な直線はどれとどれですか。

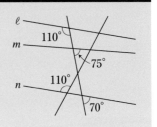

解 き 方

〔**直線 ℓ と m**〕

右の図のように∠aを決めると，

2直線の同位角をさがす ▶ $\angle a = 180° - 75° = \boxed{105°}$

直線 ℓ と m の同位角は110°と105°で等しくないか

同位角を比べ，平行かどうか判断 ▶ ら，直線 ℓ と m は，平行ではない。

〔**直線 ℓ と n**〕

右の図のように∠bを決めると，

2直線の同位角をさがす ▶ $\angle b = 180° - 110° = \boxed{70°}$

直線 ℓ と n の同位角はともに70°で等しいから，直

同位角を比べ，平行かどうか判断 ▶ 線 ℓ と n は，平行である。

〔**直線 m と n**〕

右の図のように，直線 m と n の同位角は75°と70°

同位角を比べ，平行かどうか判断 ▶ で等しくないから，直線 m と n は，平行ではない。

答 直線 ℓ と n

> **Point** 同位角，または錯角が等しければ，
> 2直線は平行である。

図解 直線 ℓ, m の関係

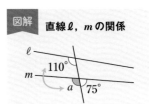

図解 直線 ℓ, n の関係

図解 直線 m, n の関係

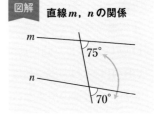

練 習

解答▶ 別冊p.14

7 右の図の直線 ℓ, m, n のうち，平行な直線はどれとどれですか。

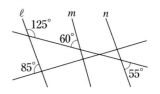

　右の図で，OA∥O′A′，OB∥B′O′，∠AOB＝52°です。
このとき，∠xの大きさを求めなさい。

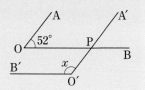

解き方

　　　OA∥O′A′より，同位角は等しいから，

平行線の同位角 ▶　　∠A′PB＝∠AOB＝52°　……①

　　　OB∥B′O′より，錯角は等しいから，

平行線の錯角 ▶　　∠BPO′＝∠x　……②

　　　また，一直線の角だから，

一直線の角 ▶　　∠A′PB＋∠BPO′＝180°　……③

　　　①，②，③より，52°＋∠x＝180°

　　　　　　　　∠x＝180°－52°

　　　　　　　　　　＝**128°** … **答**

図解　**2組の平行線**

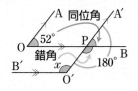

同位角や錯角が等しいのは，平行線のときだけであることに注意しよう。

別解

平行線の同位角を2度使っても求められる。B′O′の延長線上の点をCとすると，

OA∥O′A′より，同位角は等しいから，∠A′PB＝∠AOB＝52°

OB∥B′Cより，同位角は等しいから，∠A′O′C＝∠A′PB＝52°

また，一直線の角だから，∠x＋∠A′O′C＝∠x＋52°＝180°

よって，∠x＝180°－52°＝**128°** … **答**

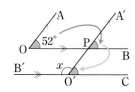

練習 　解答 ▶ 別冊p.14

8　右の図で，OA∥O′A′，OB∥O′B′，∠AOB＝28°です。
　このとき，∠xの大きさを求めなさい。

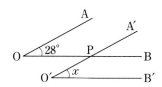

例題 **9** 平行線と角(6)〔平行線の間の角〕　　　　Level ★★☆

右の図で，AB∥CD，∠BEP＝40°，∠PFD＝32°です。
このとき，∠EPFの大きさを求めなさい。

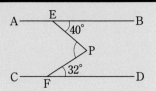

解き方

補助線をひく ▶ 点Pを通り，直線ABに平行な直線GHをひく。

AB∥GH より，平行線の錯角は等しいから，

平行線の錯角 ▶ 　∠EPG＝∠BEP＝40°

また，GH∥CD より，平行線の錯角は等しいから，

平行線の錯角 ▶ 　∠GPF＝∠PFD＝32°

したがって，∠EPF＝∠EPG＋∠GPF

$$=40°＋32°＝\textbf{72°} \cdots 答$$

Point 角の頂点Pを通る平行線をひく。

図解　補助線をひくと…

下の直線GHのように，問題を解くための手がかりとしてかき加える直線を，**補助線**という。

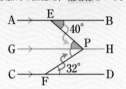

別解

三角形の**3つの角の和**は180°であることを使っても求められる。

右の図のように，EPを延長してCDとの交点をGとすると，平行線の錯角だから，

　∠PGF＝∠BEG＝40°

三角形の3つの角の和は180°だから，△PFGで，

└ 三角形PFGを△PFGと書く。

$$∠FPG＝180°－(∠PFG＋∠PGF)＝180°－(32°＋40°)＝108°$$

また，一直線の角は180°だから，∠EPF＝180°－∠FPG

$$=180°－108°$$

$$=\textbf{72°} \cdots 答$$

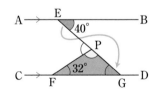

練習　　　　　　　　　　　　　　　　　　　解答 ▶ 別冊p.14

9 右の図で，ℓ∥mのとき，∠xの大きさを求めなさい。

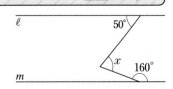

　　細長い長方形の紙ABCDを，右の図のように，EFを折り目として折り返しました。

　　このとき，∠EFG＝a°として，次の角の大きさをaを使って表しなさい。

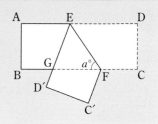

(1)　∠AEG　　　　　　　　(2)　∠BGE

解き方

(1)　AD//BCより，錯角は等しいから，

平行線の錯角 ▶

　　　　∠DEF＝∠EFG＝a°

　　また，折り返した角だから，

折り返した角 ▶

　　　　∠GEF＝∠DEF＝a°

求める角のとなりの角を求める ▶

　　よって，∠DEG＝∠DEF＋∠GEF＝$2a$°

　　したがって，一直線の角は180°だから，

　　　　∠AEG＝180°－∠DEG

　　　　　　＝**180°－$2a$°**　…答

図解　a°に等しい角をさがす

長方形の向かい合う辺は平行

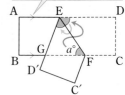

(2)　AD//BCより，錯角は等しいから，

平行線の錯角 ▶

　　　　∠BGE＝∠DEG

　　ここで，(1)より，∠DEG＝$2a$°

　　したがって，∠BGE＝**$2a$°**　…答

図解　∠BGEと等しい角をさがす

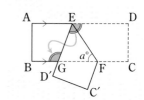

Point 折り返した角は等しい。

練習　　　　　　　　　　　　　　　　　　解答▶ 別冊p.14

10　　長方形の紙ABCDを，右の図のようにEFを折り目として折り返したとき，∠xの大きさを求めなさい。

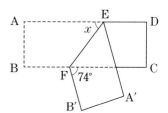

2 多角形の内角と外角

三角形の内角と外角 〔例題 11〕〜〔例題 19〕

右の図の△ABCの3つの**角∠A，∠B，∠C**を**内角**といいます。

また，右の図の∠ACDや∠BCEのような，**1つの辺と，それととなり合う辺の延長がつくる角**を，頂点Cにおける**外角**といいます。

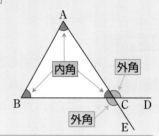

■ 三角形の内角 の性質	三角形の**3つの内角の和**は180°である。 例　右の図で， $$\angle A + \angle B + \angle ACB = 180°$$
■ 三角形の外角 の性質	三角形の1つの外角は，**それととなり合わない2つの内角の和**に等しい。 例　右の図で，$\angle ACD = \angle A + \angle B$

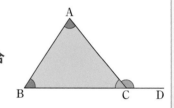

多角形の内角と外角 〔例題 20〕〜〔例題 23〕

多角形では，内角・外角について，次の性質が成り立ちます。

■ 多角形の内角 の和	n角形は，1つの頂点からひいた対角線によって，$(n-2)$個の三角形に分けられるので，n角形の内角の和は，$180° \times (n-2)$である。 例　五角形の内角の和は，$\underline{180° \times (5-2) = 540°}$ └公式に$n=5$を代入
■ 多角形の外角 の和	多角形の外角の和は，360°である。 例　正五角形の1つの外角の大きさは，$360° \div 5 = 72°$ 正多角形の外角はすべて等しい┘

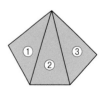

五角形は3個の┘
三角形に分けられる。

例題 11 三角形の内角と外角の関係の説明 Level ★★☆

右の図で，∠A＋∠B＝∠ACD が成り立つわけを説明しなさい。

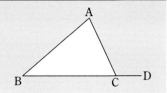

解き方

| 補助線をひく | ▶ | 〔**説明**〕　点Cを通り，**BA** に平行な直線 **CE** をひく。 |

| 平行線の錯角 | ▶ | 平行線の錯角は等しいから，∠A＝∠ACE |

| 平行線の同位角 | ▶ | 平行線の同位角は等しいから，∠B＝∠ECD |

したがって，

$$∠A＋∠B＝∠ACE＋∠ECD$$
$$＝∠ACD$$

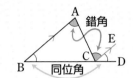

> **Point** 補助線をひいて，平行線の角を利用する。

例題 12 三角形の内角 Level ★☆☆

右の図で，∠x の大きさを求めなさい。

解き方

| 内角の和から立式 | ▶ | 三角形の内角の和は180°なので，∠x＋47°＋58°＝180° |

したがって，∠x＝180°－(47°＋58°)

$$＝75°　…答$$

三角形の内角の和は
$180°×(3－2)＝180°$
だね。

> **Point** 三角形の3つの内角の和は180°

練習 |　　　　　　　　　　　　　　　　　　　　　　　解答▶別冊 p.14

11　　例題**11**の図で，∠A＋∠B＋∠ACB＝180°となるわけを説明しなさい。

12　　右の図で，∠x の大きさを求めなさい。

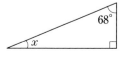

例題 **13** 三角形の外角　　　　　　　　　　　　　　　　Level ★ ★ ★

右の図で，∠xの大きさを求めなさい。

(1)

(2)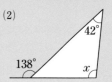

解き方

∠xが外角 ▶ (1)　∠$x = 38° + 70° = 108°$　…答

138°の角が外角 ▶ (2)　$138° = 42° + ∠x$

　　　　　　　したがって，∠$x = 138° - 42° = 96°$　…答

Point 三角形の外角 ➡ それととなり合わない
2つの内角の和に等しい。

図解

(1)

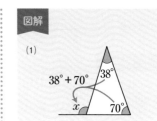

例題 **14** 三角形の角の大きさによる分類　　　　　　　　Level ★ ★ ★

2つの内角の大きさが次のような三角形は，どんな三角形ですか。

(1)　20°，70°　　　　(2)　20°，40°　　　　(3)　80°，60°

解き方

残りの角を求める ▶ (1)　$180° - (20° + 70°) = 90°$

　　　　　　　　1つの角が直角だから，**直角三角形**　…答

残りの角を求める ▶ (2)　$180° - (20° + 40°) = 120°$

　　　　　　　　1つの角が鈍角だから，**鈍角三角形**　…答

残りの角を求める ▶ (3)　$180° - (80° + 60°) = 40°$

　　　　　　　　すべての角が鋭角だから，**鋭角三角形**　…答

くわしく 三角形の角の
大きさによる分類

①**鋭角三角形**…3つの内角がすべて
鋭角（0°より大きく90°より小さい
角）である三角形。

②**直角三角形**…1つの内角が直角で
ある三角形。

③**鈍角三角形**…1つの内角が鈍角
（90°より大きく180°より小さい
角）である三角形。

① ② ③

練習　　　　　　　　　　　　　　　　　　　　　　　　解答▶ 別冊p.14

13　右の図で，∠xの大きさを求めなさい。

(1)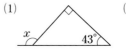

(2)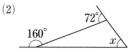

14　2つの内角の大きさが次のような三角形は，どんな三角形ですか。

(1)　50°，70°　　　　(2)　15°，65°　　　　(3)　35°，55°

次の図で，∠xの大きさを求めなさい。

(1)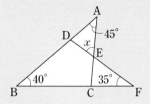

(2)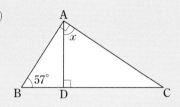

解き方

> △DBFの外角を
> 求める

(1) △DBFの内角と外角の関係から，

$$∠ADE＝40°＋35°＝75°$$

また，△ADEの内角の和から，

> △ADEの内角
> の和が使える

$$∠x＋75°＋45°＝180°$$

したがって，∠x＝180°－(75°＋45°)

$$＝60°　…答$$

> △ABDの残り
> の内角を求める

(2) 直角三角形ABDの内角の和から，

$$∠BAD＝180°－(90°＋57°)＝33°$$

> 求めた内角と，
> ∠xの和は90°

また，∠BAC＝90°だから，

$$∠x＝90°－33°$$

$$＝57°　…答$$

図解 △DBF，△ADEに着目

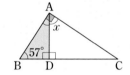

図解 △ABDに着目

> **Point** 2角がわかっている三角形に，
> まず着目する。

練習

解答 別冊p.14

15 次の図で，∠x，∠yの大きさを求めなさい。

(1)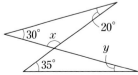

(2)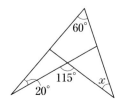

例題 16 三角形と角⑵〔平行線と三角形〕 **Level ★★☆**

右の図で，AB//CD，∠EFG＝30°，∠AEF＝160°，

∠EHC＝70°です。

∠xの大きさを求めなさい。

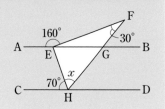

解き方

一直線の角から ▶ 一直線の角は180°だから，

$$∠FEG＝180°－∠AEF$$
$$＝180°－160°$$
$$＝20°$$

また，AB//CDより，

平行線の錯角 ▶ 錯角は等しいから，

$$∠GEH＝∠EHC＝70°$$

△EHFの内角の和が使える ▶ したがって，△EHFの内角の和から，

$$30°＋20°＋70°＋∠x＝180°$$

よって，$∠x＝180°－(30°＋20°＋70°)$

$$＝60°\ \cdots 答$$

図解 **わかる角の大きさを図に書き込もう**

与えられている図だけで直接求めたい角の大きさがわかることは少ない。内角の和や同位角・錯角，一直線上の角の性質などで角の大きさがわかる場所があれば，どんどん図に書き込んでいこう。求めたい角の大きさのヒントとなる。

与えられた角を，1つの三角形の内角に集めるイメージを持とう。

Point 与えられた角を，1つの三角形の内角に集める。

---

16 次の図で，AB//CDのとき，∠x，∠yの大きさを求めなさい。

(1)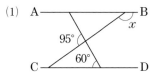

(2)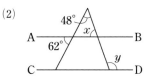

右の図で，∠x の大きさを求めなさい。

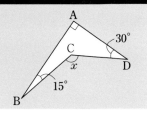

解き方

補助線をひく ▶ BC を延長して，辺 AD との交点を E とすると，

△ABE の内角と外角の関係から，

△ABEで内角と外角の関係を利用 ▶
$$\angle BED = \angle ABE + \angle BAE$$
$$= 15° + 90° = 105°$$

したがって，△CDE の内角と外角の関係から，

△CDEで内角と外角の関係を利用 ▶
$$\angle x = \angle CDE + \angle CED$$
$$= 30° + 105° = \textbf{135°} \quad \cdots \boxed{答}$$

図解 **補助線をひいて考える**

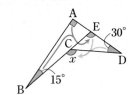

別解

補助線をひく ▶ 右下の図のように，頂点 A，C を通る直線 AE をひくと，△ABC の内角と外角の関係

△ABCで内角と外角の関係を利用 ▶ から，∠BCE＝∠ABC＋∠BAC

△ADCで内角と外角の関係を利用 ▶ 同様に，△ADC の内角と外角の関係から，∠DCE＝∠ADC＋∠DAC

したがって，∠x＝∠BCE＋∠DCE

$$= \angle ABC + \angle BAC + \angle ADC + \angle DAC$$
$$= \angle ABC + \angle BAC + \angle DAC + \angle ADC$$
$$= \angle ABC + \angle BAD + \angle ADC$$
$$= 15° + 90° + 30° = \textbf{135°} \quad \cdots \boxed{答}$$

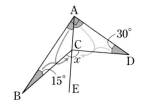

練習 | 　　　　　　　　　　　　　　　　　　　　　　　　　　　解答▶ 別冊 p.15

17 右の図で，∠x の大きさを求めなさい。

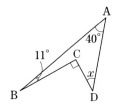

例題 **18** 三角形と角⑷〔平行線と角の二等分線〕　　　Level ★★★

右の図で，AB∥CD，EGとFGはそれぞれ∠BEF，∠EFD
の二等分線です。

∠xの大きさを求めなさい。

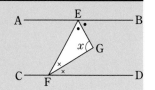

解き方

AB∥CDより，錯角は等しいから，

平行線の錯角 ▶ 　∠AEF＝∠EFD　……①

また，一直線の角だから，

一直線の角 ▶ 　∠AEF＋∠BEF＝180°　……②

①，②より，∠EFD＋∠BEF＝180°　……③

ここで，FG，EGはそれぞれ∠EFD，∠BEFの
二等分線だから，

角の二等分線の性質 ▶ 　∠EFD＝2∠EFG　……④
　∠BEF＝2∠GEF　……⑤

③，④，⑤より，2∠EFG＋2∠GEF＝180°だから，

半分の角に着目 ▶ 　∠EFG＋∠GEF＝90°

したがって，△EFGの内角の和から，

△EFGの内角の和が使える ▶ 　∠x＋90°＝180°
　　　　└ ∠EFG＋∠GEF

よって，∠x＝180°－90°＝**90°** …**答**

図解　**角の関係を図で確認**

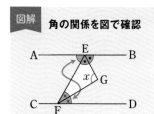

発展 同側内角

問題の図のように，2直線に1直線が交わるとき，∠AEFと∠EFC，∠BEFと∠EFDのような位置にある角を，**同側内角**という。

2直線が平行なとき，**同側内角の和は180°**である。

角が単独で求められない場合は，角の和を求めてみよう。

練習 |　　　　　　　　　　　　　　　　　　　　　　　解答▶別冊p.15

 右の図で，AB∥CD，EGとEHはそれぞれ∠AEF，∠BEFの
二等分線です。∠xと∠yの和は何度ですか。

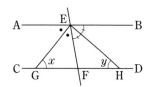

右の図のように，△ABCの∠Bと∠Cの二等分線の交点をDとします。

∠BDCの大きさを求めなさい。

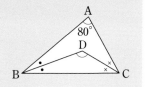

解き方

まず，△ABCの内角の和に着目 ▶

$$△ABCで，80°+∠ABC+∠ACB=180°$$

だから，∠ABC+∠ACB=180°−80°=100°

また，△DBCで，

次に，△DBCの内角の和に着目 ▶

$$\frac{1}{2}∠ABC+\frac{1}{2}∠ACB+∠BDC=180°$$

だから，$∠BDC=180°−\underset{\;\;\;\; \llcorner 100°}{\frac{1}{2}(∠ABC+∠ACB)}$

$$=180°−\frac{1}{2}×100°=130° \;\cdots 答$$

Point ▶ 求める角以外の2つの内角の和を考える。

図解　△DBCの内角の和に着目

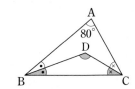

練習

解答 別冊p.15

19 右の図の△ABCで，∠B，∠Cの二等分線をそれぞれかいたときの交点をDとします。

∠BDC=114°のとき，∠xの大きさを求めなさい。

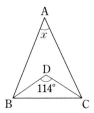

Column　内角の二等分線を2辺とする三角形の角の大きさ

△ABCの1つの内角∠Aが与えられているとき，ほかの2つの内角∠B，∠Cの二等分線を2辺とする△DBCで，∠BDCの大きさは，次の式で求められ，この式は必ず成り立ちます。

$$∠BDC=90°+\frac{1}{2}∠A$$

つまり，「90°に，2等分されていない内角（∠A）の半分を加えればよい」ということです。

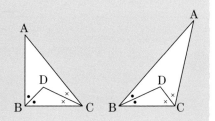

例題 20 多角形の内角・外角　　　　　　　　Level ★☆☆

次の問いに答えなさい。

(1) 十二角形の内角の和は何度ですか。

(2) 正十六角形の1つの外角の大きさは何度ですか。

解き方

公式に値を代入 ▶ (1) $180° \times (\underline{12-2}) = 1800°$ …**答**
　　　　　　　　└ $180° \times (n-2)$ に $n=12$ を代入

まずは外角の和 ▶ (2) 多角形の外角の和は360°で，正多角形の外角はすべて等しいから，

1つの外角 ▶ 　1つの外角は，$360° \div 16 = 22.5°$ …**答**

参考　三角形・四角形の内角の和も公式で！

三角形・四角形の内角の和も公式にあてはめて求められる。

三角形の内角の和
$180° \times (n-2)$ に $n=3$ を代入して，
$180° \times (3-2) = 180°$

四角形の内角の和
$180° \times (n-2)$ に $n=4$ を代入して，
$180° \times (4-2) = 360°$

Point
n 角形の内角の和 → $180° \times (n-2)$
多角形の外角の和 → （何角形でも）360°

例題 21 多角形の内角の利用　　　　　　　　Level ★★☆

右の図で，∠x の大きさを求めなさい。

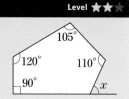

解き方

五角形の残りの内角を求める ▶ 図の五角形の残りの内角は，

$\underline{180° \times (5-2)} - (105° + 120° + 90° + 110°) = 115°$
　└ 五角形の内角の和

一直線の角 ▶ $115° + ∠x = 180°$ だから，

　　　$∠x = 180° - 115° = 65°$ …**答**

内角の和の公式は，サラーッと使えるようにしたいね。

練習　　　　　　　　　　　　　　　　　　　**解答** 別冊p.15

20 次の問いに答えなさい。

(1) 十角形の内角の和は何度ですか。

(2) 正十五角形の1つの外角の大きさは何度ですか。

21 右の図で，∠x の大きさを求めなさい。

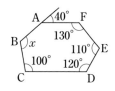

右の図で，印をつけた角の和をそれぞれ求めなさい。

(1)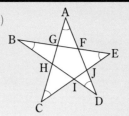

(2)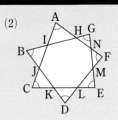

解き方

△ACJの内角
と外角の関係 ▶

△BDFの内角
と外角の関係 ▶

△EFJの内角
の和に着目 ▶

(1) △ACJの内角と外角の関係から，

$$\angle A + \angle C = \angle FJE$$

また，△BDFの内角と外角の関係から，

$$\angle B + \angle D = \angle EFJ$$

したがって，求める角の和は，

△EFJの内角の和に等しく，**180°** …答

外側の7個の
三角形の内角
の和に着目 ▶

内側の七角形の
外角の和に着目 ▶

(2) 外側の小さい三角形7個の内角の和の合計は，

$$180° \times 7 = 1260°$$

また，小さい三角形7個での印がない14個の内角は，どれも内側の七角形HIJKLMNの外角である。その和は「七角形の外角の和」2つ分となり，

$$360° \times 2 = 720°$$

したがって，求める角の和は，

$$1260° - 720° = 540°$$ …答

図解 **2つの三角形で内角
と外角の関係を利用**

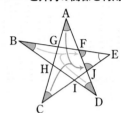

図解 **外側の小さい三角形
の内角の和に着目**

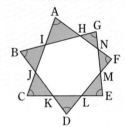

Point 三角形の内角と外角の関係を
組み合わせて考える。

練 習　　　　　　　　　　　　　　　　　　　　　　解答 ▶ 別冊p.15

22 右の図で，印をつけた角の和を求めなさい。

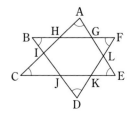

例題 23 多角形と円 〔思考〕

右の図は，辺の長さがすべて等しい八角形の各頂点を中心として，八角形の辺の長さの半分を半径とする円をかいたものです。斜線をひいたおうぎ形の面積の和をA，斜線をひいていないおうぎ形の面積の和をBとします。八角形の辺の長さがすべて2cmのとき，A，Bは，それぞれ何cm²ですか。また，$B-A$は何cm²ですか。

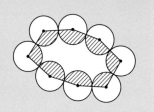

解き方

| 1つの円の面積 | ▶ | 1つの円は半径が1cmなので，その面積は $\pi \times 1^2 = \pi (\text{cm}^2)$ |

それが8個あるから，全部の円の面積の和，

全部の円の面積 ▶ すなわち$A+B$は，$8\pi \text{cm}^2$です。

八角形の内角の和を求める ▶ 斜線をひいたおうぎ形の中心角の和は，八角形の内角の和なので，$180° \times (8-2) = 1080°$

Aは，$\pi \times 1^2 \times \dfrac{1080}{360} = 3\pi (\text{cm}^2)$ …**答**

半径1cmの円の面積┘　└円が3個分

Bは，$8\pi - 3\pi = 5\pi (\text{cm}^2)$ …**答**

$B-A$は，$5\pi - 3\pi = 2\pi (\text{cm}^2)$ …**答**

$B-A$の式が表すこと ▶ （$B-A$は，八角形の辺の長さの半分を半径とする円2つ分の面積になります。）

> **Point** おうぎ形の中心角の和は，
> 多角形の内角の和。

復習 おうぎ形の面積

半径がr，中心角が$a°$のおうぎ形の面積Sは，

$$S = \pi r^2 \times \frac{a}{360}$$

図解 おうぎ形の中心角の和

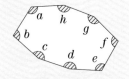

$\angle a + \angle b + \angle c + \angle d + \angle e$
$+ \angle f + \angle g + \angle h = 1080°$

練習 ｜ 解答▶別冊p.15

 辺の長さがすべて等しいn角形について，例題23と同じようにして図をかきます。このとき，$B-A$は，n角形の辺の長さの半分を半径とする円2つ分の面積になります。その理由を，n角形の各辺の長さを$2r$cmとして説明しなさい。

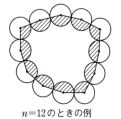

$n=12$のときの例

169

4章／図形の調べ方

2／多角形の内角と外角

3 図形の合同

合同な図形 [例題 24]

平面上の2つの図形について，一方を移動したり，裏返したりすることによって，他方に**重ね合わせることができる**とき，この2つの図形は**合同**であるといいます。

2つの図形が合同であることを表すには，**記号≡**を使います。たとえば，△ABCと△DEFが合同であることは，<u>△**ABC**≡△**DEF**</u>と表します。
└ 対応する頂点は同じ順に書く

■ 合同な図形の性質	合同な図形では，**対応する線分や角は等しい。**
	例 右の図で，△ABC≡△DEFのとき，対応する辺の長さは等しいから， 　　**AB=DE，BC=EF，CA=FD** 　また，対応する角の大きさは等しいから， 　　**∠A=∠D，∠B=∠E，∠C=∠F** 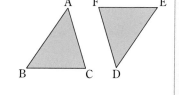

三角形の合同条件 [例題 25]〜[例題 28]

2つの三角形で，次の(1)〜(3)の条件のうち，どれかが成り立てば，その2つの三角形は合同です。

■ 三角形の合同条件	(1) **3組の辺**が，それぞれ等しい。	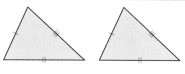
	(2) **2組の辺とその間の角**が，それぞれ等しい。	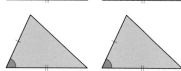
	(3) **1組の辺とその両端の角**が，それぞれ等しい。	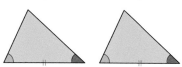

例題 24 合同な図形の性質　　Level ★★★

　右の図で，△ABC≡△DEFのとき，次の問いに答えな
さい。

(1)　AB=7cmのとき，辺DEの長さを求めなさい。

(2)　∠E=60°のとき，∠Bの大きさを求めなさい。

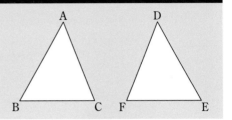

解き方

対応する辺を見つける ▶

(1)　頂点AとD，頂点BとEが対応しているから，

　辺ABに対応する辺は辺DEである。

　　合同な図形では，

合同な図形の性質 ▶

　　対応する辺の長さは等しいから，

　　　　DE=AB=**7cm** …答

対応する角を見つける ▶

(2)　頂点BとEが対応しているから，

　　∠Eは∠Bに対応している。

　　　合同な図形では，

合同な図形の性質 ▶

　　対応する角の大きさは等しいから，

　　　　∠B=∠E=**60°** …答

Point 　合同な図形では，
対応する辺や角は等しい。

図解　**合同な図形と対応**

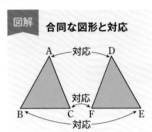

裏返しても，
ぴったり重なれば
合同だよ。

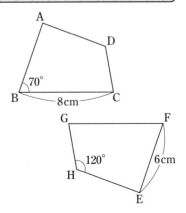

練習 | 　　　　　　　　　　　　　　解答▶ 別冊p.15

24　右の図で，四角形ABCD≡四角形EFGHのとき，
次の問いに答えなさい。

(1)　辺ADに対応する辺はどれですか。

(2)　∠Gに対応する角はどれですか。

(3)　辺AB，辺FGの長さをそれぞれ求めなさい。

(4)　∠D，∠Fの大きさをそれぞれ求めなさい。

次の図で，合同な三角形はどれとどれですか。記号 ≡ を使って表しなさい。また，そのときに使った合同条件も簡単に書きなさい。

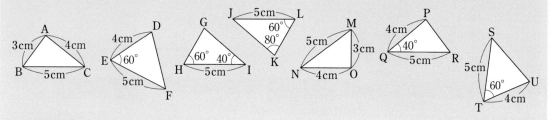

解き方

> **まず3辺どうしの組に着目** ▶ △ABC と △OMN は，3組の辺がそれぞれ等しいから，△ABC≡△OMN

> **次に2辺どうしの組に着目** ▶ また，△DEF，△PQR，△UTS は，2組の辺がそれぞれ等しい。

> **間の角を調べる** ▶ その間の角は，△DEF と △UTS だけが60°で等しい。したがって，△DEF≡△UTS

> **さらに1辺どうしの組に着目** ▶ さらに，△GHI と △KLJ で，△KLJ の残りの角は，

> **残りの角を調べる** ▶ 180°−(60°+80°)=40°

したがって，1組の辺とその両端の角がそれぞれ等しいから，△GHI≡△KLJ

答 △ABC ≡ △OMN（3組の辺が等しい）

　　 △DEF ≡ △UTS（2組の辺と間の角が等しい）

　　 △GHI ≡ △KLJ（1組の辺と両端の角が等しい）

> **Point** 三角形の合同条件を正しく覚える。

✔確認 **三角形の合同条件**

2つの三角形で，次の条件①〜③のうち，どれかが成り立てば，その2つの三角形は合同である。

① **3組の辺**がそれぞれ等しい。

② **2組の辺とその間の角**がそれぞれ等しい。

③ **1組の辺とその両端の角**がそれぞれ等しい。

✔確認 **対応していればOK**

頂点の対応が合っていればいいので，△BCA≡△MNO などと書いてもかまわない。

練習 　　　　　　　　　　　　　　　　　　　　　　　　**解答** 別冊 p.15

25 右の図で，合同な図形はどれとどれですか。記号 ≡ を使って表しなさい。また，x，y の値を求めなさい。

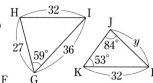

　右の図で，∠A＝∠D，∠C＝∠Fです。このとき，△ABCと△DEFが合同になるには，このほかにどんな条件をつけ加えればよいですか。

　あてはまる条件をすべて式に表して答えなさい。

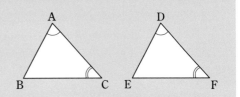

解き方

どの合同条件が成り立つか確認 ▶

　△ABCと△DEFは，2組の角が等しいから，三角形の合同条件のうち，「1組の辺とその両端の角がそれぞれ等しい」が成り立てばよい。

まず，直接合同条件にあてはまる場合を考える ▶

　すると，∠A＝∠D，∠C＝∠Fだから，AC＝DFの条件をつけ加えると，1組の辺とその両端の角がそれぞれ等しくなる。

残りの角も調べる ▶

　ここで，∠A＝∠D，∠C＝∠Fだから，残りの角も等しく，∠B＝∠E

他の辺で合同条件を考える ▶

　したがって，∠A＝∠D，∠B＝∠Eのとき，AB＝DEの条件をつけ加えると，1組の辺とその両端の角がそれぞれ等しくなる。

　また，∠B＝∠E，∠C＝∠Fのとき，BC＝EFの条件をつけ加えると，1組の辺とその両端の角がそれぞれ等しくなる。

答 **AC＝DF** **または，AB＝DE**
または，BC＝EF

図解 条件にあてはまる辺を見つける

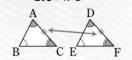

図解 条件にあてはまる辺を見つける

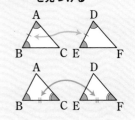

▶ **Point** 三角形の合同条件では，辺の条件が最低1つは必要。

練習   **解答** ▶ 別冊p.15

26　右の図で，AB＝DE，∠A＝∠Dです。このとき，△ABCと△DEFが合同になるには，このほかにどんな条件をつけ加えればよいですか。

　あてはまる条件をすべて式に表して答えなさい。

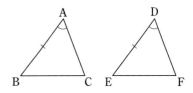

次の三角形は，つねに合同といえますか。

(1)　角の大きさが40°と70°の2つの三角形　　　(2)　1辺の長さが6cmの正三角形

解き方

(1)　角の大きさが40°と70°の2つの三角形は，形が同じだが，大きさは同じであるとはいえない。

したがって，**つねに合同であるとはいえない。**　…**答**

(2)　正三角形の3辺は等しく，1辺が6cmと決まれば，3組の辺がそれぞれ等しくなる。よって，**つねに合同といえる。**　…**答**

図解 2組の角が等しい三角形

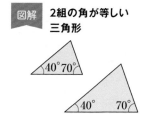

> **Point** 合同な図形 → 形が同じで大きさも同じ。

右の図で，△ABCと△ADEは合同です。
その合同条件を答えなさい。

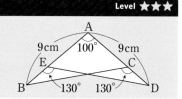

解き方

等辺・等角を確認 ▶	△ABCと△ADEで，**AB=AD**，**∠Aは共通** また，△ABCと△ADEの内角と外角の関係から，
三角形の内角と外角の関係 ▶	∠B=130°−100°=30°，∠D=130°−100°=30°
等角に着目 ▶	したがって，∠B=∠D よって，**1組の辺とその両端の角がそれぞれ等しい。**　…**答**

テストで 注意 ∠ACB=∠AEDでは，合同条件にあてはまらない！

問題の図で，一直線の角から，
　∠ACB=180°−130°=50°
　∠AED=180°−130°=50°
となるので，∠ACB=∠AEDもいえる。しかし，これを示しただけでは三角形の合同条件にあてはまらないので，△ABC≡△ADEはいえないことに注意。

練 習   **解答** 別冊p.16

27　等しい辺の長さが8cmの二等辺三角形は，つねに合同といえますか。

28　右の図で，BM=CM，∠B=∠Cのとき，△AMBと△DMCは合同です。その合同条件を答えなさい。

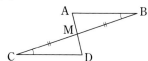

4 図形と証明

仮定と結論 〔例題 29〕

図形の性質は，「○○○ ならば □□□」の形で表されることが多いです。

■ 仮定と結論の 求め方	「○○○ ならば □□□」で，「ならば」の前の**○○○の部分**を**仮定(かてい)**， 「ならば」のあとの**□□□の部分**を**結論(けつろん)**という。

例 △ABC≡△DEF ならば ∠A＝∠D

➡ { 仮定は，**△ABC≡△DEF** ←「ならば」の前
　結論は，**∠A＝∠D** ←「ならば」のあと

例 xが6の倍数 ならば xは3の倍数である。

➡ { 仮定は，**xは6の倍数** ←「ならば」の前
　結論は，**xは3の倍数** ←「ならば」のあと

証明 〔例題 30〕〜〔例題 34〕

すでに正しいと認められたことがらを根拠(こんきょ)にして，すじ道を立てて，**仮定から結論を導くこと**を**証明(しょうめい)**といいます。

■ 証明のしくみ

例 右の図で，同じ印をつけた辺の長さが等しいとき，△OAC≡△OBDとなることを証明するには，次のようにする。

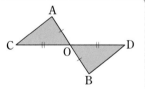

成り立つこと　　　　　　**根拠となることがら**

仮定 OA＝OB, OC＝OD

∠AOC＝∠BOD　←　対頂角は等しい。

結論 △OAC≡△OBD　←　2組の辺とその間の角がそれぞれ等しい。

■ 図形の証明の 根拠としてよく 使われるもの	対頂角の性質 三角形の内角，外角の性質 合同な図形の性質	平行線と角の関係 多角形の内角の和，外角の和 三角形の合同条件

　　次の(1), (2)について，それぞれ仮定と結論を答えなさい。なお，(2)では，記号を使って表しなさい。

(1)　3と5の公倍数は，15の倍数である。

(2)　△ABCで，3辺が等しければ，3つの角は等しい。

解 き 方

(1)　もとの文を「～ならば～」の形に書き直すと，

「ならば」を使った形にする	▶

　　　　(ある数が)3と5の公倍数　←仮定

　　　　　　　　ならば

　　　　(その数は)15の倍数　　　←結論

　　したがって，

ならばの前が仮定	▶

　　　仮定は，(ある数が)**3と5の公倍数**　…答

ならばのあとが結論	▶

　　　結論は，(その数は)**15の倍数**　…答

数学の最大のヤマ場，証明が始まるぞ。

(2)　もとの文を「～ならば～」の形に書き直すと，

　　　　△ABCで3辺が等しい　←仮定

「ならば」を使った形にする	▶

　　　　　　　ならば

　　　　3つの角は等しい　　　←結論

　　これを記号を使って表すと，

　　　　(△ABCで)**AB＝BC＝CA**　←仮定

それぞれを記号を使って表す	▶

　　　　　　　ならば

　　　　∠A＝∠B＝∠C　　　←結論

　　したがって，

ならばの前が仮定	▶

　　　仮定は，(△ABCで)**AB＝BC＝CA**　…答

ならばのあとが結論	▶

　　　結論は，**∠A＝∠B＝∠C**　……答

Point 「**A ならば B**」で，**A が仮定，B が結論。**

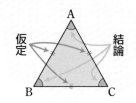

図解 **図で確認!**

仮定　結論

B　　C

参考 **証明に使われる記号**

　証明の中でしばしば使われる「なぜなら」というフレーズは「∵」という記号を使って表すことがある。また，「したがって」「よって」というフレーズは「∴」という記号を使って表すことがある。

練 習　　　　　　　　　　　　　　　　　　　　　　　　　**解答** 別冊p.16

29　「2つの三角形ABCと三角形DEFが合同であるとすれば，ABとDEは長さが等しい」

これについて，仮定と結論を記号を使って表しなさい。

例題 30 同位角と錯角の関係の証明

Level ★★☆

右の図のように，3本の直線が交わっているとき，「同位角が等しければ錯角も等しい」ことを，対頂角の性質を使って証明しなさい。

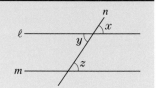

解き方

仮定を式に表す	▶	〔仮定〕 $\angle x = \angle z$
結論を式に表す	▶	〔結論〕 $\angle y = \angle z$

〔証明〕対頂角は等しいから，

対頂角の性質 ▶ $\angle x = \angle y$

また，仮定より，

     $\angle x = \angle z$

したがって，$\angle y = \angle x = \angle z$ より，

結論を示す ▶ $\angle y = \angle z$

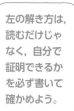

▶ Point まず，仮定と結論をはっきりさせる。

くわしく ▶ 証明に強くなるために

①基本性質は必ずマスター

平行線の同位角・錯角など，基本性質をしっかりおさえる。

②例題の証明をきちんと読む

どの性質を，どのように使って証明しているのかを，確認していく。

③自分で証明できるか確認

例題の証明を，実際に自分で証明して，確かめる。

> 左の解き方は，読むだけじゃなく，自分で証明できるかを必ず書いて確かめよう。

練習 |

解答 別冊 p.16

30 例題 30 の図を使って，「錯角が等しければ同位角も等しい」ことを，対頂角の性質を使って証明しなさい。

Column よく使われる性質や条件をおさえよう

次の5つの性質や条件は，図形の証明の根拠としてよく使われます。複雑な図形の問題を解くときは，下の図と同じ箇所がないかを確認するとよいでしょう。

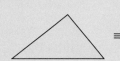

・対頂角の性質 ・平行線と角の関係 ・三角形の内角，外角の性質 ・合同な図形の性質／三角形の合同条件

右の図で，点Oが線分AB，CDそれぞれの中点であるとき，
∠CAO＝∠DBOであることを証明しなさい。

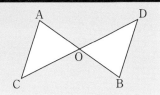

解き方

仮定を式に表す	▶	〔仮定〕　OA＝OB　←点Oは線分ABの中点
		OC＝OD　←点Oは線分CDの中点
結論を式に表す	▶	〔結論〕　∠CAO＝∠DBO
∠CAO，∠DBOを含む三角形に着目	▶	〔証明〕　△OACと△OBDにおいて，

仮定より，　OA＝OB　……①
　　　　　　OC＝OD　……②
また，対頂角は等しいから，

対頂角の性質	▶	∠AOC＝∠BOD　……③
合同条件を示す	▶	①，②，③より，2組の辺とその間の角がそれぞれ等しいので，
合同であることを式に表す	▶	△OAC≡△OBD

合同な図形の対応する角の大きさは等しいから，

結論を示す	▶	∠CAO＝∠DBO

Point ▶ **証明する角を含む三角形の合同を導く。**

くわしく ▶ 証明の進め方

　証明問題に取り組むときは，仮定やわかっている性質を図に書き加えていき，結論を書き込むことができたら，それまでの過程を証明の文章として書き表せばよい。

(1)　仮定を書き込む。

(2)　対頂角の性質を書き込む。すると，三角形の合同条件を満たすことがわかる。

　三角形の合同
↓

(3)　結論を書き込む。

(4)　(1)～(3)までの手順を文章にする。

練習 　　　　　　　　　　　　　　　　　　　　解答 ▶ 別冊p.16

31　右の図のように，長さの等しい線分AB，CDが点Oで交わっていて，DO＝BOです。

　このとき，∠DAO＝∠BCOであることを証明しなさい。

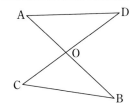

右の図で，AB＝DC，∠ABC＝∠DCBであるとき，
AC＝DBであることを証明しなさい。

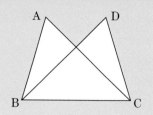

解き方

仮定を式に表す ▶ 〔仮定〕 AB＝DC

∠ABC＝∠DCB

結論を式に表す ▶ 〔結論〕 AC＝DB

辺AC, DBを含む
三角形に着目 ▶ 〔証明〕 △ABCと△DCBにおいて，

仮定より，AB＝DC ……①

∠ABC＝∠DCB ……②

共通な辺だから，

BC＝CB ……③

合同条件を示す ▶ ①，②，③より，2組の辺とその間の角がそれぞれ

等しいので，

合同であること
を式に表す ▶ △ABC≡△DCB

合同な図形の対応する辺の長さは等しいから，

結論を示す ▶ AC＝DB

> テストで
> 注意 **与えられていない
> 条件の使用はダメ!**
>
> ∠BAC＝∠CDBなど，与えられ
> ていない条件を使って証明してはい
> けない。

三角形の合同を導けば，
対応する辺が等しいこ
とを証明できるね。

▷ **Point** 証明する辺を含む三角形の合同を導く。

練 習

解答 ▶ 別冊p.16

32 右の図で，AB＝AC，∠ABD＝∠ACEであるとき，
AD＝AEであることを証明しなさい。

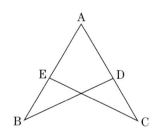

n角形の外角の和が360°であることを証明しなさい。

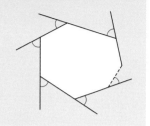

解き方

| 仮定を書く | ▶ 〔仮定〕　n角形 |

| 結論を書く | ▶ 〔結論〕　外角の和は360° |

〔証明〕　多角形では，どの頂点でも，内角と外角の和

（内角）+（外角）=180°に着目 ▶ は180°だから，n角形の内角の和と外角の和の合計

は，

$$180° × n$$

また，n角形の内角の和は，

n角形の内角の和を求める ▶ $$180° × (n-2)$$

したがって，n角形の外角の和は，

外角の和は，$180° × n$ －内角の和 ▶ $$180° × n - 180° × (n-2)$$

結論を示す ▶ $$= 180° × n - 180° × n + 360° = 360°$$

図解　内角と外角の和に着目

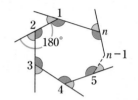

◆（内角）と◇（外角）は，あわせて180°
このペアがn個あるので，
$180° × n$

テストで注意　一般的な証明を！

ここでの証明では，どの多角形でも通用するように，n角形として考える。

四角形，五角形などに限定した説明では，証明とはいえない。

練習　　　　　　　　　　　　　　　　　　解答▶別冊p.16

 右の図のように，多角形の内部の点Pと，各頂点を結んでできる三角
形の内角の和を利用して，n角形の内角の和が$180° × (n-2)$であるこ
とを証明しなさい。

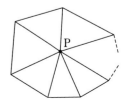

∠XOYが与えられたとき，その二等分線OPは，右の図のようにして作図できます。

この作図の方法が正しいことを，∠XOP＝∠YOPを導くことによって証明しなさい。

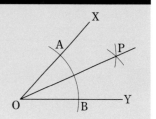

解き方

作図法から，仮定を式に表す ▶ 〔仮定〕　OA＝OB（コンパスを使った作図法より）

AP＝BP（コンパスを使った作図法より）

結論を式に表す ▶ 〔結論〕　∠XOP＝∠YOP

補助線をひく ▶ 〔証明〕　PとA，PとBをそれぞれ結ぶ。

結論の角を含む三角形に着目 ▶ △OAPと△OBPにおいて，仮定より，

OA＝OB　……①

AP＝BP　……②

また，共通な辺だから，

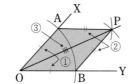

共通な辺に着目 ▶ OP＝OP　……③

合同条件を示す ▶ ①，②，③より，**3組の辺がそれぞれ等しいので，**

合同であることを式に表す ▶ △OAP≡△OBP

合同な図形の対応する角の大きさは等しいから，

結論を示す ▶ ∠XOP＝∠YOP

✔確認 **上の図の角の二等分線の作図法**

次の①～③の手順でかく。

① Oを中心に円をかき，OX，OYとの交点をA，Bとする。

② A，Bを中心に等しい半径の円をかき，その交点をPとする。

③ 半直線OPをひく。

コンパスを使って作図された図だから，OA＝OBやAP＝BPが仮定として使えるんだね。

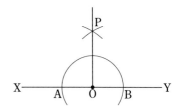

練習 | 　　　　　　　　　　　　　　　　　　　　　　　解答▶ 別冊p.16

34 右の図は，直線XY上の点Oから，XYに垂線OPをひく作図の方法を示しています。

この作図が正しいことを，OP⊥XYを導くことによって証明しなさい。

定期テスト予想問題 ①

時間 40分
解答 別冊 p.16

得点 ／100

1／平行線と角

1 右の図のように，3つの直線が1点で交わっているとき，∠x，∠y の大きさを求めなさい。 【7点×2】

〔∠x＝　　　　　〕

〔∠y＝　　　　　〕

1／平行線と角

2 次の図で，ℓ∥m のとき，∠x の大きさを求めなさい。 【7点×2】

(1)

ℓ ─── 64°
m ─── x

(2)

ℓ ─── 152°
   x
m ─── 42°

〔　　　　　〕　　　　　〔　　　　　〕

2／多角形の内角と外角

3 右の図で，∠x，∠y の大きさを求めなさい。 【7点×2】

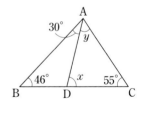

〔∠x＝　　　　　〕

〔∠y＝　　　　　〕

2／多角形の内角と外角

4 次の問いに答えなさい。 【7点×2】

(1) 八角形の内角の和は何度ですか。

〔　　　　　〕

(2) 1つの内角の大きさが144°の正多角形は，正何角形ですか。

〔　　　　　〕

5 右の2つの三角形について，次の⑦〜⑦の条件がそれぞれ成り立つとき，△ABC≡△DEF になるものをすべて選び記号で答えなさい。　　　　　　　　　　　　　　【7点】

⑦　AB＝DE，BC＝EF，AC＝DF

⑦　∠A＝∠D，∠B＝∠E，∠C＝∠F

⑦　AB＝DE，BC＝EF，∠B＝∠E

⑦　BC＝EF，∠B＝∠E，∠A＝∠D

⑦　AB＝DE，AC＝DF，∠B＝∠E

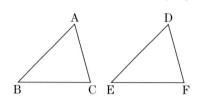

〔　　　　　　　　　　　　〕

6 右の図で，AB＝DC，∠BAD＝∠CDA のとき，∠ABD＝∠DCA であることを，次のように証明しました。

□にあてはまるものを書きなさい。　　　　　【3点×9】

〔仮定〕　| ⑦　　　　　　　　　　　|

　　　　　| ⑦　　　　　　　　　　　|

〔結論〕　| ⑦　　　　　　　　　　　|

〔証明〕　△ABD と△DCA において，仮定より，

　　　　AB＝| ⑦　　　　　　|　……①　　| ⑦　　　　　|＝∠CDA　……②

　　　また，共通な辺だから，AD＝| ⑦　　　　　|　……③

　　　①，②，③より，| ⑦　　　　　　　　　　　　　|がそれぞれ等しいので，

　　　△ABD≡| ⑦　　　　　　|

　　　合同な図形の対応する角の大きさは等しいから，∠ABD＝| ⑦　　　　　　　|

7 右の図で，AB＝AD，∠ABE＝∠ADC のとき，BE＝DC であることを証明しなさい。　　　　　　　　　　　　　　【10点】

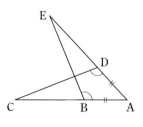

1／平行線と角

1 次の図で，ℓ∥m のとき，∠x の大きさを求めなさい。 【7点×2】

(1)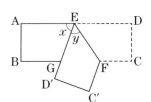
ℓ ——— 59°
m ——— x

(2)
ℓ x
m 60°
50°

［　　　　　］　　　　　　　　　　［　　　　　］

1／平行線と角

2 長方形の紙 ABCD を，右の図のように EF を折り目として折り返しました。∠BGE＝110°のとき，∠x，∠y の大きさを求めなさい。【7点×2】

［∠x＝　　　　　］
［∠y＝　　　　　］

2／多角形の内角と外角

3 次の図で，∠x，∠y の大きさを求めなさい。 【7点×5】

(1)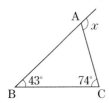
A x
43° 74°
B C

(2)
A 46° 44° B
C x
D 52° y E

［∠x＝　　　　　］
［∠y＝　　　　　］

(3)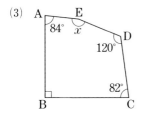
A E
84° x
D
120°
82°
B C

(4)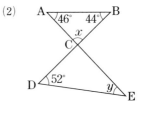
124°
46°
30° 40°
55° x

［　　　　　］　　　　　　　　　　［　　　　　］

4 右の図で，△AEB と△DEC は合同です。その合同条件を答えなさい。ただし，ℓ∥m で，同じ印のついた辺の長さは等しいものとします。　【7点】

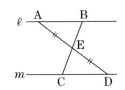

〔　　　　　　　　　　　　　　　〕

5 右の図は，AD∥BC の台形です。BD の中点を E とし，AE の延長と BC との交点を F とするとき，AD=FB であることを証明しなさい。

【10点】

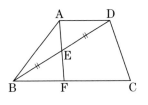

4章／図形の調べ方

6 右の図で，∠ADC＝∠A＋∠B＋∠C　……①が成り立ちます。　【10点×2】

(1) 下の**証明1**を参考にして，右の**証明2**の図で，①が成り立つことを証明しなさい。

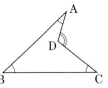

証明1

点 D を通る半直線 BE をひいて，2つの三角形に分けます。

(証明)△ABD と△CBD で，

　　∠ADE＝∠A＋∠ABD　……②

　　∠CDE＝∠CBD＋∠C　……③

②，③より，∠ADE＋∠CDE

　　　　　＝∠A＋∠ABD＋∠CBD＋∠C

したがって，∠ADC＝∠A＋∠B＋∠C

証明2

辺 AD を延長して，2つの三角形に分けます。

(証明)

(2) (1)で証明したことを使って，右の図で印をつけた5つの角の和の求め方を説明しなさい。

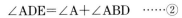

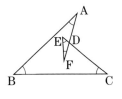

数学にまつわる「公理」の不思議

証明を学んだことで、これから「定義」や「定理」などといった、見慣れない数学用語が多く登場する。これらと同じく重要な用語である「公理」という用語を知り、数学という学問の不思議にふれてみよう。

1 公理・定義・定理って何？

実生活のなかで何か疑問を抱いたとき、算数の知識を活用することで、その疑問を解決できることがある。

しかし、より論理的に複雑な疑問を皆で解決しようとすると、一つ大きな障害がある。それは、「何が正しいことか、人によって基準が違う」場合があることである。たとえば、「直線はどこまでも伸びることは正しいか？」の見解が人によって違うと、疑問について正確に話し合うことができない。疑問を論理的に解決し、皆で共有するためには、日常の出来事から重要なことを抜きだして（**抽象化**して）、「全員が正しいと認める約束事」をいくつかつくる必要があるのだ。数学の世界ではことばの約束事を**定義**、大前提となる仮定の約束事を**公理（公準）**と呼ぶ。

これらの約束事から「論理的に必ず正しいと導ける代表的なこと」を**定理**といい、定理などの命題を導くプロセスを**証明**という。完成した定理を現実に当てはめる（**具体化**する）ことによって、日常の疑問を解決する学問こそが数学なのである。

たとえば、角柱や円柱の体積を求める公式

$$V = Sh \quad (V : \text{体積}, \; S : \text{底面積}, \; h : \text{高さ})$$

を使えば、角柱や円柱の体積を簡単に求めることができるが、角柱や円柱ではない立体の体積まではわからない。ほかのさまざまな立体の体積を数学的に調べることができるようになったのは、17世紀にニュートンやライプニッツらが、数多くの証明によって、**微分積分学の基本定理**を発見した結果である（なお、微分と積分は高校の数学で勉強する）。

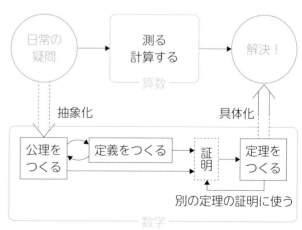

② 平行な直線が2つ以上ある !?

　ひとつ，公理の例を紹介しよう。実は，私たちが今勉強している図形の性質を調べる学問（幾何学_{がく}）の定義や公理は，約2300年前にギリシャの数学者である**ユークリッド**という人が，『原論_{げんろん}』という世界最古の数学書の中で提唱したもので，それ以来ほとんど変わっていない。

　この**ユークリッド幾何学**の中に，左下のような公理Xがある。

　公理Xは，一見するとあたりまえのことのように思えるが，絶対的な真理ではない。19世紀に**ボヤイ**と**ロバチェフスキー**という2人の数学者が，公理Xを右下の奇妙な公理Yに置き換えても，矛盾_{じゅん}が発生しないという衝撃_{しょうげき}的な事実を発見したのである。

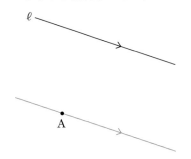

▲公理X：直線ℓ上にない点Aを通るℓの平行線は，1本しかない。

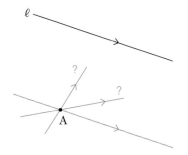

▲公理Y：直線ℓ上にない点Aを通るℓの平行線は，2本以上ある。

※公理Xは平行線公理と呼ばれ，実際の『原論』の中では異なる記述で書かれているが，数学的な内容は同じである。

　公理Xを公理Yに置き換えたユークリッド幾何学は**非ユークリッド幾何学**と呼ばれ，新たな定義・定理が数多く生まれた。「公理」はあくまで「約束事（仮定）」に過ぎないので，公理Xと公理Yのどちらかが間違っている，というわけではない。非ユークリッド幾何学はその後，有名な**一般相対性理論**_{いっぱんそうたいせいりろん}を生み，結果として**GPS**などの，現代の生活になくてはならない科学技術の開発に役立っている。

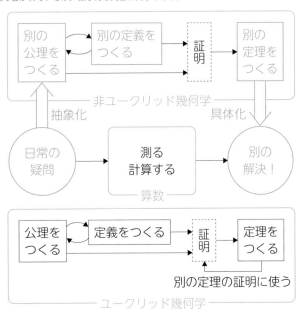

中学生のための
勉強・学校生活アドバイス

実技教科も手を抜くな！

「この前の美術の課題，提出期限を忘れてて，出すの遅れちゃったんだよね。」

「また？　この前も家庭科の課題遅れて出してたじゃない。」

「おいおい，ちょっと気を抜きすぎじゃないか？」

「実技教科ってなんかおろそかになっちゃって。主要5教科は"頑張らないと"って気になるんですけど。」

「**実技教科は高校入試の試験には出ない（高校・学科が多い）けど，内申点には含まれるから，ちゃんとやらなきゃマズいぞ。**」

「え，そうなんですか？」

「都道府県によっては，実技教科の内申点を主要5教科よりも高い割合で評価するところだってあるんだよ。」

「マジですか。知らなかった…。」

「ちゃんと担当の先生に『これからは頑張ります』って謝って，態度を改めることだね。」

「私はちゃんと定期テストでもいい点取ってるし，実技教科はいい成績取れてます。」

「実技教科は授業態度も成績に大きく反映されるから，たとえば音楽の授業だったら大きな声で歌うとか，そういう基本的なことをしっかりやるようにしよう。」

「オレ，不器用なんで美術とか家庭科とか苦手なんですよね。」

「そういう苦手な教科はテストでいい点を取るようにしよう。**うまくできないのは仕方ないけど，できることをやらないのはダメ。**」

「わかりました。心を入れかえます…。」

5章

図形の性質

1 二等辺三角形

例題 1 ～ 例題 5
二等辺三角形

●**定義と定理**…ことばの意味をはっきりと述べたものを**定義**といい，証明されたことがらのうち，**重要なものを定理**といいます。

●**二等辺三角形の定義**……2辺が等しい三角形を**二等辺三角形**といいます。

●**二等辺三角形の用語**……二等辺三角形で，**長さの等しい2辺の間の角**を**頂角**，頂角に対する辺を**底辺**，底辺の両端の角を**底角**といいます。

■ 二等辺三角形の性質（定理）	● 二等辺三角形の**2つの底角は等しい。** **例** 右の図が∠Aを頂角とする**二等辺三角形**ならば，**∠B＝∠C** ● 二等辺三角形の頂角の二等分線は，**底辺を垂直に2等分する。** **例** 右の図が∠Aを頂角とする**二等辺三角形**ならば，AHが∠Aの二等分線のとき，**AH⊥BC，BH＝CH**
■ 二等辺三角形になるための条件（定理）	● 2つの角が等しい三角形は，**等しい2つの角を底角とする二等辺三角形である。** **例** 右の図で，**∠B＝∠C**ならば，△ABCは**AB＝ACの二等辺三角形**である。

例題 6 ～ 例題 7
正三角形

●**正三角形の定義**…3辺が等しい三角形を**正三角形**といいます。

■ 正三角形の性質（定理）	● 正三角形の**3つの内角は等しい。** **例** 右の図で，△ABCが**正三角形**のとき，**∠A＝∠B＝∠C**＝180°÷3＝60°
■ 正三角形になるための条件（定理）	● **3つの角が等しい三角形**は，**正三角形である。** **例** 右の図で，**∠A＝∠B＝∠C**ならば，△ABCは**正三角形**である。

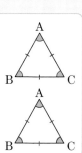

定理「二等辺三角形の底角は等しい」を，右のAB＝ACである
△ABCを使って証明しなさい。

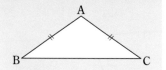

解き方

〔証明〕　AB＝ACより，△ABCは∠B，∠Cを底角

補助線をひく ▶ とする二等辺三角形。∠Aの二等分線をひき，底辺
BCとの交点をMとする。

∠B，∠Cを含む ▶ 　△ABMと△ACMにおいて，
三角形に着目

AB＝AC（仮定）　……①

AM＝AM（共通）　……②

∠BAM＝∠CAM（AMは∠Aの二等分線）　……③

合同条件を示す ▶ 　①，②，③より，2組の辺とその間の角がそれぞれ

合同であること ▶ 等しいので，△ABM≡△ACM
を式に表す

合同な図形の対応する角の大きさは等しいから，

結論を示す ▶ 　　∠B＝∠C

よって，二等辺三角形の底角は等しい。

図解 補助線をひいて
考える

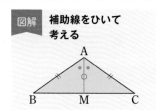

くわしく **証明冒頭の〔仮定〕と
〔結論〕は省略OK**

p.181までは，証明の冒頭で今か
ら証明することがらの宣言（〔仮定〕，
〔結論〕）をしていたが，省略しても
よい。

この本では，今後，冒頭の宣言を
省略して表すことにする。

底辺BCの中点をDとして，次のように証明してもよい。

〔証明〕　△ABDと△ACDにおいて，　AB＝AC（仮定）　　　……①

AD＝AD（共通）　　　……②

BD＝CD（DはBCの中点）　……③

①，②，③より，3組の辺がそれぞれ等しいので，△ABD≡△ACD
└ 異なる合同条件を利用している

合同な図形の対応する角の大きさは等しいから，∠B＝∠C

練習　　　　　　　　　　　　　　　　　　　　　　解答 ▶ 別冊p.18

1　△ABCで，2つの内角∠Bと∠Cの大きさが等しければ，AB＝ACであることを証明しな
さい。

下の図で，同じ印をつけた辺が等しいとき，∠xの大きさを求めなさい。

(1)
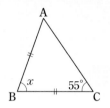

(2)
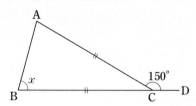

解き方

(1)　△BACはBA＝BCの二等辺三角形だから，

底角は等しい ▶　　∠A＝∠C＝55°

したがって，三角形の内角の和から，

内角の和は180° ▶　　55°＋∠x＋55°＝180°

これより，∠x＝**70°** …答

(2)　△CABはCA＝CBの二等辺三角形だから，

底角は等しい ▶　　∠A＝∠B

したがって，三角形の内角と外角の関係から，

内角と外角の関係 ▶　　∠x＋∠x＝150°
　　　　　　　　　└∠A └∠B └∠ACD

これより，∠x＝**75°** …答

Point 二等辺三角形の底角は等しい。

三角形の内角の和は
180°だね。

図解 三角形の内角と
外角の関係

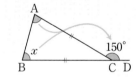

練習 | 　　　　　　　　　　　　　　　　　　　　　　　　解答 別冊p.18

2　下の図で，同じ印をつけた辺が等しいとき，∠xの大きさを求めなさい。

(1)
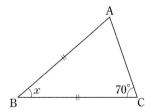

(2)
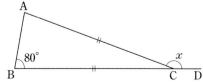

例 題 3 二等辺三角形の性質を利用した証明　　　　　　　　　Level ★★☆

　右の図で，AM＝BM＝CMであるとき，∠ACB＝90°であることを
証明しなさい。

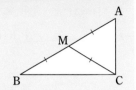

解き方

[底角は等しい] ▶

〔証明〕　∠B＝a°とすると，△MBCはMB＝MCの
二等辺三角形だから，**∠MCB＝∠B＝a°**

　　したがって，内角と外角の関係から，

[内角と外角の関係] ▶

　　　∠AMC＝a°＋a°＝$2a$°

　　また，△MACはMA＝MCの二等辺三角形だから，

[底角は等しい] ▶

　　　∠MAC＝∠MCA

　　そこで，△MACの内角の和から，

[内角の和は180°] ▶

　　　$\underset{\underset{\angle AMC}{\llcorner}}{2a°}$＋2∠MCA＝180°

[∠MCAをa°で表す] ▶

　　これより，∠MCA＝90°－a°

　　よって，∠ACB＝∠MCA＋∠MCB

[∠ACBを求める] ▶

　　　　　　　＝（90°－a°）＋a°

　　　　　　　＝90°

図解　△MBCの角に着目

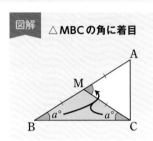

図解　△MACの内角の和に着目

Point 2つの二等辺三角形の底角に着目する。

練 習　　　　　　　　　　　　　　　　　　　　　　　　**解答** 別冊p.18

3　　右の図で，△ABCは，AB＝ACの二等辺三角形で，点D
は辺BC上にあり，AD＝BDです。頂点Aを通り，辺BCに
平行な直線上にAB＝AMとなる点Mを図のようにとり，線
分BMが線分AD，ACと交わる点をそれぞれE，Fとしま
す。このとき，△ABE≡△AMFであることを証明しなさい。

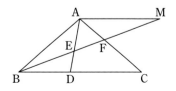

AB＝ACである二等辺三角形ABCの頂角∠Aの二等分線上の1点を
Pとするとき，△PBCは二等辺三角形であることを証明しなさい。

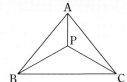

解き方

PB，PCを辺に
もつ三角形に着目 ▶ 〔証明〕 △ABPと△ACPにおいて，仮定より，

$$AB＝AC \quad ……①$$

共通な辺だから，

$$AP＝AP \quad ……②$$

また，APは，∠Aの二等分線だから，

$$∠BAP＝∠CAP \quad ……③$$

合同条件を示す ▶ ①，②，③より，2組の辺とその間の角がそれぞれ
等しいので，

合同であること
を式に表す ▶ $$△ABP≡△ACP$$

合同な図形の対応する辺の長さは等しいから，

結論を導く根拠
を示す ▶ $$PB＝PC$$

結論を導く ▶ したがって，△PBCは二等辺三角形である。

Point 2辺が等しい三角形は，
二等辺三角形である。

図解 合同条件を図で確認

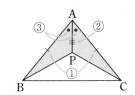

△PBCのまわりにある三
角形の合同を示すことで，
PB＝PCを導けるね。

練 習 | 解答▶別冊p.18

4 右の図の△ABCは，AB＝ACの二等辺三角形です。
底辺BC上に点D，Eを，CD＝CA，BE＝BAとなるよ
うにとります。

このとき，△ADEは二等辺三角形であることを証明
しなさい。

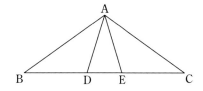

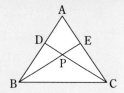

例題 5 二等辺三角形であることの証明(2)〔2角が等しいことの証明〕　Level ★★★

　右の図のような，AB＝ACである二等辺三角形ABCがあります。ここで，辺AB，AC上に，AD＝AEとなるように点D，Eをとり，BEとCDとの交点をPとします。

　このとき，△PBCは二等辺三角形であることを証明しなさい。

解き方

2つの三角形に着目 ▶
〔証明〕　△ABEと△ACDにおいて，

$$AB＝AC（仮定）\quad ……①$$

$$AE＝AD（仮定）\quad ……②$$

$$∠A＝∠A（共通）\quad ……③$$

合同条件を示す ▶ ①，②，③より，2組の辺とその間の角がそれぞれ

合同を式に表す ▶ 等しいので，△ABE≡△ACD

対応する角 ▶ したがって，∠ABE＝∠ACD

　　また，△ABCは二等辺三角形なので，

底角は等しい ▶ ∠ABC＝∠ACB

　　ここで，∠PBC＝∠ABC－∠ABE

　　　　　　　　　　等しい　　　等しい

△PBCの2つの角が等しいことを示す ▶

$$＝∠ACB－∠ACD$$

$$＝∠PCB$$

二等辺三角形になる条件 ▶ よって，2つの角が等しいので，△PBCは二等辺三角形である。

└─ 二等辺三角形になるための条件

図解 **合同条件を図で確認**

△DBC≡△ECBをいっても証明できるよ。

> **Point** 2角が等しい三角形は，
> その2角を底角とする二等辺三角形。

練習　　　　　　　　　　　　　　　　　　　　　　　　　解答 ▶ 別冊p.19

5 　右の図は△ABCの∠Aの二等分線が辺BCと交わる点をDとし，頂点Cを通り，DAと平行な直線と，辺BAの延長との交点をEとしたものです。

　このとき，AC＝AEであることを証明しなさい。

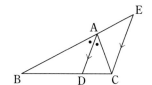

　右の図のように，正三角形ABCの辺上に，点D，E，FをBD＝CE＝AF
となるようにとります。

　このとき，線分AD，BE，CFで囲まれた△PQRは正三角形であることを
証明しなさい。

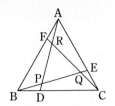

解き方

〔証明〕　△ABDと△BCEにおいて，仮定より，

$$AB＝BC \quad\cdots\cdots①$$

$$BD＝CE \quad\cdots\cdots②$$

$$∠ABD＝∠BCE（＝60°）\cdots\cdots③$$

└ 正三角形の内角はすべて等しい

合同条件を示す ▶ ①，②，③より，2組の辺とその間の角がそれぞれ

合同がいえる ▶ 等しいので，△ABD≡△BCE

　　　　合同な図形の対応する角の大きさは等しいから，

対応する角 ▶ $$∠BAD＝∠CBE$$

　　　　これと，△ABPの内角と外角の関係から，

$$∠RPQ＝∠ABP＋∠BAD$$

△PQRの1つの
内角を求める ▶ $$＝∠ABP＋∠CBE$$

$$＝∠ABC＝60°$$

残りの角を求める ▶ 同様にして，∠PQR＝60°，∠QRP＝60°

正三角形になる
条件 ▶ したがって，∠RPQ＝∠PQR＝∠QRPより，

└ 3つの角が等しい

　　　△PQRは正三角形である。

図解 △ABPの内角と外角
の関係に着目

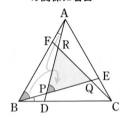

くわしく 同じように証明できる
部分は省略

　∠PQR＝60°，∠QRP＝60°の証明
は，∠RPQ＝60°とまったく同じよ
うに証明できる。

　このような場合は，途中を省略し
て，「同様にして」とか，「同様に」
とし，結果だけを書けばよい。

練 習 |　　　　　　　　　　　　　　　　　　　　　　　　　　　解答▶ 別冊p.19

6 　右の図で，△ABCは正三角形で，AD＝BE＝CFであるとき，△DEFは
正三角形であることを証明しなさい。

例題 7 正しいことの逆とその真偽 Level ★★☆

次のことがらの逆を答えなさい。また，それが正しいかどうかも調べて，正しくないときは反例をあげなさい。

(1) △ABCで，∠A＝90°ならば，∠B＋∠C＝90°

(2) △ABCが正三角形ならば，∠A＝60°

解き方

仮定・結論を
はっきりさせる ▶

(1) ∠A＝90°が仮定。

∠B＋∠C＝90°が結論。

したがって，**逆**は，仮定と結論を入れかえて，

仮定と結論を
入れかえる ▶

△ABCで，∠B＋∠C＝90°ならば，∠A＝90°　…答

逆が正しいか
どうか調べる ▶

また，△ABCで，内角の和は180°だから，

∠B＋∠C＝90°のとき，∠A＝180°－90°＝90°

したがって，**逆は正しい。**　…答

仮定・結論を
はっきりさせる ▶

(2) △ABCは正三角形が仮定。

∠A＝60°が結論。

したがって，**逆**は，仮定と結論を入れかえて，

仮定と結論を
入れかえる ▶

∠A＝60°ならば，△ABCは正三角形　…答

逆が正しいか
どうか調べる ▶

ここで，∠A＝60°でも，∠B＝40°，∠C＝80°の三角形のような，正三角形でない場合も考えられる。

したがって，**逆は正しくない。**

反例は，

∠A＝60°，∠B＝40°，∠C＝80°の三角形。　…答

> 「AならばB」の逆は，
> 「BならばA」ということ
> だね。
> 反例が1つでもあれば，
> 正しいとはいえないよ。

くわしく 反例

あることがらが正しくないことを示す例を，そのことがらの**反例**という。

正しくないことをいうには，反例を1つあげればよい。

Point 正しいことの逆は，
必ずしも正しいとはいえない。

練習　　　　　　　　　　　　　　　　　　　　　　　解答▶ 別冊p.19

7 次のことがらの逆を答えなさい。また，それが正しいかどうかも調べて，正しくないときは反例をあげなさい。

(1) △ABC≡△DEFならば，∠A＝∠D

(2) 2直線が平行ならば，錯角は等しい。

2 直角三角形

直角三角形 [例題 8 ～ 例題 11]

● **直角三角形の定義**……1つの内角が直角の三角形を**直角三角形**といいます。

● **斜辺**……直角三角形で，**直角に対する辺**を**斜辺**といいます。

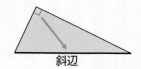

斜辺

■ 直角三角形の
合同条件

2つの直角三角形は，次の(1)，(2)のどちらかが成り立てば，合同である。

(1) **斜辺と1つの鋭角**がそれぞれ等しい。

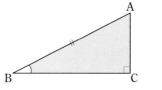 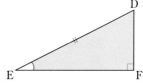

例 上の図で，∠C＝∠F＝90°，AB＝DE，∠B＝∠E
　　　　　　　　　　　　　　└斜辺　　└1鋭角

ならば，△ABC≡△DEF

(2) **斜辺と他の1辺**がそれぞれ等しい。

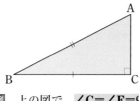 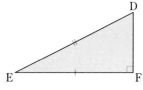

例 上の図で，∠C＝∠F＝90°，AB＝DE，BC＝EF
　　　　　　　　　　　　　　└斜辺　　　└他の辺

ならば，△ABC≡△DEF

▶直角三角形の合同条件を使うときは，上の例のように，直角があることを必ず示すこと。

例題 **8** 直角三角形の合同条件の証明 Level ★★☆

「斜辺と他の1辺がそれぞれ等しい2つの直角三角形は合同」である
ことを，右の図を用いて証明しなさい。

　　ただし，右の図で，AB＝DE，AC＝DF，∠C＝∠F＝90°とします。

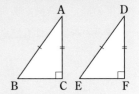

解き方

〔証明〕　△DEFを裏返して，等しい辺ACとDFを重
ね。すると，AC＝DFかつ∠C＝∠F＝90°だから，
点B，C(F)，Eは一直線上に並び，右のような
△ABEができる。

2つの三角形の合同を考える ▶ 　この三角形の△ABCと△DEFにおいて，

　　　AC＝DF（仮定）　……①

　　　∠C＝∠F＝90°（仮定）　……②

　　また，△ABEはAB＝AEの二等辺三角形だから，

底角は等しい ▶ 　　　∠B＝∠E ←底角

　　これと②から，残りの角も等しく，

残りの角を求める ▶ 　　　∠BAC＝∠EDF　……③

合同条件を示す ▶ 　　①，②，③より，1組の辺とその両端の角がそれぞ

結論を導く ▶ れ等しいので，△ABC≡△DEF

図解 **二等辺三角形に直して考える！**

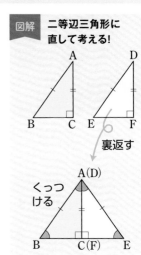

裏返す

くっつける

裏返した図形は，もとの
図形と合同だね。

練習

解答 別冊p.19

8　「斜辺と1鋭角がそれぞれ等しい2つの直角三角形は合
同」であることを，右の図を用いて証明しなさい。ただ
し，右の図で，AB＝DE，∠B＝∠E，∠C＝∠F＝90°と
します。

下の図で，合同な直角三角形はどれとどれですか。記号≡を使って表しなさい。また，そのときに使った合同条件も簡単に書きなさい。

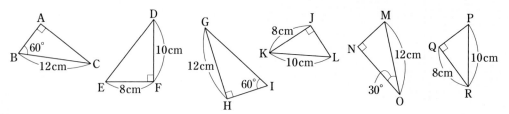

解き方

斜辺に着目	▶ 斜辺の長さが等しい△ABCと△NMOにおいて，△NMOの残りの角は，

$$\angle M = 180° - (90° + 30°) = 60°$$

合同条件を式に表す	▶ したがって，∠A＝∠N＝90°，BC＝MO（斜辺），∠B＝∠M
└─12cm
└─60°

合同条件を示す	▶ だから，直角三角形の斜辺と1鋭角がそれぞれ等しく，△ABC≡△NMO

斜辺に着目	▶ また，斜辺の長さが等しい△JKLと△QRPにおい
合同条件を式に表す	▶ て，∠J＝∠Q＝90°，KL＝RP（斜辺），JK＝QR
└─10cm　└─8cm

合同条件を示す	▶ だから，直角三角形の斜辺と他の1辺がそれぞれ等しく，△JKL≡△QRP

答 △ABC≡△NMO（斜辺と1鋭角が等しい）

△JKL≡△QRP（斜辺と他の1辺が等しい）

> まずは，直角三角形の斜辺に目をつけよう。

✔確認 **直角三角形の合同条件**

2つの直角三角形は，次のどちらかが成り立てば合同である。
① 斜辺と1つの鋭角がそれぞれ等しい
② 斜辺と他の1辺がそれぞれ等しい

練 習

解答▶ 別冊p.19

9 次の図で，合同直角三角形はどれとどれですか。記号≡を使って表しなさい。

また，そのときに使った合同条件も簡単に書きなさい。

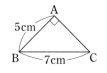

右の図の△ABCで，頂点B，Cから辺AC，ABにそれぞれ垂線BD，CEをひきます。

このとき，BD＝CEならば，△ABCは二等辺三角形であることを証明しなさい。

解き方

∠B，∠Cを含む三角形に着目	〔証明〕　△EBCと△DCBにおいて，仮定より， 　　　　∠BEC＝∠CDB＝90°　……① 　　　CE＝BD　……② 　　また，BC＝CB(共通)　……③
合同条件を示す	①，②，③より，直角三角形の斜辺と他の1辺がそ
合同がいえる	れぞれ等しいので，△EBC≡△DCB 　　合同な図形の対応する角の大きさは等しいから，
対応する角	∠EBC＝∠DCB
結論を導く	したがって，2つの角が等しいので，△ABCは 　　∠B，∠Cを底角とする二等辺三角形である。

図解 合同条件を図で確認

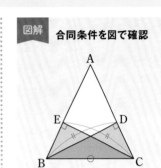

✔確認 **二等辺三角形になるための条件**

三角形の2つの角が等しければ，その三角形はその2角を底角とする二等辺三角形である。

別解

〔証明〕　△ABDと△ACEにおいて，∠ADB＝∠AEC＝90°(仮定)　……①

　　　BD＝CE(仮定)　……②　　　∠Aは共通　……③

①，③より，残りの角も等しいので，∠ABD＝∠ACE　……④

①，②，④より，1組の辺とその両端の角がそれぞれ等しいので，

　　△ABD≡△ACE

合同な図形の対応する辺の長さは等しいから，AB＝AC

したがって，△ABCは二等辺三角形である。

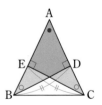

練習　　　　　　　　　　　　　　　　　　　　　　　　解答▶別冊p.19

10　△ABCの辺BCの中点Mから，辺AB，ACに垂線MD，MEをひいたら，MD＝MEでした。∠B＝∠Cであることを証明しなさい。

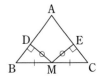

　　右の図のように，直角二等辺三角形ABCの直角の頂点Aを通る直線ℓに，頂点B，Cからそれぞれ垂線をひき，その交点をP，Qとします。

　　このとき，BP+CQ=PQであることを証明しなさい。

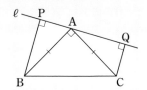

解き方

<table>
<tr><td>2つの三角形の
合同を考える</td><td>▶</td><td>〔証明〕　△PABと△QCAにおいて，仮定より，</td></tr>
</table>

$$\angle APB = \angle CQA = 90° \cdots\cdots ①$$

$$AB = CA \quad \cdots\cdots ②$$

また，$\angle ABP = \underset{三角形の内角の和}{180°} - \underset{90°}{\angle APB} - \angle PAB$

<table>
<tr><td>∠ABPの大きさ
を調べる</td><td>▶</td></tr>
</table>

$$= 90° - \angle PAB$$

$$\angle CAQ = \underset{一直線の角}{180°} - \underset{90°}{\angle BAC} - \angle PAB$$

<table>
<tr><td>∠CAQの大きさ
を調べる</td><td>▶</td></tr>
</table>

$$= 90° - \angle PAB$$

だから，$\angle ABP = \angle CAQ \quad \cdots\cdots ③$

<table>
<tr><td>合同条件を示す</td><td>▶</td><td>①，②，③より，直角三角形の斜辺と1鋭角がそれ</td></tr>
<tr><td>合同がいえる</td><td>▶</td><td>ぞれ等しいので，△PAB≡△QCA</td></tr>
</table>

　　　　合同な図形の対応する辺は等しいから，

<table>
<tr><td>対応する辺</td><td>▶</td><td>BP=AQ，AP=CQ</td></tr>
<tr><td>結論を導く</td><td>▶</td><td>したがって，BP+CQ=AQ+AP=PQ</td></tr>
</table>

Point 辺の長さの関係が複雑なときは，
別の長さの等しい辺におきかえる。

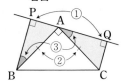

図解　△PABと△QCAに着目

△PABと△QCAの合同を示せば，BP+CQ=PQが証明できるね！

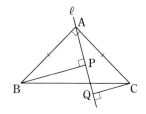

練習 | 解答▶別冊p.19

11　　右の図のように，直角二等辺三角形ABCの直角の頂点Aを通る直線ℓに，頂点B，Cからそれぞれ垂線をひき，その交点をP，Qとします。

　　このとき，PQ=BP−CQであることを証明しなさい。

3 平行四辺形

平行四辺形の性質　〔例題 12 〜 例題 16〕

●**四角形の対辺と対角**……四角形で，向かい合う辺を**対辺**，向かい合う角を**対角**といいます。

●**平行四辺形の定義**……2組の対辺がそれぞれ平行な四角形を**平行四辺形**といいます。平行四辺形ABCDを**▱ABCD**と書くことがあります。

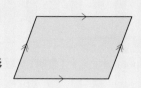

| 平行四辺形の性質　（定理） | (1) **2組の対辺**はそれぞれ等しい。
　例　右の▱ABCDで，**AB＝DC，AD＝BC**
(2) **2組の対角**はそれぞれ等しい。
　例　右の▱ABCDで，**∠A＝∠C，∠B＝∠D**
(3) **対角線**は**それぞれの中点で交わる**。
　例　右の▱ABCDで，**OA＝OC，OB＝OD** |

平行四辺形になるための条件　〔例題 17 〜 例題 22〕

四角形は，次の(1)〜(5)のうちのどれかが成り立てば，平行四辺形です。

| 平行四辺形になるための条件　（定理） | (1) **2組の対辺がそれぞれ平行**である。（定義）

(2) **2組の対辺**がそれぞれ等しい。

(3) **2組の対角**がそれぞれ等しい。

(4) 対角線が**それぞれの中点で交わる**。

(5) **1組の対辺が平行**で，その長さが等しい。 |

定理「平行四辺形の2組の対角はそれぞれ等しい」を，右の平行四辺形ABCDを使って証明しなさい。ただし，証明には平行四辺形の定義を根拠として使いなさい。

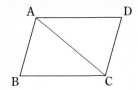

解き方

対角線に着目 ▶ 〔**証明**〕　ACは□ABCDの対角線である。

△ABCと△CDAにおいて，

AC＝CA（共通）　……①

平行線の錯角は等しいから，AB//DCより，

AB//DCの錯角 ▶　　∠BAC＝∠DCA　……②

AD//BCの錯角 ▶　AD//BCより，∠ACB＝∠CAD　……③

合同条件を示す ▶　①，②，③より，1組の辺とその両端の角がそれぞ

合同がいえる ▶ れ等しいので，△ABC≡△CDA

合同な図形の対応する角の大きさは等しいから，

1組の対角が
等しい ▶　　∠B＝∠D

また，∠BAD＝∠BAC＋∠CAD

　　　　　　②より等しい ↓　　　③より等しい ↓

もう1組の対角が
等しい ▶　　　　　＝∠DCA＋∠ACB

　　　　　　　　　　＝∠DCB

したがって，平行四辺形の2組の対角はそれぞれ等しい。

Point 平行線の角の性質から，
△ABCと△CDAの合同を導く。

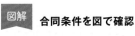

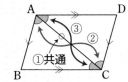

図解　**合同条件を図で確認**

①共通

練習　　　　　　　　　　　　　　　　　　解答 ▶ 別冊p.19

12 定理「平行四辺形の対角線はそれぞれの中点で交わる」を，右の平行四辺形ABCDを使って証明しなさい。ただし，証明には平行四辺形の他の定理（条件）を根拠として使ってかまいません。

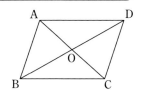

例題 **13** 平行四辺形の性質と角 Level ★☆☆

右の図の平行四辺形ABCDで，∠B＝70°，∠ACD＝65°のとき，
次の角の大きさを求めなさい。

(1) ∠x　　　　(2) ∠y

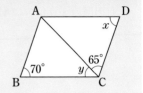

解き方

(1) 平行四辺形の対角だから，

平行四辺形の
対角は等しい ▶ ∠x＝∠B＝**70°** … 答

(2) 平行線の錯角は等しいから，AB∥DCより，

平行線の錯角 ▶ ∠BAC＝∠ACD＝65°

△ABCの内角の和は180°だから，

内角の和は180° ▶ 65°＋70°＋∠y＝180°

これより，∠y＝180°－（65°＋70°）

＝**45°** … 答

┌
│ Point ▶ **平行四辺形の2組の対角は
それぞれ等しい。**

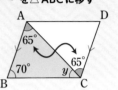

平行線と角の性質も
使えるね。

練習 | 解答 ▶ 別冊p.19

13 次の問いに答えなさい。

(1) 右の図の平行四辺形ABCDで，∠x＋∠yの大きさを求めな
さい。

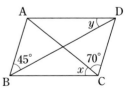

(2) 右の図で，四角形ABCDは平行四辺形であり，点Eは辺AD
上に，EB＝ECとなるようにとったものです。
∠ADC＝80°，∠EBC＝58°のとき，∠xの大きさを求めなさ
い。

右の図のように，□ABCDの対角線BD上に，BE＝DFとなるように
2点E，Fをとり，点AとE，点CとFをそれぞれ結びます。

このとき，AE＝CFとなることを証明しなさい。

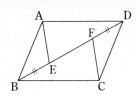

解き方

2つの三角形に着目 ▶ 〔証明〕 △ABEと△CDFにおいて，仮定より，

$$BE＝DF \quad ……①$$

平行四辺形の対辺は等しいから，

平行四辺形の対辺 ▶ $$AB＝CD \quad ……②$$

また，AB//DCだから，錯角が等しく，

平行線の錯角 ▶ $$∠ABE＝∠CDF \quad ……③$$

合同条件を示す ▶ ①，②，③より，2組の辺とその間の角がそれぞれ

合同がいえる ▶ 等しいので，△ABE≡△CDF

結論を導く ▶ 合同な図形の対応する辺だから，**AE＝CF**

 確認 平行四辺形を表す記号

たとえば，四角形ABCDが平行四辺形であることを，記号□を使って，**□ABCD** と表す。

図解 合同条件を図で確認

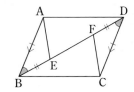

別解

〔証明〕 △AEDと△CFBにおいて，DE＝BD－BE，BF＝BD－DF

だから，これとBE＝DF(仮定)より，DE＝BF ……①

また，平行四辺形の対辺だから，AD＝CB ……②

さらに，AD//BCより，∠ADE＝∠CBF(錯角) ……③

①，②，③より，2組の辺とその間の角がそれぞれ等しいので，△AED≡△CFB

合同な図形の対応する辺だから，AE＝CF

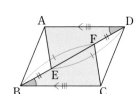

Point 平行四辺形の2組の対辺はそれぞれ等しい。

練習 　　　　　　　　　　　　　　　　　　　　　　　　　　解答▶別冊p.19

14 右の図のように，□ABCDの頂点A，Cから対角線BDに垂線を
ひき，BDとの交点をそれぞれE，Fとします。

このとき，AE＝CFとなることを証明しなさい。

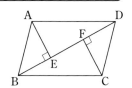

例題 **15** 平行四辺形の性質を利用した証明(2)〔対角線の性質〕　Level ★★☆

　□ABCDの対角線の交点をOとし，Oを通る直線が辺AB，CDと交わる
点を，右の図のように，P，Qとします。

　このとき，OP＝OQとなることを証明しなさい。

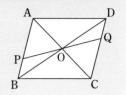

■ 解き方

2つの三角形に着目 ▶ 〔証明〕　△OAPと△OCQにおいて，平行四辺形の対
　　　　　　　　　角線はそれぞれの中点で交わるから，

対角線の性質 ▶ 　　OA＝OC　……①

対頂角の性質 ▶ 　対頂角は等しいから，∠AOP＝∠COQ　……②
　　　　　　　　また，AB∥DCより，錯角が等しいから，

平行線の錯角 ▶ 　　∠OAP＝∠OCQ　……③

合同条件を示す ▶ 　①，②，③より，1組の辺とその両端の角がそれぞ

合同がいえる ▶ 　れ等しいので，△OAP≡△OCQ

結論を導く ▶ 　　合同な図形の対応する辺だから，OP＝OQ

Point 平行四辺形の対角線はそれぞれの中点で
交わる。

図解　**合同条件を図で確認**

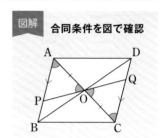

OP，OQをそれぞれ辺にもつ三角形の合同を考えるんだね。

練習 |　　　　　　　　　　　　　　　　　　　　　　　解答▶ 別冊p.20

15　次の問いに答えなさい。

(1)　右の図の□ABCDで，点Oは対角線の交点です。AD∥OQ，
AB∥OPとなる点P，Qをとるとき，△OQD≡△BPOである
ことを証明しなさい。

(2)　右の図のように，□ABCDの対角線の交点Oを通る直線が，
辺BA，DCの延長と交わる点をそれぞれE，Fとするとき，
OE＝OFとなることを証明しなさい。

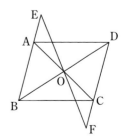

　　右の図のように，□ABCDの∠Aの二等分線と辺BCとの交点をE，∠Cの二等分線と辺ADとの交点をFとします。

　　このとき，AE＝CFとなることを証明しなさい。

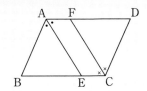

解き方

2つの三角形に着目 ▶ 〔証明〕 △ABEと△CDFにおいて，平行四辺形の対

平行四辺形の対辺 ▶ 辺は等しいから，AB＝CD ……①

　　平行四辺形の対角は等しいから，

平行四辺形の対角 ▶ 　　∠ABE＝∠CDF ……②

　　　　∠BAD＝∠DCB ……③

　　また，AEは∠Aの二等分線だから，

　　　　$\angle BAE = \dfrac{1}{2}\angle BAD$ ……④

　　CFは∠Cの二等分線だから，

　　　　$\angle DCF = \dfrac{1}{2}\angle DCB$ ……⑤

　　③，④，⑤より，∠BAE＝∠DCF ……⑥

合同条件を示す ▶ 　よって，①，②，⑥より，1組の辺とその両端の角

合同がいえる ▶ がそれぞれ等しいから，△ABE≡△CDF

結論を導く ▶ 　合同な図形の対応する辺だから，AE＝CF

✔確認 **平行四辺形の性質**

　これらの性質は，平行四辺形が与えられているとき，証明に使ってよい。

① 2組の対辺は，それぞれ等しい。

② 2組の対角は，それぞれ等しい。

③ 対角線は，それぞれの中点で交わる。

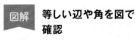

図解 **等しい辺や角を図で確認**

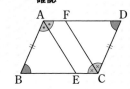

練習

解答 別冊p.20

16 　右の図のように，□ABCDの辺AD上に点Eを，辺BC上に点Fを，AE＝CFとなるようにとり，点BとE，点DとFをそれぞれ結びます。

　　このとき，∠ABE＝∠CDFとなることを証明しなさい。

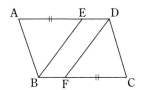

例題 **17** 平行四辺形になる条件の証明   Level ★★☆

四角形ABCDにおいて，AD∥BC，AD＝BCならば，四角形ABCDは平行四辺形であることを証明しなさい。

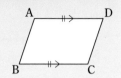

解き方

補助線をひく	▶〔証明〕 対角線ACをひく。
2つの三角形に着目	▶ △ABCと△CDAにおいて，仮定より，
	BC＝DA ……①
	共通な辺だから，AC＝CA ……②
	AD∥BC（仮定）より，錯角は等しいから，
平行線の錯角	▶ ∠ACB＝∠CAD ……③
合同条件を示す	▶ ①，②，③より，2組の辺とその間の角がそれぞれ
合同がいえる	▶ 等しいので，△ABC≡△CDA
	合同な図形の対応する角だから，
対応する角	▶ ∠BAC＝∠DCA
錯角が等しければ平行	▶ したがって，錯角が等しいので，AB∥DC
	これとAD∥BC（仮定）より，2組の対辺がそれぞれ
結論を導く	▶ **平行**だから，四角形ABCDは平行四辺形である。

✔確認 **証明の進め方**

「2組の対辺がそれぞれ平行」という平行四辺形の定義が結論になるように証明を進める。この問題では，平行四辺形の条件(5)が，仮定として与えられている。

図解 **合同条件を図で確認**

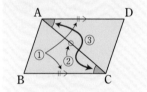

テストで注意 **平行四辺形の性質は使えない！**

この問題は，四角形ABCDが平行四辺形であることを証明するのだから，その証明に平行四辺形の性質は使えない。したがって，∠ABC＝∠CDAなどは証明に使用できない。

練習   解答▶別冊p.20

17 対角線がそれぞれの中点で交わる四角形は，平行四辺形であることを，右の図を使って証明しなさい。

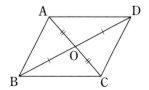

右の図のように，□ABCDの2辺AB，CDの中点をそれぞれM，N
とし，点AとN，点CとMをそれぞれ結びます。

このとき，四角形AMCNは平行四辺形であることを証明しなさい。

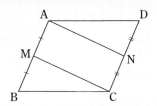

解き方

〔証明〕 M，Nはそれぞれ辺AB，CDの中点だから，

$$AM = \frac{1}{2}AB \quad \cdots\cdots①$$

$$NC = \frac{1}{2}DC \quad \cdots\cdots②$$

平行四辺形の対辺は等しいから，

対辺は等しい ▶ $AB = DC \quad \cdots\cdots③$

対辺が等しい ▶ ①，②，③より，$AM = NC \quad \cdots\cdots④$

また，平行四辺形の対辺は平行だから，

対辺が平行 ▶ AB∥DCより，AM∥NC $\cdots\cdots⑤$

平行四辺形になる条件 ▶ ④，⑤より，1組の対辺が平行で長さが等しいから，
四角形AMCNは平行四辺形である。

 図で確認

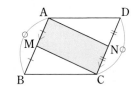

✔確認 **平行四辺形になるための条件**

四角形は，次のどれかが成り立てば，平行四辺形である。

① 2組の対辺がそれぞれ平行である。（定義）
② 2組の対辺がそれぞれ等しい。
③ 2組の対角がそれぞれ等しい。
④ 対角線がそれぞれの中点で交わる。
⑤ 1組の対辺が平行で，その長さが等しい。

> **Point** 1組の対辺が平行で長さが等しければ，平行四辺形。

証明に，上の「平行四辺形になるための条件」が使えるね。

練 習　　　　　　　　　　　　　　　　　　　　**解答** 別冊p.20

18 右の図のように，□ABCDの2辺AB，CD上に，BE＝DFとなる
ように点E，Fをとり，点AとF，点CとEをそれぞれ結びます。

このとき，四角形AECFは平行四辺形であることを証明しなさい。

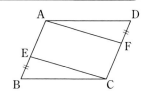

例題 **19** 平行四辺形であることの証明(2)〔対角線の利用〕　　　Level ★★☆

右の図のような□ABCDの対角線上の点P，Q，R，Sについて，AP＝CQ，BR＝DSであるとき，四角形PRQSは平行四辺形であることを証明しなさい。

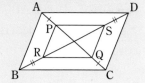

解き方

〔**証明**〕　対角線の交点をOとすると，平行四辺形の対角線は，それぞれの中点で交わるから，

対角線の性質 ▶　　OA＝OC　……①

また，仮定より，AP＝CQ　……②

ここで，OP＝OA−AP　……③

OQ＝OC−CQ　……④

OはPQの中点 ▶　だから，①〜④より，OP＝OQ　……⑤

OはRSの中点 ▶　同様にして，OR＝OS　……⑥

平行四辺形になる条件 ▶　したがって，⑤，⑥より，対角線がそれぞれの中点で交わるから，四角形PRQSは平行四辺形である。

図解　**図で確認**

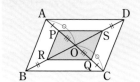

Point 対角線がそれぞれの中点で交われば，平行四辺形。

練習　　　　　　　　　　　　　　　　　　　　　　　　**解答** 別冊p.20

19 次の問いに答えなさい。

(1) 右の図のように，□ABCDの対角線の交点をOとし，OE＝OFとなるような点E，Fを対角線BD上にとります。このとき，四角形AECFは平行四辺形であることを証明しなさい。

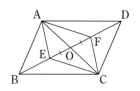

(2) 右の図のように，□ABCDの対角線の交点をOとします。OA，OB，OC，ODの中点をそれぞれP，Q，R，Sとするとき，四角形PQRSは平行四辺形であることを証明しなさい。

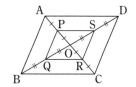

5章／図形の性質

3／平行四辺形

右の図で，四角形ABCDと四角形BEFCは，ともに平行四辺形です。

このとき，四角形AEFDは平行四辺形であることを証明しなさい。

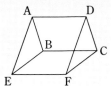

解き方

〔証明〕 四角形ABCDは平行四辺形であるから，

▷ □ABCDの対辺に着目

$$AD /\!/ BC \quad ……①$$
└ 対辺は平行

$$AD = BC \quad ……②$$
└ 対辺は等しい

同様に，四角形BEFCも平行四辺形であるから，

▷ □BEFCの対辺に着目

$$BC /\!/ EF \quad ……③$$

$$BC = EF \quad ……④$$

したがって，四角形AEFDで，

▷ 四角形AEFDの対辺に着目

①，③より，AD /\!/ EF

②，④より，AD = EF

▷ 平行四辺形になる条件

よって，1組の対辺が平行で長さが等しいから，

四角形AEFDは平行四辺形である。

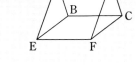

図解 **2つの平行四辺形の対辺に着目**

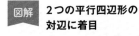

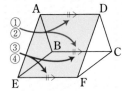

AD，EFは，ともにBCと平行だから，ADとEFは平行だよ。

Point 1組の対辺が平行で長さが等しければ，平行四辺形。

練習 　　　　　　　　　　　　　　　　　　　　　　　　解答▶ 別冊p.20

20 右の図のように，□ABCDの辺AD，BCの延長上に，AE＝2AD，BF＝2BCとなるように点E，Fをとったとき，AB＝EFであることを証明しなさい。

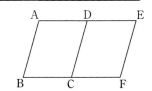

例題 **21** 平行四辺形であることの証明(4)〔辺上の点を結んでできる四角形〕 Level ★★★

右の図のような □ABCD の4つの辺の中点を結んでできる四角形 PQRS は，平行四辺形であることを証明しなさい。

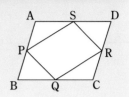

解き方

2つの三角形に着目 ▶ 〔証明〕 △APS と △CRQ において，P，R はそれぞれ辺 AB，CD の中点だから，

$$AP=\frac{1}{2}AB,\ \ CR=\frac{1}{2}CD\ \ \cdots\cdots①$$

対辺は等しい ▶ 平行四辺形の対辺だから，AB=CD ……②

①，②より，AP=CR ……③

同様に，AS=CQ ……④

また，平行四辺形の対角だから，

対角は等しい ▶ ∠PAS=∠RCQ ……⑤

合同条件を示す ▶ ③，④，⑤より，2組の辺とその間の角がそれぞれ

合同がいえる ▶ 等しいので，△APS≡△CRQ

対応辺は等しい ▶ 合同な図形の対応する辺だから，PS=RQ

同様に，△BQP≡△DSR だから，PQ=RS

平行四辺形になる条件 ▶ したがって，2組の対辺がそれぞれ等しいから，四角形 PQRS は平行四辺形である。

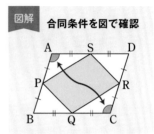

図解 合同条件を図で確認

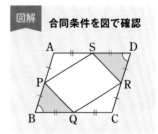

図解 合同条件を図で確認

Point まわりの三角形の合同を利用して，平行四辺形になるための条件を導く。

練習

解答 ▶ 別冊 p.20

21 右の図のように，□ABCD の辺上に，AE=CG，DH=BF となるように，点 E，F，G，H をとるとき，四角形 EFGH は平行四辺形であることを証明しなさい。

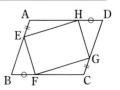

例題 **22** 身のまわりの平行四辺形

　右の図のような，開け閉めができる2段重ねの工具箱を作ります。下の図
は，この工具箱の上の段を動かしたときの様子を真横から見たものです。

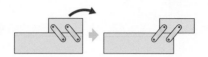

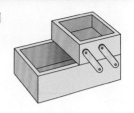

この工具箱は，下の段に対して上の段がいつも平行になるように動きます。
そのために，次のような手順で同じアームを2本取りつけます。

1　図1のように，上の段に点A，下の段に点Bをとり，
　そこに1本のアームを斜めに取りつける。

2　図2のように，BCが下の段の底と平行になるように
　点Cをとり，そこにもう1本のアームの端を取りつける。

3　四角形ABCDが平行四辺形になるように，上の段に
　点Dをとり，アームのもう一方の端を取りつける。

図1

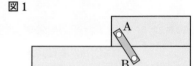

図2

　このとき，3の点Dの位置を求める作図の手順を説明
しなさい。

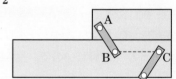

解き方

BCと等しい長さ
をとる
▶ [説明] 点Aを中心として，半径BCの円をかく。…①

ABと等しい長さ
をとる
▶ 点Cを中心として，半径ABの円をかく。…②
　　①，②でかいた円の交点のうち，上の段にある点を
　Dとする。

図解　作図の手順

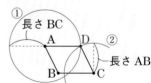

練習

解答▶ 別冊 p.20

22　上の作図で，四角形ABCDが平行四辺形になる理由を
説明しなさい。

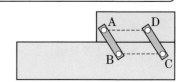

4 特別な平行四辺形

特別な平行四辺形の定義   例題 23 ～ 例題 27

● **長方形の定義**…4つの角がすべて等しい四角形

● **ひし形の定義**…4つの辺がすべて等しい四角形

● **正方形の定義**…4つの辺，4つの角がすべて等しい四角形

長方形   ひし形

正方形

特別な平行四辺形の性質   例題 23 ～ 例題 27

長方形やひし形，正方形は，平行四辺形の特別な場合です。

■ 特別な平行四辺形の基本性質	長方形やひし形，正方形は，平行四辺形の特別な場合なので，平行四辺形の性質をすべてもっている。 (1) **2組の対辺**はそれぞれ等しい。 (2) **2組の対角**はそれぞれ等しい。 (3) 対角線は**それぞれの中点で交わる。** 
■ 特別な平行四辺形の対角線の性質	長方形やひし形，正方形は，上の基本性質のほかに，対角線について，次のような性質がある。 (1) **長方形の対角線の長さは等しい。** 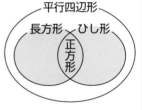 (2) **ひし形の対角線は垂直に交わる。** (3) **正方形の対角線は長さが等しく，垂直に交わる。**

定理「長方形の対角線の長さは等しい」を，右の長方形ABCD
を使って証明しなさい。

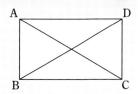

解き方

2つの三角形に着目 ▶ 〔証明〕 △ABCと△DCBにおいて，

　　長方形の対辺は等しいから，

対辺の性質 ▶ 　　AB＝DC ……①

　　共通な辺だから，

　　　BC＝CB ……②

　　また，長方形の4つの角は等しいから，

長方形の定義 ▶ 　∠ABC＝∠DCB（＝90°） ……③

合同条件を示す ▶ 　①，②，③より，2組の辺とその間の角がそれぞれ

合同がいえる ▶ 等しいので，△ABC≡△DCB

　　合同な図形の対応する辺の長さは等しいから，

　　　AC＝DB

結論を導く ▶ 　すなわち，長方形の対角線の長さは等しい。

> **Point** 長方形の定義「4つの角が等しい」を
> 利用する。

図解 合同条件を図で確認

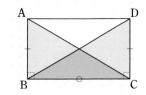

✓**確認** 長方形・ひし形・正方形の定義

●長方形の定義…4つの角がすべて等しい四角形

●ひし形の定義…4つの辺がすべて等しい四角形

●正方形の定義…4つの辺，4つの角がすべて等しい四角形

 長方形，ひし形，正方形の定義と性質は，覚えておこう。

練習 　　　　　　　　　　　　　　　　　　　　　　　　　　解答▶別冊p.20

23 　定理「ひし形の対角線は垂直に交わる」を，右のひし形ABCD
を使って証明しなさい。

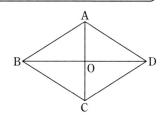

例題 24 ひし形であることの証明(1)〔対角線が垂直に交わる平行四辺形〕 Level ★★☆

右の図の四角形ABCDが平行四辺形であり，かつAC⊥BDであるとき，この四角形ABCDはひし形であることを証明しなさい。

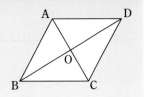

解き方

2つの三角形に着目 ▶ 〔証明〕 △ABOと△ADOにおいて，仮定より，

AC⊥BDであるから，

$$\angle AOB = \angle AOD (=90°) \quad \cdots\cdots①$$

また，四角形ABCDは平行四辺形であるから，

対角線の性質 ▶ $OB = OD \quad \cdots\cdots②$

 └ OはBDの中点

さらに，共通な辺だから，$AO = AO \quad \cdots\cdots③$

合同条件を示す ▶ ①，②，③より，2組の辺とその間の角がそれぞれ

合同がいえる ▶ 等しいので，△ABO≡△ADO

合同な図形の対応する辺だから，

対応辺は等しい ▶ $AB = AD \quad \cdots\cdots④$

また，四角形ABCDは平行四辺形であるから，

$AB = DC \quad \cdots\cdots⑤$

対辺の性質 ▶ $AD = BC \quad \cdots\cdots⑥$

ひし形の定義 ▶ よって，④，⑤，⑥より，$AB = BC = CD = DA$

4つの辺が等しければ，ひし形 ▶ 4つの辺が等しいので，四角形ABCDはひし形である。

Point 4つの辺が等しければ，ひし形である。

図解 **合同条件を図で確認**

図解 **等しい辺を図で確認**

練習 | 解答▶ 別冊p.21

24 右の図の四角形ABCDは平行四辺形で，かつAC＝BDです。このとき，四角形ABCDは長方形であることを証明しなさい。

　　幅が等しい2つのテープを，右の図のように重ねたとき，重なった部分の四角形ABCDは，ひし形であることを証明しなさい。

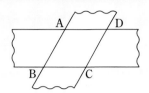

解き方

〔証明〕　AB//DC，AD//BCより，四角形ABCDは平行四辺形である。

補助線をひく　▶　　点Aから，辺BC，CDにそれぞれ垂線AP，AQを

2つの三角形に着目　▶　ひくと，△ABPと△ADQにおいて，2つのテープの

幅は等しいから，AP＝AQ ……①

また，∠APB＝∠AQD＝90° ……②

└─ AP，AQは辺BC，CDの垂線

さらに，平行四辺形の対角だから，

対角は等しい　▶　　∠ABP＝∠ADQ ……③

②，③より，残りの角も等しく，

∠BAP＝∠DAQ ……④

合同条件を示す　▶　①，②，④より，1組の辺とその両端の角がそれぞ

合同がいえる　▶　れ等しいので，△ABP≡△ADQ

対応する辺　▶　　これより，AB＝AD ……⑤

平行四辺形の対辺　▶　また，AB＝DC ……⑥　　　AD＝BC ……⑦

よって，⑤，⑥，⑦より，AB＝BC＝CD＝DA

4つの辺が等しければ，ひし形　▶　したがって，四角形ABCDは，4つの辺が等しいので，ひし形である。

点Aから辺BC，CDにひいた垂線でできる2つの三角形に着目しよう。

図解　合同条件を図で確認

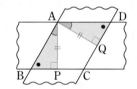

図解　等しい辺の関係を図で確認

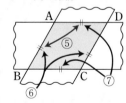

練習　　　　　　　　　　　　　　　　　　　　　　　解答 ▶ 別冊p.21

25　　長方形ABCDの辺AB，BC，CD，DAの中点をそれぞれP，Q，R，Sとすれば，四角形PQRSはひし形であることを証明しなさい。

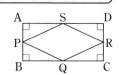

例題 **26** 直角三角形の斜辺の中点に関する証明　　Level ★★★

右の図の直角三角形ABCで，斜辺ACの中点をMとするとき，MA＝MB＝MCとなることを証明しなさい。

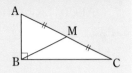

解き方

合同な直角三角形をかき加えて四角形をつくる ▶

〔証明〕 右の図のように，直角三角形ABCと合同な直角三角形CDAをかき加えて，四角形ABCDをつくる。

すると，∠ABC＝∠CDA＝90°

$$\angle BAD = \angle BAC + \angle DAC$$
$$= \angle BAC + \angle BCA$$
$$= 180° - 90° = 90°$$

合同な三角形の対応する角

同様に，∠BCD＝90°

したがって，四角形ABCDは**4つの角が等しい**ので，長方形である。

できる四角形は長方形といえる ▶

ここで，点Mは対角線ACの中点であり，四角形ABCDは長方形だから，点Mは対角線BDの中点でもあり，MB＝MD　……①

平行四辺形の対角線の性質 ▶

長方形の対角線の長さは等しいから，

長方形の対角線の性質 ▶

AC＝BD　……②

①，②より，$MB = \dfrac{1}{2}BD = \dfrac{1}{2}AC = MA$

結論を導く ▶

よって，MA＝MB＝MC

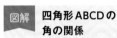

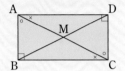

図解 **四角形ABCDの角の関係**

図解 **長方形ABCDの対角線の関係**

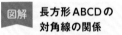

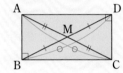

直角三角形の斜辺の中点は，つねに3つの頂点から等しい距離になるよ！

練習　　　　　　　　　　　　　　　　　　　　　　解答▶別冊p.21

26 右の図の直角三角形ABCの斜辺の中点をMとし，Mから辺BCに垂線MNをひきます。

このとき，AB＝2MNとなることを証明しなさい。

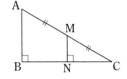

▱ABCDに次の条件が加わると，それぞれ，どんな四角形になりますか。

(1) ∠A＝∠B   (2) AB＝BC   (3) ∠A＝∠B，AB＝BC

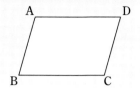

解き方

(1) 四角形ABCDは平行四辺形だから，

> 2組の対角が
> それぞれ等しい ▶

    ∠A＝∠C，∠B＝∠D

これに∠A＝∠Bが加わると，すべての角が等しくなる。

    だから，四角形ABCDは**長方形** … 答

      4つの角がすべて等しい┘

(2) 四角形ABCDは平行四辺形だから，

> 2組の対辺が
> それぞれ等しい ▶

    AB＝DC，AD＝BC

これにAB＝BCが加わると，すべての辺が等しくなる。

    だから，四角形ABCDは**ひし形** … 答

      4つの辺がすべて等しい┘

(3) (1)，(2)より，すべての角，すべての辺が等しくなる。

    だから，四角形ABCDは**正方形** … 答

      4つの辺，4つの角が
      すべて等しい

図解

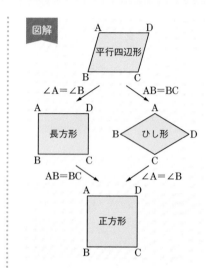

長方形やひし形，正方形は，平行四辺形の特別な場合といえるね。

練 習   解答▶ 別冊p.21

27   ▱ABCDの対角線に次の条件が加わると，それぞれ，どんな四角形になりますか。

(1) AC＝BD   (2) AC⊥BD

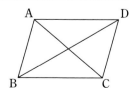

5 平行線と面積

平行線と距離　　[例題 28]〜[例題 31]

　右の図のように，1組の平行線ℓ，mがあるとき，ℓ上の2点P，Qからmにひいた垂線をそれぞれPA，QBとすると，四角形PABQは長方形になるので，点P，Qをℓ上のどこにとっても，**PA＝QB**が成り立ちます。

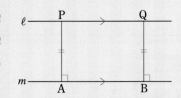

　つまり，**平行線間の距離は一定**です。

平行線と面積　　[例題 28]〜[例題 31]

　平行線と面積について，次の関係が成り立ちます。この関係を利用すると，図形の面積を変えずに，形だけ変えることができます。

■ 平行線と面積の定理	**例** 右の図のように，△PABと△QABの頂点P，Qが，直線ABに関して同じ側にあるとき， (1) **PQ∥AB** ならば， 　　**△PAB＝△QAB** (2) **△PAB＝△QAB** ならば，**PQ∥AB** ※△PAB，△QABのように，図形を表す記号で，**図形の面積を表す**ことがある。 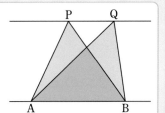
■ 等積変形とその方法	ある図形の面積を変えずに，**形だけ変えること**を**等積変形**という。 **例** 右の四角形ABCDを△ABD′に等積変形するには，次のようにする。 ①点Dを通り，対角線ACに平行な直線ℓをひく。 ②辺BCを延長し，ℓとの交点をD′とする。 ③AとD′を結ぶ。 　すると，**△DAC＝△D′AC** だから，**四角形ABCD＝△ABD′** 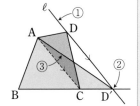

　右の図のように，1つの直線上に2点A，Bがあり，その直線の同じ側に2点P，Qがあります。

　このとき，PQ//ABならば，△PAB＝△QABであることを証明しなさい。

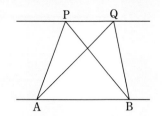

解き方

> 2つの三角形の底辺に着目

〔証明〕　△PABと△QABは底辺ABを共有している。

> 平行な2直線の間の距離に着目

　また，PQ//ABより，平行な2直線の間の距離は一定で，高さが等しいので，2点P，Qから直線ABに

> 補助線をひく

垂線をひき，その交点をそれぞれR，Sとすると，

　　PR＝QS

　よって，2つの三角形の面積は等しく，

> 底辺と高さが等しければ，面積は等しい

　　△PAB＝△QAB

　である。

Point　2つの三角形の高さが等しいことを示せばよい。

図解　2つの三角形の底辺と高さに着目

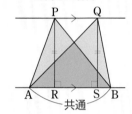

共通

✓確認　面積の表し方

　△PAB，△QABのように，図形を表す記号で，その面積を表すこともある。

> 三角形の面積の求め方は，(底辺)×(高さ)÷2だったね。

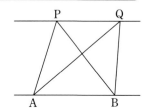

練習　　　　　　　　　　　　　　　　　　　　　解答▶ 別冊p.21

28　右の図で，△PAB＝△QABのとき，PQ//ABとなることを証明しなさい。

　右の図で，四角形ABCDはAD//BCの台形で，点Oは対角線の交点です。

　このとき，△AOB＝△DOCであることを証明しなさい。

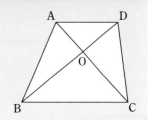

解き方

2つの三角形に着目 ▶ 〔証明〕　△ABCと△DBCにおいて，

共通の辺をさがす ▶ 辺BCは共通。

　　　　辺BCを底辺と考えると，AD//BCより，

底辺と高さが等しければ，面積は等しい ▶ 高さが等しいので，

　　　　　　△ABC＝△DBC　……①

　　　　また，△AOB＝△ABC－△OBC　……②

　　　　　　　　　　　↓共通な三角形

(等積な三角形)－(共通な三角形) ▶ 　　　△DOC＝△DBC－△OBC　……③

　　　　したがって，①，②，③より，

結論を示す ▶ 　　　△AOB＝△DOC

> **Point**　**（面積が等しい三角形）－（共通な三角形）に着目する。**

✔確認　**台形の定義**

　1組の対辺が平行な四角形を**台形**という。

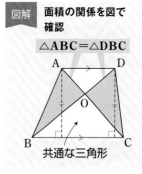

図解　**面積の関係を図で確認**

△ABC＝△DBC

共通な三角形

練習
解答▶別冊p.21

29　右の図のように，四角形ABCDの対角線の交点をOとします。

　このとき，△AOB＝△DOCならば，四角形ABCDは台形であることを証明しなさい。

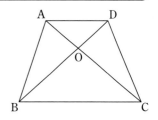

右の図で，四角形ABCDは平行四辺形で，PQ∥ACです。

この中で，△APCと面積が等しい三角形をすべて答えなさい。

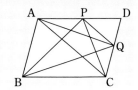

解き方

共通な辺に着目 ▶　　△APCと△APBは，底辺APを共有し，

平行な辺に着目 ▶ **AD∥BC**だから，高さが等しい。
　　　　　　　　└─平行四辺形の対辺は平行

面積は等しい ▶　　　したがって，△APC＝△APB

　　　　　　　　同様に，△APCと△AQCは，

共通な辺に着目 ▶ 底辺ACを共有し，**AC∥PQ**だから，
　　　　　　　　　　　　└─仮定

面積は等しい ▶　　　△APC＝△AQC

　　　　　　　　また，△AQCと△BQCは，

共通な辺に着目 ▶ 底辺QCを共有し，**AB∥DC**だから，
　　　　　　　　　　　　　└─平行四辺形の対辺は平行

面積は等しい ▶　　　△AQC＝△BQC

答 **△APB，△AQC，△BQC**

図解 共通な辺と平行な辺を，図で確認

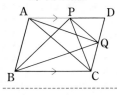

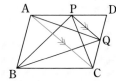

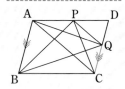

Point 底辺に平行な直線上に頂点をもつ三角形をさがす。

練 習　　　　　　　　　　　　　　　　　　　　解答 別冊p.21

30　　右の図で，四角形ABCDは平行四辺形です。頂点Dを通る直線が辺ABの延長と交わる点をM，辺BCと交わる点をNとするとき，次の問いに答えなさい。

(1)　△ABN＝△DBNであることを証明しなさい。

(2)　△ABNと面積が等しい三角形で，△DBN以外のものを答えなさい。

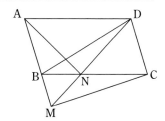

例題 31 面積を2等分する問題 Level ★★★

右の図の△ABCで，辺BC上に点Pをとり，点Pを通る直線PQによって，この三角形の面積を2等分します。

直線PQをどのようにひけばよいですか。簡単に説明しなさい。ただし，点Qは△ABCの辺上にあるものとします。

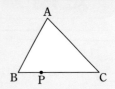

解き方

補助線をひく ▶ 辺BCの中点をMとし，点AとMを結ぶと，

△ABCの面積はAMで2等分される ▶
$$△ABM = \frac{1}{2}△ABC$$

したがって，直線PQが△ABCの面積を2等分するとき，四角形ABPQ＝△ABMとなる。

ここで，△ABPは共通だから，残りの部分の面積は等しく，△APQ＝△APM

△APQと△APMは底辺APが共通なので，

平行線と面積の関係を使う ▶ △APQ＝△APMとなるためには，AP∥QMとなるように，辺AC上に点Qをとればよい。

〔説明〕 次の手順でひけばよい。

①点AとPを結ぶ。

②BCの中点をMとし，点AとMを結ぶ。

③MからPAに平行な直線をひき，辺ACとの交点をQとする。

④点PとQを結ぶ。

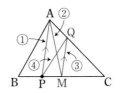

図解 △APQと△APMの面積の関係

共通

ACの中点をMとするやり方でも，同じように点Qのとり方が見つかるよ。

練習

解答▶別冊p.21

31 右の図のように，四角形ABCDで，辺BAをAの方向に延長した線上に点Pをとり，△PBCの面積が，四角形ABCDの面積と等しくなるようにしたい。

このとき，点Pの位置の決め方を説明しなさい。

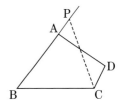

定期テスト予想問題 ①

時間 40分
解答 別冊 p.21

得点
　　　/100

1／二等辺三角形

1 下の図で，同じ印をつけた辺は等しいとして，∠x の大きさを求めなさい。　　【6点×2】

(1)　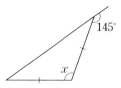

(2)

3／平行四辺形

2 右の図の四角形 ABCD は平行四辺形です。AD＝DE であるとき，∠x，
∠y の大きさを求めなさい。　　【7点×2】

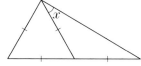

〔∠x＝　　　　　　　〕

〔∠y＝　　　　　　　〕

3／平行四辺形

3 平行四辺形 ABCD の辺 AD の中点を M とし，直線 BM と辺 CD の
延長との交点を E とします。このとき，四角形 ABDE は平行四辺形
であることを，次のように証明しました。

　□にあてはまるものを書きなさい。　　【3点×5】

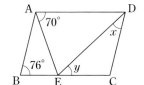

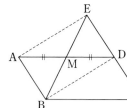

〔証明〕　△ABM と△DEM において，

　　　　仮定より，AM＝DM　……①

　　　　対頂角は等しいから，∠AMB＝ ㋐ 　……②

　　　　AB∥EC より，錯角が等しいから，㋑ ＝∠EDM　……③

　　　　①，②，③より，㋒ がそれぞれ等しいので，

　　　　　△ABM≡△DEM

　　　　合同な図形の対応する辺だから，BM＝ ㋓ 　……④

　　　　したがって，①，④より，㋔ ので，

　　　四角形 ABDE は平行四辺形である。

4／特別な平行四辺形

4 四角形 ABCD が次の四角形であるためには，対角線 AC，BD について，どのようなことがいえればよいですか。　【7点×3】

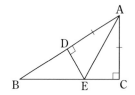

(1) 長方形

〔　　　　　　　　　　　　　〕

(2) ひし形

〔　　　　　　　　　　　　　〕

(3) 正方形

〔　　　　　　　　　　　　　〕

5章／図形の性質

2／直角三角形

5 右の図のように，直角三角形 ABC の斜辺 AB 上に，AC＝AD である点 D をとり，D を通る辺 AB の垂線をひき，辺 BC との交点を E とし，点 A と E を結びます。

このとき，直線 AE は∠BAC の二等分線となることを証明しなさい。

【15点】

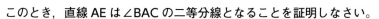

5／平行線と面積

6 右の図の四角形 ABCD は平行四辺形で，EF∥BD です。次の問いに答えなさい。　(1)8点，(2)15点【23点】

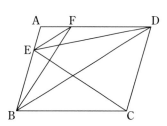

(1) △ABF と面積の等しい三角形はどれですか。

〔　　　　　　　　〕

(2) △EBC の面積と△FBD の面積が等しいことを証明しなさい。

227

定期テスト予想問題 ②

得点 ／100

1 ／二等辺三角形

右の図で, △ABC は AB＝AC の二等辺三角形で, 点 D, E, F はそれ
ぞれ辺 AB, BC, AC 上の点です。AB∥FE, AC∥DE, ∠DEF＝54°,
DE＝2cm, EF＝5cm のとき, 次の問いに答えなさい。　　　　【7点×2】

(1)　∠ACB の大きさを求めなさい。〔　　　　　〕

(2)　辺 AB の長さを求めなさい。〔　　　　　〕

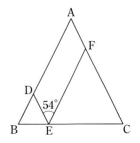

2 ／二等辺三角形

次のことがらの逆を答えなさい。また, それが正しいかどうかも調べて, 正しくないときは**反例**
をあげなさい。　　　　【7点×2】

(1)　2直線が平行ならば, 同位角は等しい。

(2)　6の倍数は3の倍数である。

3 ／平行四辺形

次の**ア〜エ**の四角形 ABCD で, いつでも平行四辺形になるものをすべて選びなさい。　　【7点】

ア　AB＝5cm, BC＝8cm, CD＝8cm, DA＝5cm

イ　∠A＝100°, ∠B＝80°, AD＝7cm, BC＝7cm

ウ　AB∥DC, AB＝4cm, BC＝4cm

エ　∠A＝130°, ∠B＝50°, ∠C＝130°, ∠D＝50°　　　　〔　　　　　〕

4 ／特別な平行四辺形

右の図で, AE, BG, CG, DE は, それぞれ▱ABCD の 4 つの内角の二等
分線です。このとき, 四角形 EFGH はどんな四角形ですか。　　【8点】

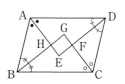

〔　　　　　〕

1／二等辺三角形

5 右の図のような頂角∠A の大きさが36°の二等辺三角形 ABC があります。
∠C の二等分線と辺 AB との交点を D とするとき，BC=CD=AD となること
を証明しなさい。　　　　　　　　　　　　　　　　　　　【15点】

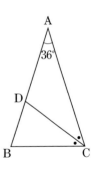

2／直角三角形

6 右の図で，線分 AB は円 O の弦です。中心 O から弦 AB にひいた垂線を
OH とするとき，AH=BH となることを証明しなさい。　　　【15点】

5／平行線と面積

7 右の図で，辺 BC の延長上に点 P をとり，四角形 ABCD
と面積の等しい△ABP を作図しなさい。　　　　　【12点】

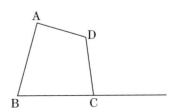

思考 3／平行四辺形

8 右の図は，折りたたみの椅子を真横からみたものです。椅子の脚は，
点 O で固定されていて，AB=CD であり，点 O は AB，CD の中点になっ
ています。座る板と床が平行になることを証明しなさい。　　【15点】

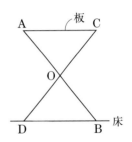

生活
Column

図形の性質の利用

車のフロントガラスには，ガラスについた雨や汚れをふき取るためのワイパーがついている。バスのワイパーのしくみを図で表すと，下のようになる。このとき，ワイパーを支える部分は，AB＝DC，AD＝BC で，つねに平行四辺形になるようになっている。私たちの身のまわりには，図形の性質を利用したさまざまなものが存在している。

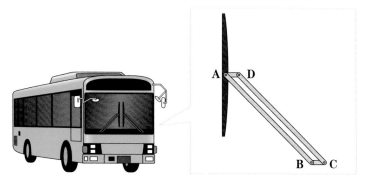

① 乗り物の動き方のしくみ

　ある遊園地に，右のような乗り物がある。この乗り物は，乗り物の床が2本のアームで支えられ，このアームが回転することによって，乗り物の床が動くしくみになっている。

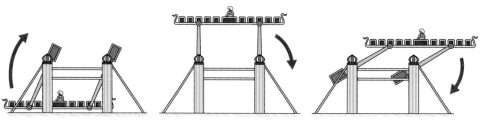

乗り物の床は，地面とどのような位置関係にあるのだろうか。

② 乗り物の床と地面の位置関係を調べる

　乗り物の動きを正面から見て，図に表すと，右のように
なる。

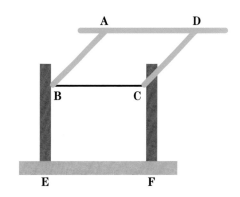

　四角形ABCDで，乗り物の床にあたる辺ADは，
　　AB＝DC，AD＝BC
を保ちながら動いている。
　ここで，BC∥EFであるとするなら，乗り物の床と地面
はいつも平行になっているのではないだろうか。このこと
は，次のように証明できる。

上の図で，AD∥EF
を証明すればいいん
だね。

〔証明〕
　仮定より，AB＝DC，AD＝BCだから，
2組の対辺がそれぞれ等しいので，
四角形ABCDは平行四辺形である。
　　これより，AD∥BC　……①
　　仮定より，BC∥EF　……②
　　①，②より，AD∥EF

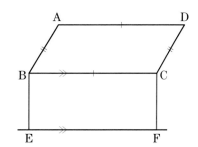

　乗り物の床の位置が右の図のようになるときも，
AD∥EFになるといえる。
　その理由を考えてみよう。

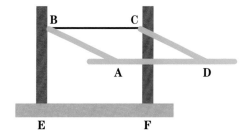

中学生のための
勉強・学校生活アドバイス

まずは一回テストでいい点を取る！

「いま，こうやって先輩と勉強させてもらってますけど，成績を上げるコツって何かあるんでしょうか？」

「コツっていっていいのかわからないけど，いちばんは"テストでいい点を取る"ってことだと思うよ。」

「それができないから言ってるんですよ！ふざけてるんですか？」

「いやいや，ふざけてないよ。**一度いい点を取るとさ，結果が出るのが楽しくなるからまた勉強する**んだって。成功体験が大事だっていう話。」

「成功体験の一回目を経験すれば，私たちもどんどん成績が良くなるはずってことですか。」

「そうそう。成績が上がったら『また次もこのうれしい気持ちを味わいたい』って思うはず。そうすれば勉強をするのも苦しくなくなるよ。」

「そういうもんですか？　まだ半信半疑ですけど。」

「**全教科でいい点を取るのが難しければ，教科を絞って一教科だけで頑張ってみよう。**

"やればできるんだ"っていう自信がつけば，勉強が楽しくなるから。」

「たしかにいい点が取れる教科は勉強が楽しいかも。そう思える教科を増やしていけばいいんですね。」

「そういうこと。そういう教科を増やすためには，人よりもたくさん勉強しないといけないけどね。」

「結局，勉強がすぐにできるようになるような裏ワザはないってことですね。」

6章

章

確率

1　確率の求め方

確率の求め方　　［例題 1 〜 例題 13］

●**同様に確からしい**……起こる場合の1つ1つについて，その**どれが起こることも同じ程度に期待できるとき**，どの結果が起こることも**同様に確からしい**といいます。

※この本で扱うカードや玉，硬貨，くじのひき方，出方，取り出し方などは，どれも「同様に確からしい」とします。

■ 確率の求め方	起こりうるすべての場合がn通りあり，そのどれが起こることも同様に確からしいとする。そのうち，ことがらAが起こる場合がa通りあるとき，

ことがらAの起こる確率p ➡ $p = \dfrac{a}{n}$

例　□, ②, ③, ④, ⑤の5枚の数字カードから，1枚をひくとき，ひいたカードが②である確率は？

　　起こりうるすべての場合の数は，□, ②, ③, ④, ⑤の**5通り** ←n

　　②のカードをひく場合の数は，**1通り** ←a

　　したがって，②のカードをひく確率は，$\dfrac{1}{5}$

確率の性質　　［例題 3 ・ 例題 7］

●**確率の範囲**……あることがらの起こる確率をpとすると，pの値の範囲は，$0 \leqq p \leqq 1$

■ 必ず起こる確率とけっして起こらない確率	必ず起こることがらの確率は1，けっして起こらないことがらの確率は0である。

例　□, ②, ③, ④, ⑤の5枚の数字カードから，1枚をひくとき，

●ひいたカードに書かれた数字が5以下である確率は，**1**　└どのカードもあてはまる

●ひいたカードが⑥である確率は，**0**
　　　　　└⑥のカードはない

■ 起こらない確率	Aの起こる確率をpとすると，**Aの起こらない確率＝$1-p$**

例　□, ②, ③, ④, ⑤の5枚の数字カードから，1枚をひくとき，

ひいたカードが②でない確率は，$1 - \dfrac{1}{5} = \dfrac{4}{5}$
　　　　　└②のカードをひく確率

例題 1 確率の求め方の基本　　Level ★☆☆

　ジョーカーを除く52枚のトランプから1枚ひくとき，次の確率を求めなさい。

(1)　そのカードがハートである確率

(2)　そのカードがキングである確率

解き方

すべての場合の数を求める ▶ 　トランプは全部で52枚あるので，この中から1枚ひくとき，ひき方は52通りある。そして，どのひき方も同様に確からしい。

ハートの出る場合の数を求める ▶ (1)　ハートは13枚あるから，そのひき方は13通り
したがって，ハートをひく確率は，

確率を求める ▶ 　　$\dfrac{13}{52} = \dfrac{1}{4}$ …答

キングの出る場合の数を求める ▶ (2)　キングは4枚あるから，そのひき方は4通り
したがって，キングをひく確率は，

確率を求める ▶ 　　$\dfrac{4}{52} = \dfrac{1}{13}$ …答

> **テストで注意** ハートのカードは1種類だから，1通りなどとしない！
>
> 　場合の数を求めるためには，まず，条件をきちんと整理することが大切。
>
> 　ハートのカードは，1〜10，ジャック，クイーン，キングの計13枚あるから，ハートのカードをひくひき方は，全部で13通りある。

> あることがらの起こり方が全部でn通りあるとき，nをそのことがらの起こる場合の数というね。

> **Point** 確率＝$\dfrac{\text{あることがらの起こる場合の数}}{\text{すべての場合の数}}$

練習

解答 別冊p.24

1　1，2，……，10の数字を1つずつ記入した10枚のカードがあります。このカードをよくきって1枚ひくとき，次の確率を求めなさい。

(1)　カードに書かれた数が2である確率

(2)　カードに書かれた数が3の倍数である確率

(3)　カードに書かれた数が4の倍数である確率

(4)　カードに書かれた数が4の約数である確率

　2枚の硬貨を同時に投げるとき，次の㋐〜㋒のうち，最も起こりやすいことがらはどれですか。記号で答えなさい。

㋐　2枚とも表　　　　　㋑　2枚とも裏

㋒　1枚が表で，1枚が裏

解き方

2枚の硬貨を区別 ▶ 　2枚の硬貨を**A**，**B**と区別し，表を○，裏を×として，すべての場合を図に表すと，次のようになる。

すべての場合を
図に表す ▶

```
     A   B
         ○ ──→ 〔表，表〕
     ○
         × ──→ 〔表，裏〕

         ○ ──→ 〔裏，表〕
     ×
         × ──→ 〔裏，裏〕
```

すべての場合の
数を求める ▶ 　したがって，起こりうるすべての場合の数は，4通りあり，それらは同様に確からしい。

　㋐　2枚とも表の場合は1通りあるから，
　　　　　　　　　　　　　　　└〔表，表〕

確率を求める ▶ 　　確率は，$\dfrac{1}{4}$

　㋑　2枚とも裏の場合は1通りあるから，
　　　　　　　　　　　　　　　└〔裏，裏〕

　　　確率は，$\dfrac{1}{4}$

　㋒　1枚が表で，1枚が裏の場合は2通りあるから，

　　　確率は，$\dfrac{2}{4}=\dfrac{1}{2}$ 〔表，裏〕，〔裏，表〕┘

答 ㋒

▶ **Point**　樹形図を使って，起こりうるすべての場合を調べる。

くわしく ▶ **硬貨に名前をつける**

　同じものがいくつかあるとき，たとえば，2枚の硬貨，2個のさいころなどを区別するために，Aの硬貨，Bの硬貨とか，Aのさいころ，Bのさいころのように，名前をつけるとよい。

くわしく ▶ **樹形図**（じゅけいず）

　このように，枝分かれしていく図を**樹形図**といい，起こりうるすべての場合を，順序よく整理するのに便利である。

テストで注意 **すべての場合の数は3通りではない!**

　2枚の硬貨は区別されているから，〔表，裏〕と〔裏，表〕はちがう場合と考える。

練　習　　　　　　　　　　　　　　　　　**解答** ▶ 別冊 p.24

2　袋（ふくろ）の中に，赤玉2個，白玉2個がはいっています。この袋から玉を同時に2個取り出したとき，次の㋐〜㋒のうち，最も起こりやすいことがらはどれですか。記号で答えなさい。

㋐　2個とも赤玉　　　　㋑　2個とも白玉　　　　㋒　赤玉と白玉が1個ずつ

1個のさいころを投げるとき，次の確率を求めなさい。

(1)　5の目が出る確率　　　　(2)　偶数の目が出る確率

(3)　6以下の目が出る確率　　(4)　7以上の目が出る確率

解き方

まず，すべての場合の数を確認 ▶ 目の出方は，右の図のように全部で6通りあり，どの目が出ることも同様に確からしい。

5の目が出る場合の数を確認 ▶ (1)　5の目が出る場合は，1通りであるから，求める

確率を求める ▶ 　確率は，$\dfrac{1}{6}$　…答

偶数の目が出る場合の数を確認 ▶ (2)　偶数の目が出る場合は，2，4，6の3通りである

確率を求める ▶ 　から，求める確率は，$\dfrac{3}{6}=\dfrac{1}{2}$　…答

6以下の目が出る場合の数を考える ▶ (3)　6以下の目が出る場合，その目は1，2，3，4，5，6のすべてがあてはまるから，6以下の目が出る場合は6通り

したがって，求める確率は，

確率を求める ▶ 　　$\dfrac{6}{6}=1$　…答

7以上の目が出る場合の数を考える ▶ (4)　7以上の目が出る場合はないから，7以上の目が出る場合は0通り

したがって，求める確率は，

確率を求める ▶ 　　$\dfrac{0}{6}=0$　…答

> **Point** 必ず起こることがらの確率は1
> けっして起こらないことがらの確率は0

2でわり切れる数が偶数，2でわり切れない数が奇数だね。

くわしく　確率の性質

次のことがいえる。

必ず起こることがらの確率は1であり，けっして起こらないことがらの確率は0である。

したがって，(3)は必ず起こることがら，(4)はけっして起こらないことがらといえる。

また，確率の性質として，次の関係が成り立つ。

確率pの値の範囲は，
$$0 \leqq p \leqq 1$$

6章／確率

1／確率の求め方

練習　　　　　　　　　　　　　　　　解答▶別冊p.24

3 1個のさいころを投げるとき，次の確率を求めなさい。

(1)　5以上の目が出る確率　　　　(2)　3の倍数が出る確率

(3)　6の約数が出る確率　　　　　(4)　0の目が出る確率

　　袋の中に，赤玉が3個，青玉が2個はいっています。この中から，同時に2個の玉を取り出すとき，次の確率を求めなさい。

(1)　2個とも赤玉になる確率　　　　　　　(2)　1個が赤玉で，1個が青玉になる確率

解き方

玉に番号をつける ▶　　赤玉を❶，❷，❸，青玉を4，5とすると，すべての場合は，

すべての場合を調べる ▶

〔❶，❷〕，〔❶，❸〕，〔❶，4〕，〔❶，5〕
　　　　　　〔❷，❸〕，〔❷，4〕，〔❷，5〕
　　　　　　　　　　〔❸，4〕，〔❸，5〕
　　　　　　　　　　　　　　〔4，5〕

すべての場合の数を求める ▶　の10通りあり，これらは同様に確からしい。

(1)　2個とも赤玉になる場合は，

〔❶，❷〕，〔❶，❸〕，〔❷，❸〕

〔赤，赤〕になる場合の数を求める ▶　の3通りある。

確率を求める ▶　したがって，求める確率は，$\dfrac{3}{10}$　…答

(2)　1個が赤玉で，1個が青玉になる場合は，

〔❶，4〕，〔❶，5〕，〔❷，4〕，〔❷，5〕
〔❸，4〕，〔❸，5〕

〔赤，青〕になる場合の数を求める ▶　の6通りある。

確率を求める ▶　したがって，求める確率は，$\dfrac{6}{10}=\dfrac{3}{5}$　…答

Point 同じものがいくつかあるとき，区別して場合分けする。

テストで注意 〔**1**，**2**〕と〔**2**，**1**〕は同じ！

　玉を同時に取り出すから，❶と❷を選ぶことと，❷と❶を選ぶことは同じである。このことを〔❶，❷〕と表している。

　〔❷，❶〕などと，重複して数えないように注意する。

図解 **樹形図に表すと**

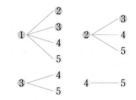

練習　　　　　　　　　　　　　　　　　　　　　　　解答 ▶ 別冊p.24

4　　袋の中に，赤玉が2個，青玉が2個，黄玉が1個はいっています。この中から，同時に2個の玉を取り出すとき，次の確率を求めなさい。

(1)　1個が赤玉で，1個が黄玉になる確率

(2)　1個が赤玉で，1個が青玉になる確率

例題 5 数字カードをひく確率　Level ★★☆

4枚のカード①，②，③，④があります。このカードの中から，はじめにひいたカードを十の位，次にひいたカードを一の位として，2けたの整数をつくるとき，次の確率を求めなさい。ただし，ひいたカードは，もとにもどさないものとします。

(1)　できた整数が3の倍数になる確率　　　　(2)　できた整数が偶数になる確率

解き方

すべての場合を樹形図にかいて調べると，次のようになる。

すべての場合を樹形図に表す ▶

すべての場合の数を求める ▶　したがって，すべての場合の数は12通りあり，これらは同様に確からしい。

(1)　できた整数が3の倍数になる場合は，12，21，24，

3の倍数になる場合の数を求める ▶　42の4通りある。

確率を求める ▶　したがって，求める確率は，$\dfrac{4}{12}=\dfrac{1}{3}$　…答

(2)　できた整数が偶数になる場合は，12，14，24，32，

偶数になる場合の数を求める ▶　34，42の6通りある。

確率を求める ▶　したがって，求める確率は，$\dfrac{6}{12}=\dfrac{1}{2}$　…答

くわしく　計算による求め方

十の位にくるカードは，①，②，③，④の4通りある。そのおのおのについて，一の位にくるカードは，十の位に使ったカードの残りの3通りずつあるから，すべての場合の数は，

$$4\times3=12（通り）$$

テストで注意　「①②」と「②①」は違う!

この問題では，「①②」と「②①」は違う整数なので，まとめて数えてはならない。

樹形図に表してみると，理解しやすくなるよ。

練習　　　　　　　　　　　　　　　　　　　解答▶別冊p.24

5　次の問いに答えなさい。

(1)　3枚のカード①，②，③があります。この3枚のカードをよくきって1枚ずつ取り出し，取り出した順に左から右に並べて3けたの整数をつくります。このとき，できた整数が偶数になる確率を求めなさい。

(2)　4枚のカード①，②，③，④があります。この4枚のカードをよくきって，同時に2枚取り出すとき，書かれている数の積が3以下になる確率を求めなさい。

2つのさいころを同時に投げるとき，次の確率を求めなさい。

(1)　出る目の数の和が6になる確率

(2)　出る目の数の和が10以上になる確率

解 き 方

さいころを区別 ▶　　2つのさいころをA，Bとし，起こりうるすべての
場合を表に表すと，次のようになる。

すべての場合を
表に表す ▶

A＼B	1	2	3	4	5	6
1	(1, 1)	(1, 2)	(1, 3)	(1, 4)	(1, 5)	(1, 6)
2	(2, 1)	(2, 2)	(2, 3)	(2, 4)	(2, 5)	(2, 6)
3	(3, 1)	(3, 2)	(3, 3)	(3, 4)	(3, 5)	(3, 6)
4	(4, 1)	(4, 2)	(4, 3)	(4, 4)	(4, 5)	(4, 6)
5	(5, 1)	(5, 2)	(5, 3)	(5, 4)	(5, 5)	(5, 6)
6	(6, 1)	(6, 2)	(6, 3)	(6, 4)	(6, 5)	(6, 6)

✔確認　**目の出方の表し方**

　たとえば，Aの目が2，Bの目が6
の場合を，(2, 6)と表す。

すべての場合の
数を求める ▶　　したがって，目の出方は全部で36通りあり，それ
らは同様に確からしい。

(1)　目の数の和が6になる場合は，(1, 5)，(2, 4)，

和が6になる場
合の数を求める ▶　　(3, 3)，(4, 2)，(5, 1)の5通りある。

確率を求める ▶　　したがって，求める確率は，$\dfrac{5}{36}$　…答

(2)　目の数の和が10以上になる場合は，(4, 6)，

(5, 5)，(5, 6)，(6, 4)，(6, 5)，(6, 6)

和が10以上の場
合の数を求める ▶　　の6通りある。

確率を求める ▶　　したがって，求める確率は，$\dfrac{6}{36}=\dfrac{1}{6}$　…答

くわしく　**計算による求め方**

　Aの目の出方は6通りあり，その
おのおのについて，Bの目の出方も
6通りあるので，目の出方は，全部
で，

　　6×6＝36(通り)

　このように，ことがらAが起こ
ることがm通りあり，そのおのお
のについて，ことがらBの起こるこ
とがn通りあるとき，ことがらAが
起こり，その次にことがらBが起こ
る場合の数は，

　　(m×n)通り

▶ **Point**　表を使って，起こりうるすべての場合を
調べる。

練 習　　　　　　　　　　　　　　　　　　解答▶ 別冊p.24

6　　大小2つのさいころを同時に投げるとき，次の確率を求めなさい。

(1)　両方とも奇数の目が出る確率

(2)　大のさいころの出る目の数が，小のさいころの出る目の数より2大きくなる確率

例題 7 3枚の硬貨と確率 Level ★★☆

3枚の硬貨を同時に投げるとき，次の確率を求めなさい。

(1) 2枚が表で，1枚が裏になる確率

(2) 少なくとも1枚は裏になる確率

解き方

3枚の硬貨をA，B，Cとし，表を○，裏を×として，すべての場合を樹形図に表すと，

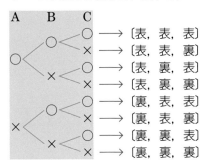

すべての場合を樹形図に表す ▶

すべての場合の数 ▶ したがって，すべての場合の数は8通り。

表2枚，裏1枚になる場合の数 ▶ (1) 2枚が表で，1枚が裏になる場合は，3通りだか
〔表，表，裏〕，〔表，裏，表〕，〔裏，表，表〕

確率を求める ▶ ら，求める確率は，$\dfrac{3}{8}$ …答

(2) 「少なくとも1枚は裏になる」とは，「3枚とも表になる」ことが起こらないことと同じである。

3枚とも表になる場合の数 ▶ 「3枚とも表」になる場合は，1通りだから，
〔表，表，表〕

3枚とも表になる確率 ▶ 「3枚とも表」になる確率は，$\dfrac{1}{8}$

したがって，「3枚とも表」にならない確率，すなわち，少なくとも1枚は裏になる確率は，

少なくとも1枚は裏になる確率 ▶ $1-\dfrac{1}{8}=\dfrac{7}{8}$ …答

くわしく 計算による求め方

Aの出方が2通りあり，そのおのおのについて，Bの出方が2通り，そのおのおのについて，Cの出方が2通りあるので，すべての場合の数は，

$2×2×2=8$（通り）

くわしく 「少なくとも」の意味に注意!

「少なくとも1枚は裏」になるとは，「3枚とも表」にならないということである。

3枚とも表になる場合は，樹形図から1通りある。

⑵は，
$1-$（3枚とも表になる確率）
を求めるよ。

練習 | 解答▶ 別冊p.24

7 1個のコインを3回投げるとき，次の確率を求めなさい。

(1) 少なくとも2回は裏が出る確率　　(2) 「3回とも裏」にならない確率

A，B，Cの3人がじゃんけんを1回するとき，次の確率を求め
なさい。ただし，3人がグー，チョキ，パーを出すことは，同様
に確からしいとします。

(1) あいこになる確率　　　　(2) Aだけが勝つ確率

解き方

じゃんけんの出し方は，グー，チョキ，パーの3通
りあるので，起こりうるすべての場合の数は，

すべての場合の数を求める ▶ $3×3×3＝27$(通り)

これらは同様に確からしい。

(1) あいこになるのは，

場合分けして考える ▶ 出し方が3人とも同じ場合……3通り
出し方が3人ともちがう場合…6通り

したがって，あいこになる場合は，

あいこになる場合の数を求める ▶ $3＋6＝9$(通り)

確率を求める ▶ よって，求める確率は，$\dfrac{9}{27}＝\dfrac{1}{3}$ …答

(2) Aだけが勝つ場合を表すと，

```
A   B   C
```

Aだけ勝つ場合を表す ▶ 〔 グ， チ， チ 〕
〔 チ， パ， パ 〕
〔 パ， グ， グ 〕

Aだけ勝つ場合の数を求める ▶ より，Aだけが勝つ場合は，3通り

確率を求める ▶ したがって，求める確率は，$\dfrac{3}{27}＝\dfrac{1}{9}$ …答

図解 すべての場合の数を
樹形図に表すと

グー，チョキ，パーを，それ
ぞれグ，チ，パとすると，

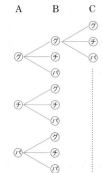

図解 出し方が3人ともちがう
場合を樹形図に表すと

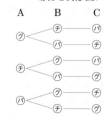

練 習 | 解答 別冊p.24

8 (1) 例題8で，Cだけが負ける確率を求めなさい。

(2) 例題8で，少なくとも1人が勝つ確率を求めなさい。

例題 ❾ くじをひく確率　　　　Level ★★★

5本のうち2本の当たりくじがはいっているくじがあります。このくじを，まずAが1本ひき，続いてBが1本ひくとき，次の確率を求めなさい。

(1)　AもBも当たる確率

(2)　少なくともA，Bどちらかが当たる確率

解き方

くじを区別 ▶　当たりくじを①，②，はずれくじを3, 4, 5として，起こりうるすべての場合を樹形図に表すと，

```
A   B        A   B        A   B
      ②            ①            ①
      3            3            ②
①     4        ②    4        3     4
      5            5            5

A   B        A   B
      ①            ①
      ②            ②
4     3        5     3
      5            4
```

それぞれのくじに番号をつけて，当たりとはずれのちがいを区別しよう。

すべての場合を樹形図に表す ▶

すべての場合の数 ▶　したがって，すべての場合の数は，**20通り**

AもBも当たる場合の数 ▶ (1)　AもBも当たる場合は，**2通り**
　　　　　　　　　　　└ ①—②，②—①

確率を求める ▶　したがって，求める確率は，$\dfrac{2}{20} = \dfrac{1}{10}$ …答

(2)　少なくともA，Bどちらかが当たる場合は，

少なくともどちらかが当たる場合の数 ▶　**14通り**

確率を求める ▶　したがって，求める確率は，$\dfrac{14}{20} = \dfrac{7}{10}$ …答

確認 「少なくとも当たる」＝「はずれない」

「少なくともA，Bどちらかが当たる」とは，「AもBもはずれ」ではないということである。

AもBもはずれる場合は，樹形図から6通りあるので，求める場合の数は，

20－6＝14(通り)

練習　　　　　　　　　　　　　　　　　　解答▶ 別冊p.24

❾　6本のうち2本の当たりくじがはいっているくじを，A，Bがこの順にひくとき，Bが当たる確率を求めなさい。

　A，B，Cの3人の男子と，D，E，F，Gの4人の女子がいます。男子の中から1人，女子の中から1人をそれぞれくじびきで選んで，テニスのダブルスのペアをつくります。次の問いに答えなさい。

(1)　できるペアは全部で何通りですか。

(2)　AとGがペアになる確率を求めなさい。

解き方

くわしく　「7人から2人を選ぶ」場合の数とはちがう

(1)　男子の中から1人，女子の中から1人を選ぶ組み合わせをすべてあげると，

すべての場合の数を調べる ▶

〔A，D〕，〔A，E〕，〔A，F〕，〔A，G〕

〔B，D〕，〔B，E〕，〔B，F〕，〔B，G〕

〔C，D〕，〔C，E〕，〔C，F〕，〔C，G〕

できるペアは全部で**12通り** …… 答

たとえば，A，B，C，D，E，F，Gの7人から2人を選ぶときにできるペアは，

〔A，B〕，〔A，C〕，〔A，D〕，〔A，E〕，〔A，F〕，〔A，G〕

〔B，C〕，〔B，D〕，〔B，E〕，〔B，F〕，〔B，G〕

〔C，D〕，〔C，E〕，〔C，F〕，〔C，G〕

〔D，E〕，〔D，F〕，〔D，G〕

〔E，F〕，〔E，G〕

〔F，G〕

の21通りになる。

(2)　できるペアは全部で12通りあり，どの場合が起こることも同様に確からしい。

AとGがペアになる場合の数を調べる ▶

　このうち，AとGがペアになるのは1通り

└〔A，G〕

だから，

AとGがペアになる確率は，$\dfrac{1}{12}$ …… 答

> **Point** 問題文の条件を整理して，場合の数を調べる。

練習

解答 別冊p.24

10　A，B，C，Dの4人の女子と，E，F，G，Hの4人の男子がいます。女子の中から1人，男子の中から1人の委員をそれぞれくじびきで選びます。次の問いに答えなさい。

(1)　DとEが選ばれる確率を求めなさい。

(2)　選ばれる委員の中にAがいる確率を求めなさい。

数直線上の原点Oを出発点として，2点P，Qを次のように進めます。

「さいころを投げて，1～4の目のときは，Pを正の向きに1cm進め，

5か6の目のときは，Qを負の向きに2cm進める。」

いま，さいころを2回投げるとき，PとQの距離が3cmになる

確率を求めなさい。ただし，数直線の1目もりは1cmとします。

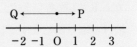

解 き 方

PとQの動き方に注目 ▶

PQ＝3cmとなる動き方は，

　1回目にPが動き，2回目にQが動く場合

　1回目にQが動き，2回目にPが動く場合

の2つの場合がある。それぞれの場合のさいころの目

の出方を樹形図にかくと，次のようになる。

> 樹形図をかく前に，どんなときに条件を満たすのかを考えよう。

PQ＝3cmとなる場合を樹形図に表す ▶

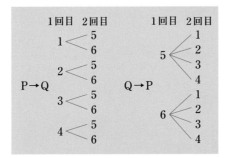

PQ＝3cmとなる場合の数 ▶ したがって，PQ＝3cmとなる場合は，16通り

すべての場合の数 ▶ ここで，起こりうるすべての場合は，36通りだか

確率を求める ▶ ら，求める確率は，$\dfrac{16}{36}=\dfrac{4}{9}$ …答

参考 和の法則

　同時には起こりえないことがらA，Bの場合の数をそれぞれm，nとすると，どちらかが起こる場合の数は，

　　($m+n$)通り

である。これを**和の法則**という。

　左のP→Q，Q→Pは同時には起こりえないから，場合の数は，

　　8＋8＝16(通り)

┌ **Point** 「2点の動き方 ➡ 目の出方」の順に考える。 ┐

練 習   解答 ▶ 別冊p.24

11 例題**11**について，次の問いに答えなさい。

(1) さいころを2回投げて，PとQの距離が5cmになる確率を求めなさい。

(2) さいころを2回投げて，PとQの距離が3cm以下になる確率を求めなさい。

　図のように，数字1，3を書いたカードが2枚ずつ，数字5を書いた
カードが1枚あります。この5枚のカードをよくきって，1枚ずつ2回
続けて取り出します。1回目に取り出したカードに書かれている数をa，
2回目に取り出したカードに書かれている数をbとします。このとき，

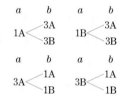

点$(a，b)$が$y=\dfrac{3}{x}$のグラフ上の点である確率を求めなさい。

　ただし，取り出したカードはもとにもどさないものとします。

解き方

すべての場合の
数を求める　▶
　すべての場合の数は，$5\times4=20$（通り）

条件にあてはま
るa，bの値の組
を調べる　▶
　点$(a，b)$は，グラフの式$y=\dfrac{3}{x}$を成り立たせるか
ら，$a=1$のとき$b=3$，$a=3$のとき$b=1$があてはまる。

2枚の①，③の
カードを区別　▶
　ここで，2枚の①のカードを1A，1B，2枚の③の
カードを3A，3Bと区別すると，

　　$a=1$Aのとき$b=3$A，3Bの**2通り**

条件を満たす場
合の数を調べる　▶
　　$a=1$Bのときも**2通り**

　　$a=3$Aのとき$b=1$A，1Bの**2通り**

　　$a=3$Bのときも**2通り**

条件を満たす場
合の数を求める　▶
　だから，条件を満たす場合の数は，$2\times4=8$（通り）

確率を求める　▶
　　したがって，求める確率は，$\dfrac{8}{20}=\dfrac{2}{5}$　……**答**

Point　グラフ上の点 ➡ グラフの式を成り立たせる。

くわしく　すべての場合の数

　1回目に取り出すカードは5通り
あり，そのおのおのについて，2回
目に取り出すカードは4通りある。

図解　**樹形図に表すと**

a　　b　　　a　　b

1A〈3A　　1B〈3A
　　3B　　　　3B

a　　b　　　a　　b

3A〈1A　　3B〈1A
　　1B　　　　1B

練習　　　　　　　　　　　　　　　　解答 別冊p.25

12　　大，小2つのさいころを同時にふり，大きいさいころの出る目の数をa，小さいさいころの出

る目の数をbとします。このとき，関数$y=\dfrac{b}{a}x$のグラフが，関数$y=\dfrac{1}{2}x+1$のグラフと平行に

なる確率を求めなさい。

右の図のような正八角形ABCDEFGHがあります。B, C, D, E, F, G, Hと書かれた7枚のカードの中から2枚を取り出して, それらのカードと同じ文字の頂点と頂点Aの3点をそれぞれ結んで, 三角形をつくります。次の問いに答えなさい。

(1) カードの取り出し方は全部で何通りですか。

(2) できる三角形が二等辺三角形になる確率を求めなさい。

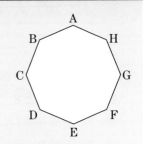

解き方

すべての場合の数を調べる ▶

(1) すべての場合の数は,

[B, C], [B, D], [B, E], [B, F], [B, G]
[B, H],
[C, D], [C, E], [C, F], [C, G], [C, H],
[D, E], [D, F], [D, G], [D, H],
[E, F], [E, G], [E, H],
[F, G], [F, H], [G, H]

全部で**21通り** ……答

頂点Aを含む二等辺三角形を調べる ▶

(2) 取り出した2枚のカードの点と頂点Aの3点を結んで二等辺三角形になるのは,

△ABC, △ABH, △ACE, △ACF, △ACG,
△ADF, △ADG, △AEG, △AGHの**9通り**

確率を求める ▶

求める確率は $\dfrac{9}{21} = \dfrac{3}{7}$ ……答

図解 頂点Aを含む二等辺三角形

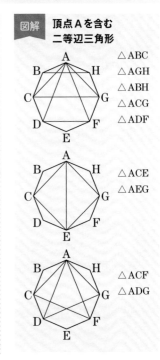

△ABC
△AGH
△ABH
△ACG
△ADF

△ACE
△AEG

△ACF
△ADG

練 習

解答 ▶ 別冊 p.25

13 右の図のように, 正六角形ABCDEFの頂点Aに2点P, Qがあります。大小2つのさいころを投げ, 大のさいころの出た目の数だけ点Pを左回りに頂点を移動し, 小のさいころの出た目の数だけ点Qを右回りに頂点を移動させます。このとき, 次の確率をそれぞれ求めなさい。

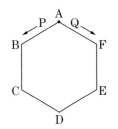

(1) 2点P, Qが同じ頂点にある確率

(2) A, P, Qを頂点とする正三角形ができる確率

定期テスト予想問題

時間 40 分
解答 別冊 p.25

得点
/100

1／確率の求め方

1 　袋の中に，赤玉 5 個，白玉 4 個，黒玉 3 個の計12個の玉がはいっています。この袋の中から玉を 1 個取り出すとき，次の確率を求めなさい。　　　　　　　　　　　　　　　　　【5点×2】

(1)　赤玉を取り出す確率　　　　　　　　　　　　　　　　　　　　　　　　〔　　　　　　〕

(2)　黒玉ではない玉を取り出す確率　　　　　　　　　　　　　　　　　　　〔　　　　　　〕

1／確率の求め方

2 　1 から10までの数字を書いた10枚のカード，①，②，③，④，⑤，⑥，⑦，⑧，⑨，⑩があります。このカードをよくきって 1 枚を取り出すとき，次の確率を求めなさい。　　　　　　　　【5点×3】

(1)　取り出したカードが②または③である確率

〔　　　　　　〕

(2)　取り出したカードに書かれた数字が偶数である確率

〔　　　　　　〕

(3)　取り出したカードに書かれた数字が 4 以下である確率

〔　　　　　　〕

1／確率の求め方

3 　2 つのさいころを同時に投げるとき，次の確率を求めなさい。　　　　　　　　　【6点×3】

(1)　両方とも 4 以上の目が出る確率

〔　　　　　　〕

(2)　目の数の和が 8 になる確率

〔　　　　　　〕

(3)　目の数の積が 6 でない確率

〔　　　　　　〕

1／確率の求め方

4 　8 本のうち，3 本が当たりであるくじがあります。このくじを，A と B がこの順に 1 本ずつひきます。このとき，次の確率を求めなさい。　　　　　　　　　　　　　　　　　　【6点×2】

(1)　2 人とも当たりくじをひく確率　　　　　　　　　　　　　　　　　　　〔　　　　　　〕

(2)　2 人のうち，一方は当たり，他方ははずれる確率　　　　　　　　　　　〔　　　　　　〕

5 1／確率の求め方

1から5までの数字が書いてある5枚のカード $\boxed{1}$, $\boxed{2}$, $\boxed{3}$, $\boxed{4}$, $\boxed{5}$ の中から3枚を選んで横に並べ、3けたの整数をつくります。このとき、次の問いに答えなさい。　　　【6点×3】

(1) 5の倍数は何通りできますか。

〔　　　　　　〕

(2) できた数が5の倍数になる確率を求めなさい。

〔　　　　　　〕

(3) できた数が偶数になる確率を求めなさい。

〔　　　　　　〕

6 1／確率の求め方

A, B, C, D, E, F の6人の中から、くじびきで3人の委員を選ぶとき、次の確率を求めなさい。　　　【6点×2】

(1) A, B の2人とも選ばれる確率

〔　　　　　　〕

(2) A, B いずれか1人が選ばれる確率

〔　　　　　　〕

7 1／確率の求め方

ジョーカーを除いた52枚のトランプをよくきって1枚を取り出し、それをもどしてよくきってから、また1枚を取り出します。このとき、次の確率を求めなさい。　　　【5点×3】

(1) 2回とも、ハートのカードを取り出す確率

〔　　　　　　〕

(2) 2回のうち、1回はハートのカードを取り出し、もう1回はスペードのカードを取り出す確率

〔　　　　　　〕

(3) 取り出したカードが「2回とも絵ふだ」とならない確率
　　※「絵ふだ」とは、J(11)、Q(12)、K(13)を指します。

〔　　　　　　〕

生活
Column

「ガチャ」の出現確率

「ガチャ」とは，インターネット上のゲーム（ソーシャルゲーム）で，特別なアイテムやキャラクターなどを，くじ引きのような抽選によって手に入れるしくみである。この「ガチャ」と確率との関係を考えてみよう。

① レアキャラの出現確率

ゲームによっても異なるが，多くのスマホゲームで，出現がまれな，いわゆるレアキャラ，レアアイテムの出現する確率は1％〜1％未満に設定されている。

ここでレアキャラを「当たり」と言いかえると，出現確率が1％ならば，100回ガチャをひけば，「当たり」はほぼ確実に出るといえるのだろうか。

結論を最初に述べると，ガチャを100回ひいて出現確率が1％の「当たり」が出る確率は約63％でしかない。

言いかえれば，100人の人がそれぞれ100回ひくと，63人は当たるが，残り37人は100回全部「はずれ」ということである。

☆ ☆ 0.5%

☆ ☆ ☆ 0.1%

☆ 1%

100回ひけばいいわけじゃ
ないのか…

② 現実のカプセルトイ（ガチャガチャ）とスマホガチャの違い

ところで，「ガチャ」は元々，玩具店などに置かれている，硬貨を入れてハンドルをひねるとカプセル入りのおもちゃが出てくる販売機（カプセルトイ＝ガチャガチャ）を元にしている。

『出現確率が1％のガチャを100回ひけば，「当たり」は確実に出る』という考えは，このカプセルトイ（ガチャガチャ）にはあてはまる。

ガチャガチャとスマホガチャの違いは，1回ひいて次をひく前に，ひいたものを戻すかどうかにある。

ガチャガチャのシステムを，総数を10個にして，そのうち1個に当たり（○）がはいっているものとして考えてみると，1回目で当たりをひく確率は$\frac{1}{10}$になる。

1回目がはずれ（●）だった場合，2回目に当たりをひく確率は$\frac{1}{9}$となり，1回目よりも上がる。

同様にはずれをひき続けていくと，6回目は$\frac{1}{5}$，9回目は$\frac{1}{2}$と上がり続け，10回目は必ず当たる状態になる。

これに対し，スマホガチャの確率はつねに一定で，ガチャガチャの1回目と同じ状態が10回目まで続くことになる。

では，スマホガチャはガチャガチャと比べて，ひく側が不利かというと，そうとも言い切れない。

たとえば，1回目で当たりをひいたとすると，ガチャガチャは2回目に当たりをひく確率は0だが，スマホガチャは1回目に続き$\frac{1}{10}$となる。ガチャガチャでは10回ひいても当たりは1回しか出ないが，スマホガチャなら10回全部当たりをひく可能性もある。

③ 数式から「約63％」を求める

出現確率1％の「ガチャ」を100回ひいたとき当たりが出る確率を求める式は，

当たりの確率＝1－全部はずれる確率

100回全部がはずれる確率は，はずれる確率（0.99）が100回続く，つまり，0.99の100乗だから，

$(0.99)^{100}=0.36603\cdots$

$1-0.366=0.634$

となり，約63％となる。

では，「出現確率2％」だと，どの位の当たりが出るのだろう。

このとき，はずれる確率が98％になるので，

$1-(0.98)^{100}=0.86738\cdots$

となり，約87％となる。

確率について正しい知識をもっておけば，ゲームで遊ぶときにも正しい判断ができるね。

中学生のための
勉強・学校生活アドバイス

勉強を始めやすい環境を作ろう！

「昨日，勉強しようと思ったら友だちからメッセージがきて，何回もやりとりしていたら勉強ができませんでした。」

「そういうのあるよね。でも最近は，僕は『即レスできないからゴメン』ってみんなに言ってあるよ。勉強中は邪魔されたくないからね。」

「そうやって言えたらいいんですけどね…。」

「もし自分でそう言うのが難しかったら『ウチ，最近親がうるさくて，勉強のときはスマホ取り上げられちゃうんだ』とか言えばいいんだよ。」

「それなら言えるかも。」

「勉強するときはスマホとかゲームとかマンガとかは，目に入らないところ，手の届かないところに移動させよう。机の上を整理整頓して，勉強モードにしようね。」

「オレ，机の上が片付いてないから片付けなきゃ。」

「勉強に関係ないものは片付けよう。筆記具や参考書などは，むしろ出しっぱなしでもいいよ。」

「え，出しっぱなしでいいんですか？」

「性格にもよるんだろうけど，僕は勉強に関する道具は出しっぱなしにしてる。筆記具や参考書を出すっていう，ひと手間が省けるだけで勉強に向かいやすくなるし。」

「あ，その気持ちわかるかも。最初のひと手間がめんどくさいんですよね。」

「ズボラなオレにはピッタリかも。勉強以外の道具は片付けて，勉強に関する道具はたまに片付けるくらいにしようっと。」

見はってて！

7章

データの活用

1 箱ひげ図

四分位数 〔例題 1〕

データを大きさの順に並べ，中央値を境に前半と後半の2つに分けます。このとき，**前半のデータの中央値を第1四分位数，データ全体の中央値を第2四分位数，後半のデータの中央値を第3四分位数**といい，これらをあわせて，**四分位数**といいます。

第1四分位数と第3四分位数との差を**四分位範囲**といい，データの散らばりの程度を表しています。

■ 四分位数の
　　求め方

例 | 60, 80, 90, 10, 50, 30, 70, 40, 70 |（点）

上のデータは，9人の生徒のテスト（100点満点）の結果を並べたものである。このデータの四分位数は，次のようになる。

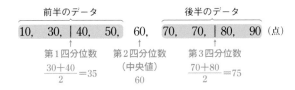

前半のデータ　　　　　　　　後半のデータ
10, 30, | 40, 50, 60, 70, 70, | 80, 90 （点）

第1四分位数　　第2四分位数　　第3四分位数
$\frac{30+40}{2}=35$　　（中央値）　　$\frac{70+80}{2}=75$
　　　　　　　　60

■ 四分位範囲の
　　求め方

（四分位範囲）＝（第3四分位数）－（第1四分位数）

※上の例の場合，75－35＝40（点）

箱ひげ図 〔例題 2〕〜〔例題 5〕

データの**最小値，第1四分位数，第2四分位数（中央値），第3四分位数，最大値**を，箱と線分（ひげ）を用いて1つにまとめたものを**箱ひげ図**といいます。

■ 箱ひげ図

上の例を箱ひげ図に表すと，下の図のようになる。

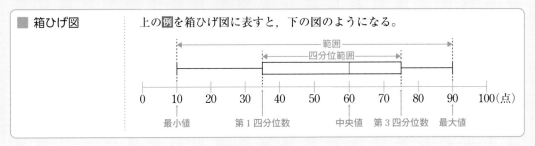

例題 1 四分位数と四分位範囲　　Level ★★★

　右のデータは，1組の生徒10人の通学時間を調べたものです。

次の問いに答えなさい。

18	30	6	13	9
26	8	11	23	15

(分)

(1)　最小値と最大値をそれぞれ求めなさい。

(2)　四分位数を求めなさい。

(3)　四分位範囲を求めなさい。

解き方

　　　　　　データを小さい順に並べると，

$$6,\ 8,\ 9,\ 11,\ 13,\quad 15,\ 18,\ 23,\ 26,\ 30$$

　　　　　　　　前半　　　　　　　　後半

(1)　最小値…6(分)　……答

　　　最大値…30(分)　……答

第2四分位数を求める ▶ (2)　第2四分位数はデータ全体の中央値だから，

$$\frac{13+15}{2}=14(分)　……答$$

第1四分位数を求める ▶ 　　　第1四分位数は前半のデータの中央値だから，

　　　9(分)　……答

第3四分位数を求める ▶ 　　　第3四分位数は後半のデータの中央値だから，

　　　23(分)　……答

四分位範囲を求める ▶ (3)　(四分位範囲)

　　　＝(第3四分位数)－(第1四分位数)だから，

　　　23－9＝14(分)　……答

Point データを小さい順に並べて，全体を
4等分する位置の値が四分位数。

✔確認 データの個数と中央値

　データの値を大きさの順に並べたとき，その中央の値を中央値という。

● データの個数が偶数の場合
→中央に並ぶ2つの値の平均が中央値

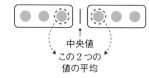

中央値
この2つの値の平均

● データの個数が奇数の場合
→真ん中の値が中央値

中央値

練習　　　　　　　　　　　　　　解答▶別冊p.26

1　右のデータは，2組の生徒9人の通学時間を調べたものです。次の問いに答えなさい。

13	7	29	20	14
23	17	25	9	

(分)

(1)　四分位数を求めなさい。

(2)　四分位範囲を求めなさい。

　右の図は，あるクラスの生徒20人が1か月に読んだ本の冊数を調べて，そのデータを箱ひげ図に表したものです。次の問いに答えなさい。

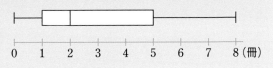

(1)　最小値と最大値をそれぞれ求めなさい。

(2)　四分位数を求めなさい。

(3)　範囲と四分位範囲をそれぞれ求めなさい。

解き方

　箱ひげ図は，四分位数を最小値，最大値とともに，下の図のように表したものである。

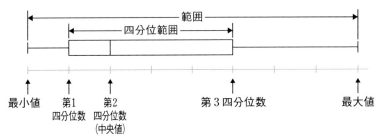

図解　**箱ひげ図の名称**

　箱ひげ図で，長方形の部分を箱，線の部分をひげということもある。

(1)　最小値…0(冊)　……答

　　　最大値…8(冊)　……答

四分位数を読み取る ▶
(2)　第1四分位数…1(冊)　……答

　　　第2四分位数…2(冊)　……答

　　　第3四分位数…5(冊)　……答

範囲を読み取る ▶
(3)　(範囲)＝(最大値)－(最小値)だから，

　　　8－0＝8(冊)　……答

四分位範囲を求める ▶
　　　(四分位範囲)＝(第3四分位数)－(第1四分位数)

　　　だから，5－1＝4(冊)　……答

くわしく ▶ **箱ひげ図と平均値**

　上の図のように，箱ひげ図に平均値の位置を表すこともある。

練習　　　　　　　解答 ▶ 別冊 p.26

2　例題2の箱ひげ図から読み取れることとして，正しいことがらはどれですか。記号で答えなさい。

㋐　最頻値は3冊である。

㋑　読んだ冊数が8冊の人が1人だけいる。

㋒　平均値は2冊である。

㋓　読んだ冊数が2冊以上の人が10人以上いる。

右のデータは，あるクラスの生徒15人の小テスト（10点満点）
の得点です。このデータの箱ひげ図をかきなさい。

3	5	7	3	5
7	2	4	6	8
6	9	8	10	6

（点）

解き方

データを小さい順に並べると，

2, 3, 3, ④, 5, 5, 6,　6,　6, 7, 7, ⑧, 8, 9, 10

前半　　　　　　　　　　　後半

最小値，最大値を求める ▶

最小値は2（点）

最大値は10（点）

第2四分位数（中央値）は6（点）

四分位数を求める ▶

第1四分位数は4（点）

第3四分位数は8（点）

よって，箱ひげ図は下のようになる。

答

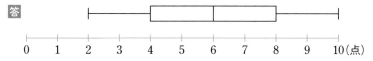

0　1　2　3　4　5　6　7　8　9　10（点）

まずは，データを値の小さい順に並べかえよう！

Point 箱は四分位数である3つの値を表し，
ひげの両端は最小値と最大値を表す。

くわしく **箱ひげ図のかき方の手順**

①横軸にデータのめもりをとる。

②第1四分位数を左端，第3四分位数を右端とする長方形（箱）をかく。

③長方形の中に第2四分位数（中央値）を示す縦線をかく。

④最小値，最大値を表す縦線をかき，長方形の左端から最小値までと，右端から最大値まで，線分（ひげ）をかく。

練習　　　　　　　　　　　　　　　　　　　　　　　　解答 ▶ 別冊p.26

3 下のデータは，あるクラスの生徒14人の小テスト（10点満点）の得点です。このデータの箱ひげ図をかきなさい。

| 2 | 6 | 9 | 5 | 7 | 9 | 4 | 6 | 8 | 10 | 8 | 1 | 10 | 5 |

（点）

下の(1)～(3)のヒストグラムは，右の⑦～⑦の箱ひげ図のいずれかに対応しています。

それぞれのヒストグラムに対応している箱ひげ図の記号を答えなさい。

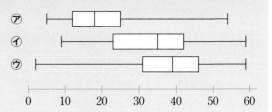

(1)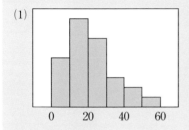

(2)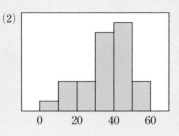

(3)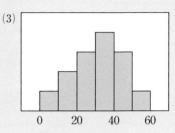

解き方

ヒストグラムが1つの山の形になる分布のとき，山の形から箱ひげ図のおよその形が予想できる。

(1) 山の形が左寄りだから，箱ひげ図も左寄りの形になる。

(2) 山の形が右寄りだから，箱ひげ図も右寄りの形になる。

(3) 山の形がほぼ左右対称だから，箱ひげ図も左右対称になる。

答 (1)⑦ (2)⑦ (3)⑦

くわしく **ヒストグラムと箱ひげ図**

ヒストグラムは，全体のデータの分布のようすや，各階級の人数がわかりやすい。

箱ひげ図は，中央値がどのあたりにあるのか，さらに，中央値のまわりにあるおよそ半分のデータがどのように分布しているのかがわかりやすい。

練習 解答 別冊p.26

4 左下のヒストグラムは，右下の⑦～⑤のどの箱ひげ図と対応していますか。記号で答えなさい。

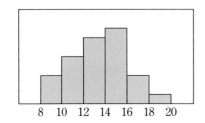

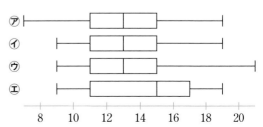

例題 **5** データの分布の比較

思考

右の図は，A中学校で行った国語，数学，社会，理科，英語のテストについて，生徒160人の得点を箱ひげ図に表したものです。

この図からわかることをすべて選び，記号で答えなさい。

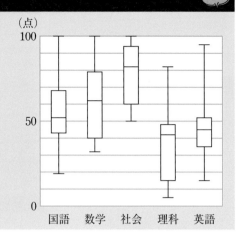

(点)

⑦　社会は40点未満の生徒がいない。

④　60点以上の生徒がいちばん多いのは数学である。

⑨　英語は40点以上の生徒が半数以上いる。

⑤　理科は50点未満の生徒が120人以上いる。

⑦　国語と数学では，数学のほうが範囲が大きい。

解き方

箱ひげ図の箱には，**データ全体のほぼ半分**(80人)がふくまれる。残りの80人の上位40人と下位40人が，それぞれのひげにふくまれる。

⑦　最小値が40点以上なので，正しい。

④　数学は中央値がほぼ60点なので，全体のほぼ半数と考えられるが，社会は箱が60点以上なので，120人以上いる。

⑨　中央値が40点以上なので，正しい。

⑤　理科は箱が50点より下にあるので，正しい。

⑦　数学よりも国語のほうが範囲は大きい。

答 ⑦，⑨，⑤

上の図のように，縦向きにかく箱ひげ図もあるよ！

くわしく 箱ひげ図の特徴

箱ひげ図は，データのおおまかな分布のようすをとらえることができるとともに，複数のデータを一度に比べやすいという特徴がある。

練習

解答▶別冊p.26

5 右の図は，例題 **5** の社会のデータで，ヒストグラムと箱ひげ図を並べてかいたものです。次のことがらは，右のヒストグラムと箱ひげ図のどちらから読み取れますか。

(1) 最小値

(2) 範囲

(3) 得点が80点未満だった生徒の人数

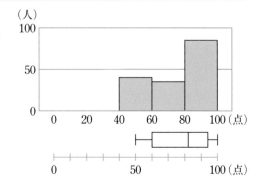

1/箱ひげ図

1 次のデータは，9人の生徒が10問のクイズを解いて，正解した数を調べたものです。次の問いに答えなさい。 【6点×5】

5	4	7	7	3	6	8	9	4	(問)

(1) 四分位数を求めなさい。

第1四分位数 〔　　　　　〕　　第2四分位数 〔　　　　　〕　　第3四分位数 〔　　　　　〕

(2) 四分位範囲を求めなさい。

〔　　　　　〕

(3) 箱ひげ図をかきなさい。

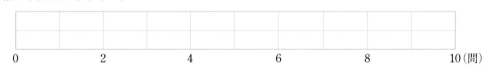

1/箱ひげ図

2 右の箱ひげ図は，A，B の2つのバスケットボールチームのそれぞれ20人が，決められた時間内でフリースローに成功した回数を表したものです。この箱ひげ図から読み取れることとして，正しければ〇，正しくなければ×を書きなさい。 【6点×4】

(1) どちらのチームもデータの範囲は同じである。

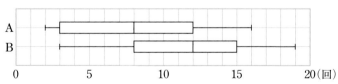

〔　　　　　〕

(2) どちらのチームも8回以上成功した人が10人以上いる。

〔　　　　　〕

(3) Aチームのデータのほうが，Bチームのデータより四分位範囲が大きい。

〔　　　　　〕

(4) どちらのチームにも，成功した回数が12回の人が必ずいる。

〔　　　　　〕

3 1／箱ひげ図

下のデータは，10人の生徒のテストの得点で，x は整数です。このデータの第1四分位数が72のとき，中央値として考えられる値をすべて答えなさい。　【6点】

| 73 | 55 | 79 | 82 | 74 | 72 | 90 | 64 | 75 | x | (点) |

〔　　　　　　　〕

4 1／箱ひげ図

下の(1)〜(4)のヒストグラムは，右の⑦〜①の箱ひげ図のいずれかに対応しています。それぞれのヒストグラムに対応している箱ひげ図の記号を答えなさい。　【6点×4】

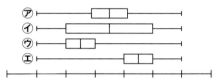

(1)　　　　　　(2)　　　　　　(3)　　　　　　(4)

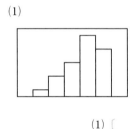　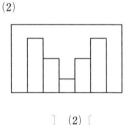　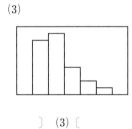　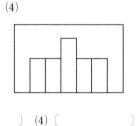

(1)〔　　　　　〕　(2)〔　　　　　〕　(3)〔　　　　　〕　(4)〔　　　　　〕

5 1／箱ひげ図

右の図は，A組，B組，C組の生徒が受けた50点満点の漢字テストの得点のデータを箱ひげ図に表したものです。A組の生徒の得点は，B組，C組の生徒の得点と比べてどのような傾向にあるかを答えなさい。　【8点×2】

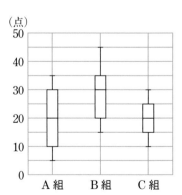

〔 B組と比べてA組は，

　　　　　　　　　　　　　　　　　　　　　　　　　〕

〔 C組と比べてA組は，

　　　　　　　　　　　　　　　　　　　　　　　　　〕

データの傾向を調べよう

私たちの身のまわりには，さまざまなデータが存在する。四分位範囲や箱ひげ図は，データの分布を少ない手間でおおまかに読み取ったり，複数のデータの分布を比較したりする場面において，力を発揮する。

---

① 平均気温を折れ線グラフと箱ひげ図で表す

右の**図1**は，ある年のA県における各月の日ごとの平均気温の平均値（単位 ℃）を，折れ線グラフで表したものである。

平均気温の変化のようすが，わかりやすいね。

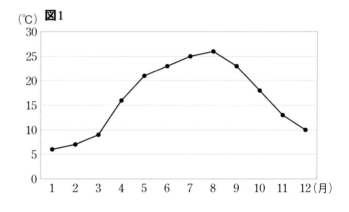

また，**図2**は，各月の日ごとの平均気温の分布を，箱ひげ図で表したものである。

それぞれのグラフから，どんなことが読み取れるかな。

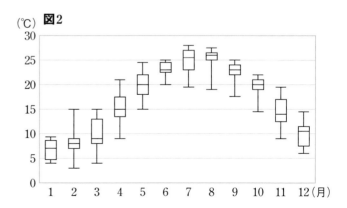

ほかにも，表や棒グラフ，帯グラフ，円グラフ，ドットプロットなどで，収集したデータを整理，表現することができる。どれを使用するかで，その印象も大きく異なる。ここでは，折れ線グラフと箱ひげ図の特徴の違いを考えてみよう。

② 箱ひげ図からわかること

　折れ線グラフに表した平均値のみでは，各月の日ごとの平均気温の分布のようすを比較することができない。一方で，データの個数が多くても，四分位範囲であればそれほど手間をかけずに中央付近のデータの散らばりを調べることができる。また，箱ひげ図は，**図**2のように2つ以上のデータの分布を並べて書くことができるので，データの分布の変化を視覚的にわかりやすく表し，比較しやすくするという特徴がある。箱ひげ図を見ると分布のようすを比較することができる。

　たとえば，**図**2で，7月と8月の箱ひげ図は下の図のようになる。

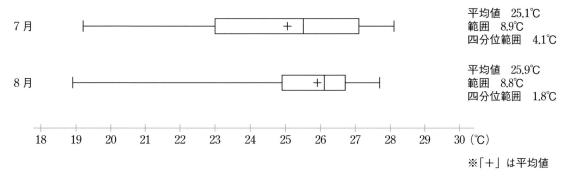

平均値　25.1℃
範囲　8.9℃
四分位範囲　4.1℃

平均値　25.9℃
範囲　8.8℃
四分位範囲　1.8℃

※「＋」は平均値

　この図で，7月と8月の平均値や範囲はあまり変わらないが，8月のほうが四分位範囲が小さくなっている。このことから，8月のほうが，日ごとの平均気温の散らばり（月内の寒暖差）が小さいということがわかる。

> 箱ひげ図は，パッと見ただけでも複数のデータの分布のようすを比較できるね！

　図2の箱ひげ図からは，たとえば，1月と2月で1日の平均気温が5℃以上10℃以下だった日は，それぞれ月の半分以上あったことなどが，箱の大きさやひげの長さからわかる。
（1月は中央値と最大値が，2月は第1四分位数と第3四分位数が，それぞれ5℃以上10℃以下にはいっていることから，判断できる。）

　このような箱ひげ図を使ったデータの分析は，商品開発や市場調査に利用されるなど，私たちのふだんの生活に密接に関わっている。

中学生のための
"勉強・学校生活アドバイス

苦手な教科こそ先生に質問だ！

「私，数学以外にも苦手な教科があって，何かいい方法ないでしょうか？」

「まずは，どこでつまずいたか確認するためにその教科の問題集を買って，ザッと復習するといいよ。薄めで，要点もまとまっているようなモノがいいと思うよ。」

「ほかにも何かやったほうがいいことがありますか？」

「苦手な教科こそ先生に頼るべきだと思う。授業後とかにいろいろ質問しに行くといい。」

「でもテストで点数取れていないと，その先生に質問しに行くの気が引けるんですよね。」

「そんなの気にしないでいいさ。先生だって質問したらちゃんと答えてくれるはず。わからないところをすぐに質問して解決すれば，少しずつ得意になっていくよ。」

「わかりました。先生に質問するようにしようっと。」

「質問に行くにはちゃんと勉強しないとダメだよ。『何もかもわかりません。でも教えてください。』じゃ先生も困っちゃうから。」

「そりゃそうですよね。」

「先生に質問に行くのはほかにも利点があって，自分の担当する教科を熱心に質問に来る生徒には悪い成績はつけにくいと思うんだよね。先生だって人間だしさ。」

「なんかそれズルい気がする！　先輩ズルい！」

「ズルくなんかないさ。ちゃんと一生懸命に勉強している姿をアピールするだけだし。勉強していないのに勉強するフリをして成績を上げるのはズルいけどね。」

「そっか。勉強している姿を見せるのは悪いことじゃないですもんね。」

中学生のための 勉強・学校生活アドバイス

親の「勉強しなさい」を封じよう！

「親から『勉強しなさい』って言われると，なんかやる気なくなるんですよね。」

「わかるわかる！ "いまやろうと思ったのに"ってタイミングで言ったりするからイヤになる。」

「**親に『勉強しなさい』って言われてやる気が出る人なんかいないし，そのせいでケンカするのも，労力のムダ**だよな。」

「たしかにその通り。じゃあ親から口うるさく言われないためにはどうしたらいいかな？」

「まぁ勉強するってことなんでしょうけど，勉強してても言われるからなぁ…。」

「**親と目標を共有する**ってのは1つの作戦かもね。『次のテスト●点以上取りたいと思っている。勉強しろって言われるとやる気がなくなるから言わないで』ってね。」

「でも，目標共有してできなかったら，それはそれで言われそう…。」

「それは仕方ないよ。勉強しろって言われるとやる気がなくなるよ〜って言うだけじゃ，親も納得しないでしょ。**自由でいるためには責任が伴う**のさ。」

「自由には責任が伴う，カッコいいですね。」

「たしかに。親もちゃんとオレが勉強しているか不安だから言っちゃうんですよね。ちゃんとコミュニケーション取れば，解決するかも。」

「おお，めずらしく大人だね（笑）。ちゃんと話をして，ムダな親子ゲンカがないようにしたいね。」

数学 80点

入試レベル問題

解答▶ 別冊 p.28

<u>1章／式の計算　2章／連立方程式</u>

1 次の問いに答えなさい。

(1) $7(a-b)-4(2a-8b)$ を計算しなさい。 （三重県）〔　　　　　〕

(2) $2(x+4y)-3\left(\dfrac{1}{2}x-\dfrac{1}{3}y\right)$ を計算しなさい。 （千葉県）〔　　　　　〕

(3) $\dfrac{x-y}{2}-\dfrac{x+3y}{7}$ を計算しなさい。 （静岡県）〔　　　　　〕

(4) $x^3\times(6xy)^2\div(-3x^2y)$ を計算しなさい。 （滋賀県）〔　　　　　〕

(5) $8x+2y-6=0$ を y について解きなさい。 〔　　　　　〕

(6) $a=-1$，$b=\dfrac{3}{2}$ のとき，$a^2b\div2ab\times4ab^2$ の値を求めなさい。 〔　　　　　〕

(7) 次の連立方程式を解きなさい。

① $\begin{cases} y=3x+5 \\ 3x-2y=-1 \end{cases}$ 〔　　　　　〕

② $\begin{cases} 2x+y=11 \\ x+3y=3 \end{cases}$ （沖縄県）〔　　　　　〕

<u>1章／式の計算</u>

2 2255や9933のように，千の位の数と百の位の数，十の位の数と一の位の数がそれぞれ同じである 4 けたの整数は11の倍数になります。このことを次のように説明しました。続きを書いて説明を完成させなさい。

（群馬県・改題）

説明　m，n を自然数とする。千の位の数を m，十の位の数を n として，千の位の数と百の位の数，十の位の数と一の位の数がそれぞれ同じである 4 けたの整数を m，n を用いて表すと，

したがって，このような 4 けたの整数は，11の倍数になる。

ヒント **1** (2) かっこの中の式が分数でも，分配法則を使ってかっこをはずせばよい。

2 千の位の数が m の整数は $1000m$ と表せる。ほかの位も同様に表せばよい。

2章／連立方程式

3 　太郎さんは1日の野菜摂取量の目標値の半分である175gのサラダを作りました。このサラダの材料は，大根，レタス，赤ピーマンだけで，入っていた赤ピーマンの分量は50gでした。また，右の表をもとに，このサラダに含まれるエネルギーの合計を求めると33kcal でした。このサラダに入っていた大根とレタスの分量は，

	100g当たりの エネルギー（kcal）
大根	18
レタス	12
赤ピーマン	30

それぞれ何g か求めなさい。ただし，用いる文字が何を表すかを最初に書いてから連立方程式をつくり，答えを求める過程も書くこと。

（愛媛県）

3章／1次関数

4 　次の問いに答えなさい。

(1)　1次関数 $y=4x+5$ について，x の変域が $-1 \leqq x \leqq 2$ のとき，y の変域を求めなさい。

〔　　　　　　　〕

(2)　y が x の1次関数で，そのグラフが2点 $(-1, 0)$，$(4, 2)$ を通るとき，この1次関数の式を求めなさい。

〔　　　　　　　〕

3章／1次関数

5 　妹と兄は，家から2310m 離れた図書館へ行きました。

　妹は，歩いて家を出発し，一定の速さで進み，25分後に家から1500m 離れた地点を通過し，図書館まで行きました。兄は，妹が家を出発してから20分後に自転車で家を出発し，一定の速さで進み，その5分後に家から700m 離れた地点に着きました。

　右の図は，妹が家を出発してからの時間を x 分，家からの

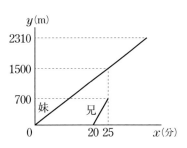

道のりを ym としたとき，妹，兄それぞれの x と y の関係をグラフに表したものです。兄のグラフは，そのときのようすを途中まで表しています。このとき，次の問いに答えなさい。　（岩手県）

(1)　兄のグラフの傾きを求めなさい。　〔　　　　　　　〕

(2)　兄は，妹が家を出発してから25分後に自転車が故障し，少しの間立ち止まってしまいました。この後，故障前と同じ，一定の速さで進んだところ，妹と同時に図書館に着きました。兄が立ち止まっていた時間は何分間ですか。その時間を求めなさい。　〔　　　　　　　〕

- -

ヒント　③ 作ったサラダの重さと，エネルギーの関係から，連立方程式をつくる。

⑤ (2) 兄が再び出発したところから図書館までのグラフの傾きは，家を出発してから立ち止まるまでのグラフと同じになる。

6 次の図で，ℓ//m のとき，∠x の大きさを求めなさい。

(1)

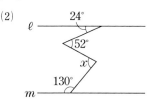

(2)

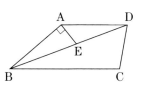

(兵庫県) 〔　　　　　　　〕　　　　　　　　　　〔　　　　　　　〕

7 右の図のように，AB＝AD，AD//BC，∠ABC が鋭角である台形 ABCD があります。対角線 BD 上に点 E を，∠BAE＝90°となるようにとります。次の問いに答えなさい。　(北海道)

(1) ∠ADB＝20°，∠BCD＝100°のとき，∠BDC の大きさを求めなさい。

〔　　　　　　　　　　〕

(2) 頂点 A から辺 BC に垂線をひき，対角線 BD，辺 BC との交点をそれぞれ F，G とします。このとき，△ABF≡△ADE を証明しなさい。

8 右の図のように，∠B＝90°である直角三角形 ABC があります。DA＝DB＝BC となるような点 D が辺 AC 上にあるとき，∠x の大きさを求めなさい。

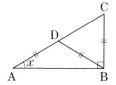

(富山県) 〔　　　　　　　〕

....

ヒント ▶ **6** (2)角の頂点を通り，ℓ，m に平行な直線をひき，平行線の性質を使う。
　　　　7 二等辺三角形の2つの底角は等しいことを使う。

9 右の図のような，AB＜AD の平行四辺形 ABCD があり，辺 BC 上に AB＝CE となるように点 E をとり，辺 BA の延長に BC＝BF となるように点 F をとります。ただし，AF＜BF とします。このとき，△ADF≡△BFE となることを証明しなさい。 （栃木県）

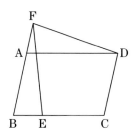

10 次の問いに答えなさい。

(1) A の箱には 1，2，3，4，5 の数が書かれたカードが 1 枚ずつ入っており，B の箱には 1，3，5，6 の数が書かれたカードが 1 枚ずつ入っています。A，B の箱からそれぞれカードを 1 枚ずつ取り出したとき，書かれた数の積が奇数になる確率を求めなさい。 （愛知県）〔　　　　　〕

(2) 右の図は，あるクラスの生徒の 1 日の睡眠時間を調べて，箱ひげ図に表したものです。四分位範囲を求めなさい。

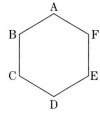

〔　　　　　〕

11 大小 2 つのさいころを同時に 1 回投げます。ただし，それぞれのさいころの目は 1 から 6 まであり，どの目が出ることも同様に確からしいとします。このとき，次の問いに答えなさい。 （長崎県）

(1) 大小 2 つのさいころの出る目の数が同じになる確率を求めなさい。 〔　　　　　〕

(2) 右の図のような正六角形 ABCDEF があります。大小 2 つのさいころを同時に投げ，1 の目が出たら点 A，2 の目が出たら点 B，3 の目が出たら点 C，4 の目が出たら点 D，5 の目が出たら点 E，6 の目が出たら点 F をそれぞれ選びます。選んだ 2 点と点 A を頂点とする三角形をつくります。例えば，2，3 の目が出たら△ABC ができ，1，2 の目が出たら三角形はできません。このとき，次の①，②に答えなさい。

① 三角形ができない確率を求めなさい。 〔　　　　　〕

② 直角三角形ができる確率を求めなさい。 〔　　　　　〕

ヒント　**9** 仮定と平行四辺形の性質を使って，等しい辺や等しい角を見つける。
　　　　11 (2)三角形ができるのは，頂点の記号がすべて異なる場合である。

小学校の算数と中学1年の数学で学習してきたことをまとめてあります。
まとめの最後には，おぼえたことをすばやく確認できるチェック問題がついています。

小学校の復習

復習の
アドバイス

算数で学習した内容は，数学を学習する上での基礎
となります。よく使われる内容を載せているので，
苦手な分野がないように復習しておきましょう。

**公倍数と
約分・通分**

● 公倍数…いくつかの整数の共通な倍数。

　公倍数のうち，いちばん小さい数を**最小公倍数**という。

例　2と3の公倍数は，6，12，18，…。　　最小公倍数は6

● 約分…分母と分子を，それらの公約数でわって，分母の小さい分数にすること。

● 通分…分母のちがう分数を，大きさを変えずに分母の等し
い分数にすること。

$$\frac{2}{5}+\frac{1}{3}=\frac{6}{15}+\frac{5}{15}$$

通分した

速さと割合

● 速さ＝道のり÷時間　　　● 道のり＝速さ×時間

● 時間＝道のり÷速さ

● 割合＝比べられる量÷もとにする量

▶ 割合を表す数0.1は，百分率→10 ％，歩合→1割

道のり

速さ ⊗ 時間

**図形の面積と
体積**

● 三角形の面積＝底辺×高さ÷2　　　● 正方形の面積＝1辺×1辺

● 長方形の面積＝縦×横　　　● ひし形の面積＝対角線×対角線÷2

● 平行四辺形の面積＝底辺×高さ　　　● 台形の面積＝(上底＋下底)×高さ÷2

● 角柱，円柱の体積＝底面積×高さ

● 円の面積＝半径×半径×円周率

● 円周＝直径×円周率

直径
半径

代表値

● 平均値…データの平均の値

● 最頻値…データの中で，最も多く出てくる値

● 中央値…データの値を大きさの順に並べたときの中央の値

1 数と式

復習の
アドバイス

正負の数や文字式の表し方は，これからの学習では
必要不可欠です。文字を使った式に慣れておきま
しょう。

正負の数

正の数・負の数

● 絶対値…数直線上で，0からその数までの距離

● 数の大小…①（負の数）＜0＜（正の数）

　　　　　②負の数どうしは，**絶対値が大き
　　　　　いほど小さい。**

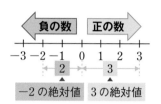

正負の数の四則

● 加法と減法の混じった計算…加法の交換法則や結合法則
を使って，正の数の和，負の数の和をそれぞれ求めてか
ら計算する。

● 積・商の符号…負の数が偶数個 ➡ ＋，負の数が奇数個 ➡ －

▶ 除法は，わる数の逆数をかける形に直して計算する。

● 四則混合計算の順序…①累乗・かっこの中 ➡ ②乗除 ➡ ③加減

例　$2-3+4-6$
$=2+4-3-6$
$=6-9=-3$

文字の式

文字式の表し方

● 積の表し方

①かけ算の記号×ははぶき，数は文字の前に書く。———→ $x\times3=3x$

②文字はアルファベット順に書く。———→ $b\times c\times a=abc$

③同じ文字の積は累乗の指数を使って書く。———→ $x\times x\times x=x^3$

● 商の表し方…記号÷を使わないで，**分数の形**で書く。

1次式の加法・減法

● 加法…そのままかっこをはずして，同類項をまとめる。

● 減法…ひくほうの多項式の各項の符号を変えて加える。

例　$(7x+3)-(5x-4)=7x+3-5x+4=2x+7$

1次式と数の乗法・除法

● 乗法…**分配法則**を使ってかっこをはずして計算する。———→ $a\times(b+c)=ab+ac$
$(a+b)\times c=ac+bc$

● 除法…乗法に直して計算する。

1次方程式

等式の性質

▶ $A=B$ ならば，①$A+C=B+C$

②$A-C=B-C$

③$AC=BC$

④$\dfrac{A}{C}=\dfrac{B}{C}$ $(C \neq 0)$

等式の両辺を入れかえても等式は成り立つ。
$A=B$ ならば $B=A$

1次方程式を解く手順

● **方程式**…文字をふくむ等式を方程式といい，その解を求めることを**方程式を解く**という。

▶ ①係数に分数や小数をふくむ場合は，**係数を整数に直す。**

　● 分数のとき ➡ 両辺に**分母の最小公倍数**をかける。

　● 小数のとき ➡ 両辺を**10倍，100倍，**…する。

②かっこがある場合は，かっこをはずす。

③x をふくむ項を左辺に，数の項を右辺に移項して，$ax=b$ の形に整理する。

④両辺を x の係数でわる。

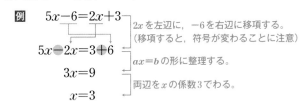

例　$5x-6=2x+3$

　$2x$ を左辺に，-6 を右辺に移項する。
　（移項すると，符号が変わることに注意）

　$5x-2x=3+6$

　$ax=b$ の形に整理する。

　$3x=9$

　両辺を x の係数3でわる。

　$x=3$

比例式

● **比例式**…次のことが成り立つ。

$$a:b=c:d \text{ ならば } ad=bc$$

例　$x:12=3:2$
　　$2x=36$
　　$x=18$

✓ **チェック問題**

解答 ▶ 別冊p.30

□① $(-3)^2 \times 4 + 20 \div (-2^2)$ を計算しなさい。　　〔　　　　　〕

□② $(2a-7)-(8a-5)$ を計算しなさい。　　〔　　　　　〕

□③ $-3(x-3)+(4x-10) \div 2$ を計算しなさい。　　〔　　　　　〕

□④ $x-9=5x-1$ を解きなさい。　　〔　　　　　〕

□⑤ $2(6x+1)=3x-4$ を解きなさい。　　〔　　　　　〕

□⑥ $x:8=2:15$ を解きなさい。　　〔　　　　　〕

2 比例と反比例

復習の
アドバイス

関数の基本となるものです。比例と反比例について，それぞれ式とグラフの特徴の違いを理解しておきましょう。

座標

点の座標

▶ x 座標が a，y 座標が b である

点の座標を (a, b) と表す。

x 座標┘ └y 座標

$\begin{cases} \text{原点の座標} ➡ (0, 0) \\ x \text{ 軸上の点} ➡ (a, 0) ← y \text{座標が} 0 \\ y \text{ 軸上の点} ➡ (0, b) ← x \text{座標が} 0 \end{cases}$

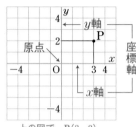

上の図で，P(3, 2)

比例・反比例

比例

▶ y が x に比例する ➡ x の値が2倍，3倍，…になると，

　　　　　　　　　　　　y の値も2倍，3倍，…になる。

◉ 比例を表す式 ➡ $y = ax$ ← a は比例定数

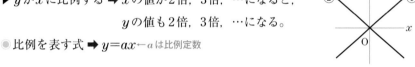

◉ $y = ax$ のグラフ…**原点を通る直線** ➡ $\begin{cases} a > 0 \cdots \text{右上がり} ➡ ① \\ a < 0 \cdots \text{右下がり} ➡ ② \end{cases}$

反比例

▶ y が x に反比例する ➡ x の値が2倍，3倍，…になると，

　　　　　　　　　　　　y の値は $\dfrac{1}{2}$，$\dfrac{1}{3}$，…になる。

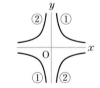

◉ 反比例を表す式 ➡ $y = \dfrac{a}{x}$ ← 比例定数

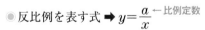

◉ $y = \dfrac{a}{x}$ のグラフ…**双曲線** ➡ $\begin{cases} a > 0 ➡ ① \\ a < 0 ➡ ② \end{cases}$

☑チェック問題

解答 別冊 p.30

□① y は x に比例し，$x = 3$ のとき $y = -12$ です。y を x の式で表しなさい。　〔　　　　　〕

□② y は x に反比例し，$x = 5$ のとき $y = 4$ です。y を x の式で表しなさい。　〔　　　　　〕

□③ y は x に反比例し，$x = 2$ のとき $y = -3$ です。$x = 4$ のときの y の値を求めなさい。

　　　　　　　　　　　　　　　　　　　　　　　　　　　　　　　　　　〔　　　　　〕

3 図形

復習の
アドバイス

図形問題を解く上で基本となる内容です。2年，3年でもこれらの図形の性質を使います。作図のしかたや体積や表面積の求め方はくり返し練習しましょう。

平面図形

図形の移動

● 平行移動
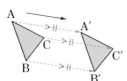

● 回転移動
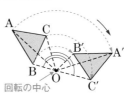
回転の中心

● 対称移動
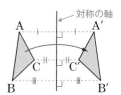
対称の軸

基本の作図

● 垂線

直線ℓ
の垂線

● 垂直二等分線
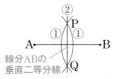
線分ABの
垂直二等分線

● 角の二等分線
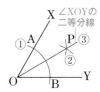
∠XOYの
二等分線

おうぎ形の弧の長さと面積

● 弧の長さ $\ell \cdots \ell = 2\pi r \times \dfrac{a}{360}$

● 面積 $S \cdots S = \pi r^2 \times \dfrac{a}{360}$

空間図形

立体の体積・表面積

▶ 円の半径を r，底面積を S，高さを h，体積を Vとすると，

● 角柱の体積… $V = Sh$

● 円柱の体積… $V = \pi r^2 h$

● 角錐の体積… $V = \dfrac{1}{3}Sh$

● 円錐の体積… $V = \dfrac{1}{3}\pi r^2 h$

▶ 半径 rの球の体積を V，表面積を Sとすると，

● 球の体積… $V = \dfrac{4}{3}\pi r^3$

● 球の表面積… $S = 4\pi r^2$

✓ チェック問題

解答 別冊p.31

□ ① 半径が4cm，中心角が120°のおうぎ形の弧の長さを求めなさい。〔　　　　　〕

□ ② 底面が1辺10cmの正方形で，高さが15cmの正四角錐の体積を求めなさい。〔　　　　　〕

□ ③ 直径が6cmの球の表面積を求めなさい。〔　　　　　〕

4 データの活用

復習の
アドバイス

言葉の意味を正確に覚えておくことが大切です。小学校で学んだ代表値と一緒にしっかりと理解しておきましょう。

資料の整理

相対度数・
累積度数と範囲

● 相対度数＝$\dfrac{その階級の度数}{度数の合計}$

● 累積度数…最初の階級からその階級までの度数の合計

● 累積相対度数…最初の階級からその階級
　　　　　　　　までの相対度数の合計

● 範囲（レンジ）＝最大値－最小値

▶度数分布表から
最頻値（モード）
を求める場合は，
度数の最も多い
階級の階級値に
なる。

記録(m)		度数(人)
以上	未満	
10～15		3
15～20		6
20～25		5
25～30		4
30～35		2
合計		20

例　上の表で，記録が20m以上25m未満の階級の，相対度数は$\dfrac{5}{20}=0.25$

記録が25m未満の累積度数は3＋6＋5＝14，累積相対度数は$\dfrac{14}{20}=0.70$

ことがらの起こりやすさ

確率の意味

● 確率…あることがらが起こることが期待される程度を表す数

➡確率がpであるということは，同じ実験や観察などを多数回くり返すとき，そのことがらの起こる相対度数がpに限りなく近づくという意味。

✔ チェック問題

解答　別冊p.31

右の度数分布表は，1組の男子のハンドボール投げの記録です。

□① 最頻値を求めなさい。　　　　　〔　　　　　〕

□② 記録が15m以上20m未満の階級の累積度数を求めなさい。

〔　　　　　〕

□③ 記録が25m以上30m未満の階級の累積相対度数を求めなさい。

〔　　　　　〕

記録(m)		度数(人)	相対度数
以上	未満		
10～15		1	0.05
15～20		3	0.15
20～25		8	0.40
25～30		6	0.30
30～35		2	0.10
合計		20	1.00

右の表は，A社とB社のイルカウォッチングツアーでイルカに出会った回数のデータです。

□④ A社でイルカに出会う相対度数を求めなさい。　〔　　　　　〕

□⑤ A社とB社のどちらのツアーのほうが，イルカに出会う確率が高いといえますか。　　　　　　　〔　　　　　〕

	ツアーの回数(回)	出会った回数(回)
A社	200	182
B社	150	142

275

さくいん

さくいん

中2数学は
これでおしまい。

カバーイラスト・マンガ	456
ブックデザイン	next door design（相京厚史，大岡喜直）
	株式会社エデュデザイン
本文イラスト	加納徳博，有限会社熊アート，内村祐美
編集協力	株式会社アポロ企画
マンガシナリオ協力	株式会社シナリオテクノロジー ミカガミ
データ作成	株式会社明昌堂
	データ管理コード：23-2031-2311（CC2020）
製作	ニューコース製作委員会

（伊藤なつみ，宮﨑純，阿部武志，石河真由子，小出貴也，野中綾乃，大野康平，澤田未来，中村円佳，
渡辺純秀，相原沙弥，佐藤史弥，田中丸由季，中西亮太，髙橋桃子，松田こずえ，山下順子，山本希海，
遠藤愛，松田勝利，小野優美，近藤想，中山敏治）

＼ あなたの学びをサポート！／
家で勉強しよう。
学研のドリル・参考書

URL　　　　　　　　https://ieben.gakken.jp/
X（旧 Twitter）　　@gakken_ieben

読者アンケートのお願い

本書に関するアンケートにご協力ください。右のコードか URL か
らアクセスし，アンケート番号を入力してご回答ください。当事業
部に届いたものの中から抽選で年間 200 名様に，「図書カードネッ
トギフト」500 円分をプレゼントいたします。

アンケート番号：305214

https://ieben.gakken.jp/qr/nc_sankou/

学研ニューコース　中2数学

©Gakken
本書の無断転載，複製，複写（コピー），翻訳を禁じます。
本書を代行業者などの第三者に依頼してスキャンやデジタル化することは，
たとえ個人や家庭内の利用であっても，著作権法上，認められておりません。
学研の書籍・雑誌についての新刊情報・詳細情報は，下記をご覧ください。
［学研出版サイト］https://hon.gakken.jp/

この本は下記のように環境に配慮して製作しました。
●製版フィルムを使用しない CTP 方式で印刷しました。
●環境に配慮して作られた紙を使っています。

1章 式の計算

1 単項式と多項式

p.29 **1** 単項式…⑦，⑤，多項式…④，⑦

p.29 **2** $3a^2$，$-2b$，-3

解説 単項式の和の形で表すと，
$3a^2-2b-3=3a^2+(-2b)+(-3)$

p.30 **3** (1) 3 (2) 4

p.30 **4** (1) 4次式 (2) 3次式

p.31 **5** (1) $-7a$ と $3a$，$-2b$ と $4b$
(2) x^2 と $2x^2$，$-2xy$ と $-3xy$ と $7xy$

p.32 **6** (1) $2xy-x$ (2) $-\dfrac{11}{21}a-\dfrac{5}{4}b$

解説 (2) $\dfrac{1}{7}a-\dfrac{3}{4}b-\dfrac{2}{3}a-\dfrac{1}{2}b$
$=\dfrac{1}{7}a-\dfrac{2}{3}a-\dfrac{3}{4}b-\dfrac{1}{2}b$
$=\left(\dfrac{1}{7}-\dfrac{2}{3}\right)a+\left(-\dfrac{3}{4}-\dfrac{1}{2}\right)b$
$=\left(\dfrac{3}{21}-\dfrac{14}{21}\right)a+\left(-\dfrac{3}{4}-\dfrac{2}{4}\right)b=-\dfrac{11}{21}a-\dfrac{5}{4}b$

2 多項式の加法・減法

p.34 **7** (1) $-7x^2+x$ (2) $-2a-1$

解説 (1)「$x-7x^2$」でも正解だが，計算ミスをしない
よう，答えは次数の大きいものから書くようにする。
(2) $(a^2-3a)-(a^2-a+1)$
$=a^2-3a-a^2+a-1=a^2-a^2-3a+a-1$
$=(1-1)a^2+(-3+1)a-1$
$=-2a-1$

p.35 **8** (1) $2x^2-2x-2$ (2) $-a+b+6$

解説 (2) $(2a-b+5)-(3a-2b-1)$
$=2a-b+5-3a+2b+1$
$=2a-3a-b+2b+5+1$
$=-a+b+6$

p.36 **9** (1) $-a^2+4a+11$ (2) a^2+2a-3
(3) $3a^2-14a-7$

解説 (3) $A-(B-C)=A-B+C$
$=(a^2-5a+2)-(3a+4)+(2a^2-6a-5)$

$=a^2-5a+2-3a-4+2a^2-6a-5$
$=3a^2-14a-7$

p.37 **10** (1) $a-3b$ (2) $-x+7$

解説 まず（ ）をはずし，次に｜ ｜をはずす。

p.38 **11** (1) $\dfrac{17}{10}x-\dfrac{9}{10}y$ (2) $-\dfrac{1}{6}a+\dfrac{2}{3}b+\dfrac{3}{4}$

解説 (2) $\left(\dfrac{1}{3}a+b\right)-\left(\dfrac{1}{2}a+\dfrac{1}{3}b-\dfrac{3}{4}\right)$
$=\dfrac{1}{3}a+b-\dfrac{1}{2}a-\dfrac{1}{3}b+\dfrac{3}{4}$
$=\left(\dfrac{1}{3}-\dfrac{1}{2}\right)a+\left(1-\dfrac{1}{3}\right)b+\dfrac{3}{4}$
$=\left(\dfrac{2}{6}-\dfrac{3}{6}\right)a+\left(\dfrac{3}{3}-\dfrac{1}{3}\right)b+\dfrac{3}{4}$
$=-\dfrac{1}{6}a+\dfrac{2}{3}b+\dfrac{3}{4}$

3 数と多項式の乗法・除法

p.40 **12** (1) $-3x+12y$ (2) $-2a^2+4b-6$

p.40 **13** (1) $-3x^2+4$ (2) $-\dfrac{7}{4}a^2+\dfrac{35}{4}ab-14b^2$

解説 (2) $(-a^2+5ab-8b^2)\div\dfrac{4}{7}$
$=(-a^2+5ab-8b^2)\times\dfrac{7}{4}$
$=-a^2\times\dfrac{7}{4}+5ab\times\dfrac{7}{4}-8b^2\times\dfrac{7}{4}$
$=-\dfrac{7}{4}a^2+\dfrac{35}{4}ab-14b^2$

p.41 **14** (1) $16x+10y$ (2) $10a+b$
(3) $-3x-8y$ (4) $2x^2-3$

p.42 **15** (1) $26x-10y$ (2) $-15a+7b+3$

解説 (2) $(-6a+2b)\times5-(-5a+b-1)\times3$
$=5(-6a+2b)-3(-5a+b-1)$
$=-30a+10b+15a-3b+3$
$=-15a+7b+3$

p.43 **16** (1) $\dfrac{8x+y}{6}$ (2) $\dfrac{7a-5b}{3}$

解説 通分して計算する。通分するとき，分子の多項
式にかっこをつける。
(2) $2a-b-\dfrac{-a+2b}{3}=\dfrac{3(2a-b)-(-a+2b)}{3}$
$=\dfrac{6a-3b+a-2b}{3}=\dfrac{7a-5b}{3}$

1

p.44 **17** 29

解説 式を簡単にしてから，数値を代入する。
$$4(x-2y)-3(x-4y)=4x-8y-3x+12y$$
$$=x+4y=5+4\times6=29$$

p.44 **18** 25

解説 $\dfrac{3(7a-2b)}{4}-\dfrac{5a-2b}{2}$
$$=\dfrac{3(7a-2b)-2(5a-2b)}{4}$$
$$=\dfrac{21a-6b-10a+4b}{4}=\dfrac{11a-2b}{4}$$
$$=\dfrac{11\times8-2\times(-6)}{4}=\dfrac{100}{4}=25$$

4 単項式の乗法・除法

p.46 **19** (1) $-15abc$ (2) $-2xy$

p.46 **20** (1) $-24x^2$ (2) $-\dfrac{1}{6}ab^2$

p.47 **21** (1) $25m^2$ (2) $-4x^4y^2$

解説 (2) $-(-2x^2y)^2$
$$=-(-2x^2y)\times(-2x^2y)=-4x^4y^2$$

p.47 **22** (1) x^2y^4 (2) a^5b^3

p.48 **23** (1) $-\dfrac{4}{b}$ (2) $4y$ (3) $-4x^2$

解説 (3) $(-16x^3y)\div4xy=\dfrac{-16x^3y}{4xy}$
$$=-\dfrac{16x^3y}{4xy}=-4x^2$$

p.49 **24** $\dfrac{5b}{4a}$

解説 $\left(-\dfrac{5}{6}ab^2\right)\div\left(-\dfrac{2}{3}a^2b\right)$
$$=\left(-\dfrac{5ab^2}{6}\right)\div\left(-\dfrac{2a^2b}{3}\right)=\left(-\dfrac{5ab^2}{6}\right)\times\left(-\dfrac{3}{2a^2b}\right)$$
$$=\dfrac{5ab^2}{6}\times\dfrac{3}{2a^2b}=\dfrac{5\times a\times b\times b\times3}{6\times2\times a\times a\times b}=\dfrac{5b}{4a}$$

p.49 **25** $-6b$

解説 $2ab^2\times(3b)^2\div(-3ab^3)$
$$=2ab^2\times9b^2\div(-3ab^3)=-\dfrac{2ab^2\times9b^2}{3ab^3}=-6b$$

p.50 **26** (1) -16 (2) 4

解説 (2) $9x^2y^2\times4y\div(-3x)\div2xy^2$
$$=-\dfrac{9x^2y^2\times4y}{3x\times2xy^2}=-6y=-6\times\left(-\dfrac{2}{3}\right)=4$$

5 文字式の利用

p.52 **27** m，nを整数とすると，2つの4の倍数は，$4m$，$4n$と表せる。
これらの和は，$4m+4n=4(m+n)$
ここで，m，nは整数だから，$m+n$も整数であり，$4(m+n)$は4の倍数。
したがって，4の倍数どうしの和は，4の倍数である。

p.53 **28** 十の位の数をx，一の位の数をyとすると，もとの自然数は$10x+y$，位を入れかえた自然数は，$10y+x$と表せる。
それらの和は，$(10x+y)+(10y+x)$
$$=11x+11y=11(x+y)$$
ここで，$x+y$は整数だから，$11(x+y)$は11の倍数である。
したがって，問題の条件で与えられた2つの自然数の和は，11の倍数である。

p.53 **29** nを整数とすると，1つおきに並んでいる3つの整数はn，$n+2$，$n+4$と表せる。
これらの和は，$n+(n+2)+(n+4)$
$$=3n+6=3(n+2)$$
ここで，$n+2$は整数だから，$3(n+2)$は3の倍数である。
したがって，問題の条件で与えられた3つの整数の和は，3の倍数である。

p.54 **30** m，nを整数とすると，2つの奇数は$2m+1$，$2n+1$と表せる。
それらの和は，
$$(2m+1)+(2n+1)$$
$$=2m+2n+2=2(m+n+1)$$
ここで，$m+n+1$は整数だから，$2(m+n+1)$は偶数である。
したがって，奇数どうしの和は偶数である。

p.55 **31** nを整数とすると，いちばん小さい自然数は$6n+3$，まん中の自然数は$6n+3+1$

$=6n+4$，いちばん大きい自然数は $6n+4+1$
$=6n+5$ と表せる。
これらの和は，
$$(6n+3)+(6n+4)+(6n+5)$$
$$=18n+12=6(3n+2)$$
ここで，$3n+2$ は整数だから，$6(3n+2)$ は6の倍数である。
したがって，問題の条件で与えられた3つの自然数の和は，6の倍数である。

p.56

32 (1) $x=\dfrac{z-y}{10}$

(2) $a=\dfrac{2S}{5}-b$ または，$a=\dfrac{2S-5b}{5}$

解説 (2) 両辺を入れかえて，$\dfrac{5(a+b)}{2}=S$

両辺に2をかけて，$5(a+b)=2S$

両辺を5でわって，$a+b=\dfrac{2S}{5}$

$+b$ を移項して，$a=\dfrac{2S}{5}-b$

p.57

33 $\dfrac{9}{4}$ 倍

解説 立方体は正六面体なので，その表面積は
（底面積）×6で求めることができる。
Aの表面積は，$2a\times 2a\times 6=24a^2(\mathrm{cm}^2)$
Bの表面積は，$3a\times 3a\times 6=54a^2(\mathrm{cm}^2)$
したがって，$54a^2\div 24a^2=\dfrac{9}{4}$（倍）

p.57

34 $\dfrac{2}{9}$ 倍

解説 Aの体積は，$\pi\times(3r)^2\times 2h=18\pi r^2h(\mathrm{cm}^3)$
Bの体積は，$\pi\times(2r)^2\times h=4\pi r^2h(\mathrm{cm}^3)$
したがって，$4\pi r^2h\div 18\pi r^2h=\dfrac{2}{9}$（倍）

p.58

35 PA$=a$，QC$=b$，RD$=c$ とすると，赤い線の長さは，
$$2\pi\times(a+b+c)\times\dfrac{1}{2}$$
$$=\pi(a+b+c)\cdots\text{①}$$
青い線の長さは，
$$2\pi a\times\dfrac{1}{2}+2\pi b\times\dfrac{1}{2}+2\pi c\times\dfrac{1}{2}$$
$$=\pi(a+b+c)\cdots\text{②}$$
①，②より，赤い線上を通るのと，青い線上を通るのとでは，どちらも同じ長さになる。

定期テスト予想問題 ① 　　　60～61ページ

1 (1) $4x^2$，$-x$，-11 　(2) 2次式

解説
(1) $4x^2+(-x)+(-11)$ と単項式の和の形で表せる。
(2) 多項式では，各項の次数のうち最も大きいものがその多項式の次数である。$4x^2$ の次数は2，$-x$ の次数は1なので，この多項式は2次式である。

2 (1) $11x-11y$ 　(2) $3a^2-b-4$
　　(3) $5x+y$ 　(4) $5a^2$

解説
(3) $(3x+6y)+(2x-5y)=3x+6y+2x-5y$
$\qquad =3x+2x+6y-5y=5x+y$
(4) $(6a^2-3a)-(a^2-3a)=6a^2-3a-a^2+3a$
$\qquad =6a^2-a^2-3a+3a=5a^2$

3 (1) $6x-15y$ 　(2) $-6a-2b$ 　(3) $4x-6y$
　　(4) $6x+2y$ 　(5) $5a-11b$ 　(6) $\dfrac{5x-y}{6}$

解説
(5) $2(4a-b)-3(a+3b)$
$\quad =8a-2b-3a-9b=8a-3a-2b-9b$
$\quad =5a-11b$
(6) $\dfrac{x-y}{2}+\dfrac{x+y}{3}=\dfrac{3(x-y)+2(x+y)}{6}$
$\quad =\dfrac{3x-3y+2x+2y}{6}=\dfrac{5x-y}{6}$

4 (1) $-15ab$ 　(2) $12a^3$ 　(3) $-3x$ 　(4) $-3x$

解説
(2) $(-2a)^2\times 3a=4a^2\times 3a=12a^3$
(4) $x^2\times(-12y)\div 4xy=\dfrac{x^2\times(-12y)}{4xy}$
$\qquad =-\dfrac{x^2\times 12y}{4xy}=-3x$

5 (1) -6 　(2) 2

解説
(2) $20xy^2\div(-5y)=\dfrac{20xy^2}{-5y}=-\dfrac{20xy^2}{5y}$
$\qquad =-4xy=-4\times 2\times\left(-\dfrac{1}{4}\right)=2$

⑥ (1) $y=-2x+5$　　(2) $b=\dfrac{2\pi r-a}{3}$

<u>解説</u>

(2) 両辺を入れかえて，$a+3b=2\pi r$
　　a を移項して，$3b=2\pi r-a$
　　両辺を3でわって，$b=\dfrac{2\pi r-a}{3}$

⑦ 〔説明〕　$(3m+1)+(3n+2)=3m+3n+3$
　　　　　　　　　　　　　　　　　$=3(m+n+1)$
　　$m+n+1$ は整数だから，$3(m+n+1)$ は3の倍数である。したがって，3でわり切れる。

⑧ (1) $\dfrac{9}{2}$倍　　(2) $\dfrac{7}{9}$倍

<u>解説</u>

(1) △ABC の面積は
　　$\dfrac{1}{2}\times(a+2a)\times(b+2b)=\dfrac{9ab}{2}$
　　△DBE の面積は，$\dfrac{1}{2}\times a\times 2b=ab$
　　したがって，$\dfrac{9ab}{2}\div ab=\dfrac{9}{2}$(倍)

(2) 四角形 ADEC の面積は
　　$\dfrac{9ab}{2}-ab=\dfrac{7ab}{2}$
　　したがって，$\dfrac{7ab}{2}\div\dfrac{9ab}{2}=\dfrac{7}{9}$(倍)

定期テスト予想問題 ②　　　　62〜63ページ

① (1) 2次式　　(2) 3次式

<u>解説</u>

(1) $4a$ と b の次数は1，$-bc$ の次数は2なので，この多項式は2次式である。
(2) $5xy$ の次数は2，$2x^2y$ の次数は3なので，3次式。

② (1) $7a-6b$　　(2) $-a-10b$

<u>解説</u>

(1) $(3a-8b)+(4a+2b)$
　　$=3a-8b+4a+2b=7a-6b$
(2) $(3a-8b)-(4a+2b)$
　　$=3a-8b-4a-2b=-a-10b$

③ (1) $-6a+9b$　　(2) $-3a+7b$
　　(3) $3x^2-x+8$　　(4) $\dfrac{3a+7b}{8}$

<u>解説</u>

(3) $3(x^2+x-4)-4(x-5)$
　　$=3x^2+3x-12-4x+20$
　　$=3x^2-x+8$

④ (1) $3xy^2$　　(2) $-4x^2$　　(3) $-50a$
　　(4) $3ab^2$　　(5) $-6x^2y$　　(6) $\dfrac{ab}{18}$

<u>解説</u>

(2) $8x^3\div(-2x)=\dfrac{8x^3}{-2x}=-\dfrac{8x^3}{2x}=-4x^2$
(6) $\dfrac{4}{3}a^3b^2\div4a\div6ab=\dfrac{4a^3b^2}{3\times4a\times6ab}=\dfrac{ab}{18}$

⑤ (1) -29　　(2) -4

<u>解説</u>

(2) $6ab\div(-3a^2)\times9a^2b=\dfrac{6ab\times9a^2b}{-3a^2}=-18ab^2$
　　$=-18\times\dfrac{1}{2}\times\left(-\dfrac{2}{3}\right)^2=-4$

⑥ (1) $b=\dfrac{3a-7}{4}$　　(2) $y=-\dfrac{3}{2}x+3$

<u>解説</u>

(2) $\dfrac{1}{2}x$ を移項して，$\dfrac{1}{3}y=-\dfrac{1}{2}x+1$
　　両辺に3をかけて，$y=-\dfrac{3}{2}x+3$

⑦ 〔説明〕　n を整数とすると，いちばん小さい奇数は $2n+1$，真ん中の奇数は $2n+1+2=2n+3$，いちばん大きい奇数は $2n+3+2=2n+5$ と表せる。
これらの和は，
　　$(2n+1)+(2n+3)+(2n+5)$
　　$=6n+9=3(2n+3)$
ここで，$2n+3$ は整数だから，$3(2n+3)$ は3の倍数である。したがって，連続する3つの奇数の和は，3の倍数である。

⑧ 〔説明〕　正四角錐 A の体積は，$\dfrac{1}{3}\times a^2\times h=\dfrac{a^2h}{3}$

正四角錐Bの体積は，$\dfrac{1}{3}\times(2a)^2\times2h=\dfrac{8a^2h}{3}$
したがって，$\dfrac{8a^2h}{3}\div\dfrac{a^2h}{3}=8$（倍）である。

解説　正四角錐Bは，底面が1辺2$a$cm，高さが2$h$cmになる。

2章　連立方程式

1 連立方程式とその解き方

p.69　**1** ア…ー1，イ…7

解説　**ア**．3x+y=8に，x=3を代入して，
3×3+y=8，9+y=8，y=ー1
　イ．3x+y=8に，y=ー13を代入して，
3xー13=8，3x=21，x=7

p.69　**2** 解とはいえない。

解説　3x+4y=9の左辺にx=1，y=ー3を代入すると，3×1+4×(ー3)=ー9
$\underline{（左辺）}$≠$\underline{（右辺）}$だから，解とはいえない。
$\quad$ー9$\qquad\qquad$9

p.70　**3** ⑦

解説　x=2，y=3を各式に代入して，①，②の両方の式を成り立たせる連立方程式を選べばよい。

p.71　**4** (1)x=7，y=2　(2)x=3，y=ー3

解説　(1)　①+②より，2x=14，x=7
x=7を①に代入して，7+y=9，y=2
(2)　①ー②より，7y=ー21，y=ー3
y=ー3を①に代入して，5x+4×(ー3)=3，
5xー12=3，5x=15，x=3

p.72　**5** (1)x=1，y=1　(2)x=2，y=ー1

解説　(1)　①+②×7より，23x=23，x=1
x=1を②に代入して，3×1+y=4，y=1
(2)　①×3+②×2より，19x=38，x=2
x=2を①に代入して，3×2+4y=2，
4y=ー4，y=ー1

p.73　**6** (1)x=2，y=ー1　(2)x=4，y=1

解説　(1)　②を①に代入すると，3x+2(2xー5)=4，
3x+4xー10=4，7x=14，x=2
x=2を②に代入して，y=2×2ー5=ー1
(2)　①を②に代入すると，3(1+3y)ー5y=7，
3+9yー5y=7，4y=4，y=1
y=1を①に代入して，x=1+3×1=4

p.74　**7** (1)x=ー2，y=ー5　(2)x=1，y=5

解説　(1)　②より，x=13+3y…③
③を①に代入すると，11(13+3y)ー4y=ー2，
143+33yー4y=ー2，29y=ー145，y=ー5

5

$y=-5$ を③に代入して，$x=13+3\times(-5)=-2$

(2) ②より，$y=2x+3\cdots$③

③を①に代入すると，$3x-2(2x+3)=-7$，

$3x-4x-6=-7$，$-x=-1$，$x=1$

$x=1$ を③に代入して，$y=2\times1+3=5$

p.75 **8** $x=5$，$y=4$　代入法が解きやすい。

解説　加減法で解くと，②より，$x+y=9\cdots$③

①$-$③$\times4$ より，$y=4$　$y=4$ を③に代入して，

$x+4=9$，$x=5$

また，代入法で解くと，②を①に代入して，

$4x+5(-x+9)=40$，$x=5$

$x=5$ を②に代入して，$y=-5+9=4$

　一般に，**一方の方程式が$y=\sim$または，$x=\sim$の形になっているときは代入法で，それ以外の連立方程式は加減法で解くとよい。**

p.76 **9** (1)$x=3$，$y=8$ (2)$x=-2$，$y=11$

解説　(1) ①$-$②$\times4$ より，$-9x=-27$，$x=3$

$x=3$ を②に代入して，$4\times3-y=4$，$y=8$

(2) ②より，$y=3x+17\cdots$③

③を①に代入すると，$2x-3(3x+17)=-37$，

$2x-9x-51=-37$，$-7x=14$，$x=-2$

$x=-2$ を③に代入して，$y=3\times(-2)+17=11$

2 いろいろな連立方程式

p.78 **10** (1)$x=-2$，$y=4$ (2)$x=-2$，$y=2$

解説　**かっこがある方程式のかっこをはずして整理す**ると，次のようになる。この連立方程式を解けばよい。

(1) $\begin{cases} x-y=-6 \\ 3x+2y=2 \end{cases}$ (2) $\begin{cases} -x+3y=8 \\ 4x+3y=-2 \end{cases}$

p.79 **11** (1)$x=3$，$y=2$ (2)$x=-6$，$y=4$

解説　係数が分数の方程式の分母をはらうと，次のようになる。この連立方程式を解けばよい。

(1) $\begin{cases} 2x+3y=12 \\ x+3y=9 \end{cases}$ (2) $\begin{cases} x+2y=2 \\ 5x+9y=6 \end{cases}$

p.80 **12** (1)$x=3$，$y=5$ (2)$x=2$，$y=10$

解説　分子が多項式の方程式の**分母をはらって整理す**ると，次のようになる。この連立方程式を解けばよい。

なお，(2)の上の方程式は，両辺を7でわって，$x+y=12$ としてから解くとよい。

(1) $\begin{cases} 8x-3y=9 \\ x-3y=-12 \end{cases}$ (2) $\begin{cases} 7x+7y=84 \\ 3x-y=-4 \end{cases}$

p.81 **13** (1)$x=4$，$y=1$ (2)$x=6$，$y=\dfrac{8}{5}$

解説　(1) 下の方程式は両辺に10をかけ，

$\begin{cases} x+2y=6 \\ 3x-2y=10 \end{cases}$ を解く。

(2) 上の方程式は両辺に10をかけ，下の方程式は両辺に100をかけて，$\begin{cases} 3x+10y=34 \\ 6x+10y=52 \end{cases}$ を解く。

p.82 **14** (1)$x=-3$，$y=-2$ (2)$x=3$，$y=-1$

解説　(1) $\begin{cases} 4x-7y=2 \\ -4x+5y=2 \end{cases}$ として解く。

(2) $3x+5y=x+1$，$x+1=5x+3y-8$ と組み合わせ，これを整理して，右の連立方程式を解く。 $\begin{cases} 2x+5y=1 \\ 4x+3y=9 \end{cases}$

p.83 **15** (1)**解はない。** (2)**解は無数にある。**

解説　(1) ①の両辺を3倍すると $3x+9y=-6$ となり，この式と②の式の両辺を比べると，左辺は同じだが，右辺はちがうという矛盾が起こる。したがって，この連立方程式の解はない。

(2) ②の両辺を3倍すると，$9x-3y=15$

これは①の式に等しいから，解は無数にある。

p.84 **16** $a=3$，$b=5$

解説　$x=2$，$y=-5$ を連立方程式に代入すると，

$\begin{cases} 2-5a=-13 \\ 2b+10=20 \end{cases}$ これより，$a=3$，$b=5$

p.84 **17** $a=5$，$b=2$

解説　$x=3$，$y=-1$ を連立方程式に代入すると，

$\begin{cases} 3a-b=13 \\ 3b+a=11 \end{cases}$ これより，$a=5$，$b=2$

p.85 **18** $a=2$，$b=1$

解説　$\begin{cases} 3x-5y=-8 \\ 4x+3y=-1 \end{cases}$ を解くと，$\begin{cases} x=-1 \\ y=1 \end{cases}$

これを残りの2つの方程式に代入して，

$\begin{cases} a+b=3 \\ -3b+a=-1 \end{cases}$ これをa，bについて解いて，$a=2$，$b=1$

3 連立方程式の利用

p.87 **19 大きい数8，小さい数1**

解説 大きい数をx，小さい数をyとすると，
$2x-y=15\cdots$①，$3x+2y=26\cdots$②
①，②を連立方程式として解くと，$x=8$，$y=1$

p.87 **20 鉛筆80円，ノート100円**

解説 鉛筆1本の値段をx円，ノート1冊の値段をy円
とすると，$3x+y=340\cdots$①，$2x+3y=460\cdots$②
①，②を連立方程式として解くと，$x=80$，$y=100$

p.88 **21 97**

解説 もとの整数の十の位の数をx，一の位の数をyと
すると，$x+y=16\cdots$①，$10y+x=10x+y-18\cdots$②だ
①，②を連立方程式として解くと，$x=9$，$y=7$だ
から，もとの整数は97

p.89 **22 バスに乗った道のり24km**
歩いた道のり2km

解説 バスに乗った道のりを$x$km，歩いた道のりを
$y$kmとすると，$\begin{cases} x+y=26\cdots① \\ \dfrac{x}{36}+\dfrac{y}{4}=1\dfrac{10}{60}\cdots② \end{cases}$
①，②を連立方程式として解くと，$x=24$，$y=2$

p.90 **23 列車の長さ120m，時速108km**

解説 列車の長さをxm，速さを秒速ymとすると，
$x+2850=99y\cdots$①，$x+930=35y\cdots$②
①，②を連立方程式として解くと，$x=120$，$y=30$
ここで，秒速30mを時速に直すと，
$30\times60\times60\div1000=108$（km）

p.91 **24 絵の具680円，絵筆240円**

解説 絵の具1箱の定価をx円，絵筆1本の定価をy円
とすると，$\begin{cases} \dfrac{90}{100}x+2y\times\dfrac{80}{100}=996\cdots① \\ x+2y=996+164\cdots② \end{cases}$
①，②を連立方程式として解くと，$x=680$，$y=240$

p.92 **25 10%…80g，5%…120g**

解説 10%の食塩水をxg，5%の食塩水をyg混ぜる
とすると，$\begin{cases} x+y=200\cdots① \\ \dfrac{10}{100}x+\dfrac{5}{100}y=200\times\dfrac{7}{100}\cdots② \end{cases}$
①，②を連立方程式として解くと，$x=80$，$y=120$

p.93 **26 Aさん9000円，Bさん4000円**

解説 はじめにAさんがx円，Bさんがy円持ってい
たとすると，$\begin{cases} \dfrac{60}{100}x+\dfrac{50}{100}y=7400\cdots① \\ \dfrac{40}{100}x-\dfrac{50}{100}y=1600\cdots② \end{cases}$
①，②を連立方程式として解くと，$x=9000$，
$y=4000$

p.94 **27 男子135人，女子114人**

解説 昨年度の男子の入学者数をx人，女子の入学者
数をy人とすると，$\begin{cases} \dfrac{108}{100}x+\dfrac{95}{100}y=249 \\ x+y=249-4 \end{cases}$

これを連立方程式として解くと，$x=125$，$y=120$
だから，**今年度の入学者数は**，男子が$\dfrac{108}{100}\times125=$

135（人），女子が$\dfrac{95}{100}\times120=114$（人）

求めるのは今年度の入学者数であることに注意。

p.95 **28 自転車1.5時間，バスケットボール3.5時間**

解説 「自転車」を行う時間をx時間，「バスケットボ
ール」を行う時間をy時間とすると，
$x+y=5\cdots$①，$4x+6y=27\cdots$②
①，②を連立方程式として解くと，$x=1.5$，$y=3.5$

定期テスト予想問題① 96～97ページ

1 (1)$x=2$，$y=1$　　(2)$x=2$，$y=-1$
　(3)$x=1$，$y=2$　　(4)$x=3$，$y=-2$

解説
上の式を①，下の式を②とする。
(1) ①+②より，$3x=6$，$x=2$
$x=2$を①に代入して，$4+y=5$，$y=1$
(3) ①×5+②×3より，$29x=29$，$x=1$
$x=1$を①に代入して，$4+3y=10$，$y=2$

2 (1)$x=2$，$y=6$　　(2)$x=3$，$y=1$
　(3)$x=-1$，$y=5$　　(4)$x=3$，$y=-2$

解説
上の式を①，下の式を②とする。
(2) ②を①に代入して，$5x-2(x-2)=13$
$5x-2x+4=13$，$x=3$

$x=3$ を②に代入して，$y=3-2=1$

(4) ①を②に代入して，$4-y=5y+16$，$y=-2$

$y=-2$ を①に代入して，$2x=4+2$，$x=3$

---

3 (1) $x=3$，$y=-1$　　(2) $x=3$，$y=1$

(3) $x=\dfrac{3}{2}$，$y=\dfrac{1}{3}$　　(4) $x=25$，$y=20$

[解説]

かっこのある式はかっこをはずし，小数係数の式は両辺に10，100，…をかけて係数を整数にし，分数係数の式は分母をはらってから，式を整理する。

それぞれ，次の連立方程式を解けばよい。

(1) $\begin{cases} x+y=2 \\ 2x+3y=3 \end{cases}$　　(2) $\begin{cases} 4x-3y=9 \\ 2x+9y=15 \end{cases}$

(3) $\begin{cases} 4x+12y=10 \\ 4x-3y=5 \end{cases}$　　(4) $\begin{cases} 4x+y=120 \\ x+4y=105 \end{cases}$

---

4 (1) $a=4$，$b=1$　　(2) 51

[解説]

(1) $x=3$，$y=5$ を連立方程式に代入すると，

$\begin{cases} 3a-7b=5 \\ 3a+5b=17 \end{cases}$

これを a，b について解いて，$a=4$，$b=1$

(2) $\begin{cases} 3a-2b=4 \\ 5a-b=-5 \end{cases}$ を解くと，$a=-2$，$b=-5$

これを $-a^2+3ab+b^2$ に代入して，

$-(-2)^2+3\times(-2)\times(-5)+(-5)^2=51$

---

5 鉛筆60円，ノート150円

[解説]

鉛筆1本の値段を x 円，ノート1冊の値段を y 円とすると，$\begin{cases} x+y=210\cdots① \\ 8x+3y=930\cdots② \end{cases}$

①，②を連立方程式として解くと，$x=60$，$y=150$

---

6 上り3.6km，下り2.4km

[解説]

上りの部分を x km，下りの部分を y km とすると，

距離の関係から，$x+y+1.8=7.8\cdots①$

時間の関係から，$\dfrac{x}{3}+\dfrac{y}{4.8}+\dfrac{1.8}{4}=2\dfrac{9}{60}\cdots②$

①，②を連立方程式として解くと，$x=3.6$，$y=2.4$

---

7 男子242人，女子171人

[解説]

昨年度の男子生徒を x 人，女子生徒を y 人とすると，

$\begin{cases} x+y=413-13 \\ \dfrac{110}{100}x+\dfrac{95}{100}y=413 \end{cases}$

これを連立方程式として解くと，$x=220$，$y=180$

よって，今年度の生徒数は，男子が $\dfrac{110}{100}\times220=242$

（人），女子が $\dfrac{95}{100}\times180=171$（人）

定期テスト予想問題 ②
98〜99ページ

1 (1) $x=-1$，$y=2$　　(2) $x=3$，$y=1$

(3) $x=-3$，$y=-2$　　(4) $x=2$，$y=1$

(5) $x=-2$，$y=1$　　(6) $x=3$，$y=5$

[解説]

上の式を①，下の式を②とする。

(1) ①＋②より，$10x=-10$，$x=-1$

$x=-1$ を②に代入して，$-3+2y=1$，$y=2$

(4) ①を②に代入して，$7x+14x-26=16$，$x=2$

$x=2$ を①に代入して，$y=14-13$，$y=1$

---

2 (1) $x=3$，$y=2$　　(2) $x=-2$，$y=8$

(3) $x=15$，$y=4$　　(4) $x=-2$，$y=-2$

[解説]

(1) かっこをはずして整理すると，$\begin{cases} 2x+y=8 \\ -x+3y=3 \end{cases}$

(2) 上の式の両辺を10倍して，分母をはらう。

(3) 上の式の両辺に100を，下の式の両辺に10をかけて，係数を整数にする。

(4) $\begin{cases} 5x-6y=2 \\ x-2y=2 \end{cases}$ として解く。

---

3 $a=-2$

[解説]

$x:y=3:4$ より，$y=\dfrac{4}{3}x$　これを上の式に代入すると，

$3x-\dfrac{4}{3}x=10$，$x=6$

これより，$y=\dfrac{4}{3}\times6=8$

$x=6$, $y=8$を下の式に代入して，$6a+8=-4$, $a=-2$

4 74

解説

十の位の数をx，一の位の数をyとすると，各位の数の関係から，$x+y=11$…①

もとの整数は$10x+y$，入れかえた整数は$10y+x$だから，$10y+x=10x+y-27$…②

①，②を連立方程式として解くと，$x=7$, $y=4$

5 Aさん…分速180m，Bさん…分速60m

解説

Aさんの速さを分速xm，Bさんの速さを分速ymとすると，道のりの関係から，$\begin{cases}20x+20y=4800\\40x=40y+4800\end{cases}$

これを解くと，$x=180$, $y=60$

6 18%…375g，10%…225g

解説

18%の食塩水をxg，10%の食塩水をyg混ぜるとすると，食塩水の重さの関係から，$x+y=600$…①

含まれる食塩の重さの関係から，

$\dfrac{18}{100}x+\dfrac{10}{100}y=600\times\dfrac{15}{100}$…②

①，②を連立方程式として解くと，$x=375$, $y=225$

7 強度5「動物と遊ぶ」…3時間，
強度4.5「水中歩行」…2時間

解説

強度5の運動をx時間，強度4.5の運動をy時間とすると，時間の関係から，$x+y=5$…①

強度（メッツ）の関係から，$5x+4.5y=24$…②

①，②を連立方程式として解くと，$x=3$, $y=2$

3章　1次関数

1 1次関数と変化の割合

p.105 1 $y=2x+8$　yはxの関数である。

p.105 2 (1)$y=5$　(2)$x=-2$

解説　(1)　$y=-3x-4$に$x=-3$を代入して，
$y=-3\times(-3)-4=5$

(2)　$y=-3x-4$に$y=2$を代入して，$2=-3x-4$,
$x=-2$

p.106 3 ㋑，㋒

p.107 4 (1)1次関数ではない。(2)1次関数である。

解説　(1)　式に表すと，$\dfrac{1}{2}xy=10$, $y=\dfrac{20}{x}$

(2)　式に表すと，$y=12-0.5x$, $y=-0.5x+12$

p.108 5 (1)$y=-\dfrac{1}{10}x+40$　(2)35L

解説　(1)　1kmあたりのガソリンの使用量は，
$1\div10=\dfrac{1}{10}$(L)　したがって，$y=40-\dfrac{1}{10}x$

(2)　(1)で求めた式に，$x=50$を代入する。

p.109 6 (1)2　(2)2

解説　1次関数$y=ax+b$の変化の割合は一定で，
xの係数aに等しい。

p.110 7 (1)-6　(2)6

p.111 8 -7

解説　変化の割合は，$\dfrac{-3-1}{1-(-1)}=-2$

xが1から3まで増加するとき，xの増加量は2，
yの増加量はA$-(-3)=$A$+3$だから，
A$+3=(-2)\times2$より，A$=-7$

2 1次関数のグラフ

p.113 9 A…13，B…$\dfrac{5}{2}$

解説　グラフの式に，x座標または，y座標を代入し，対応するy座標または，x座標の値を求めればよい。

p.113 10 B，C

解説　グラフの式にx座標を代入して計算し，その結

果がy座標に等しくなれば，その点はグラフ上にある。

p.114 **11** 右のグラフ

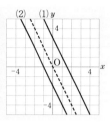

p.115 **12** (1)傾き…-1，切片…1
(2)傾き…0.3，切片…10
(3)傾き…-2，切片…0
(4)傾き…$\dfrac{4}{3}$，切片…$-\dfrac{1}{2}$

p.116 **13** 右のグラフ

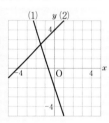

解説 (1) 点$(0, -2)$を通り，この点から，右へ1，下へ3進んだ点$(1, -5)$を通る。
(2) 点$(0, 4)$を通り，この点から，右へ1，上へ1進んだ点$(1, 5)$を通る。

p.117 **14** 右のグラフ

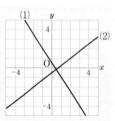

解説 グラフの式から，x座標，y座標がともに整数になる2点を見つけ，その2点を通る直線をひけばよい。
(1) 2点$(1, -1)$，$(-1, 2)$を通る。
(2) 2点$(2, 1)$，$(-2, -2)$を通る。

p.118 **15** (1)㋐ (2)㋐，㋒ (3)㋑と㋔
解説 (1) 傾きの絶対値が最大なもので，㋐
(2) 傾きが負のもので，㋐と㋒
(3) 平行な直線は傾きが等しいから，㋑と㋔

p.119 **16** (1)$-7<y<5$ (2)$-\dfrac{5}{2}\leqq x\leqq\dfrac{1}{2}$

解説 $y=-2x-3$のグラフをかき，変域をグラフ上に移し，変域の両端の値に対応するyの値または，xの値を求める。**不等号の向きに注意。**
(1) $x=-4$に$y=5$が，$x=2$に$y=-7$が対応。
(2) $y=-4$に$x=\dfrac{1}{2}$が，$y=2$に$x=-\dfrac{5}{2}$が対応。

p.120 **17** (1)$a=-2$ (2)$m=-4$ (3)$p=2$

解説 (1) $y=ax+2$に$x=-2$，$y=6$を代入して，
$6=-2a+2$，$a=-2$
(2) $y=-2x+2$に$x=m$，$y=10$を代入して，
$10=-2m+2$，$m=-4$
(3) $y=-2x+2$に，$x=p$，$y=-p$を代入して，
$-p=-2p+2$，$p=2$

3 1次関数の式の求め方

p.122 **18** (1)$y=7x-11$ (2)$y=-\dfrac{3}{4}x+1$
(3)$y=-\dfrac{2}{5}x-4$

p.123 **19** (1)$y=-0.3x+2$ (2)$y=6x+7$

解説 (1) $y=-0.3x+b$に$x=10$，$y=-1$を代入して，
$-1=-0.3\times10+b$，$b=2$
(2) $y=6x+b$に$x=-1$，$y=1$を代入して，
$1=6\times(-1)+b$，$b=7$

p.124 **20** (1)$y=-5x+5$ (2)$y=6x+16$

解説 (2) $y=ax+b$に$x=-3$，$y=-2$と，$x=-1$，$y=10$をそれぞれ代入すると，
$-2=-3a+b$…①，$10=-a+b$…②
①，②を連立方程式として解いて，$a=6$，$b=16$

p.125 **21** (1)$y=-x-3.5$ (2)$x=-8$

解説 (1) 変化の割合は，どの区間でも，$\dfrac{-3}{3}=-1$だから，yはxの1次関数。また，$x=0$のとき$y=-3.5$だから，式は，$y=-x-3.5$

p.126 **22** (1)$y=-\dfrac{4}{3}x+3$ (2)$y=\dfrac{4}{7}x-2$

p.127 **23** (1)$y=3x$ (2)$y=3x+8$

解説 求める直線の傾きは3だから，式は

$y=3x+b$ とおける。

(1) 原点を通るから，$b=0$
(2) 点$(-2, 2)$を通るから，$b=8$

4 方程式とグラフ

p.129 **24** 右のグラフ

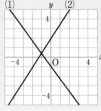

解説 (1)は$y=-\dfrac{4}{3}x-1$，(2)は$y=\dfrac{3}{2}x+2$のグラフをかけばよい。

p.130 **25** 右のグラフ

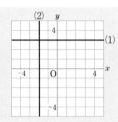

p.131 **26** $x=-3, y=2$

p.132 **27** $\left(\dfrac{9}{7}, \dfrac{17}{21}\right)$

解説 ①，②の式を連立方程式とみて解けばよい。

p.133 **28** $a=13$

解説 ①，③を連立方程式とみて解いて，交点の座標を求めると，$x=3, y=-1$　これを②の式に代入して，$4\times3-(-1)=a$，$a=13$

5 1次関数の応用

p.135 **29** 11cm

解説 式は$y=ax+b$とおけるので，
$x=6, y=8$を代入して，$8=6a+b$…①
$x=10, y=10$を代入して，$10=10a+b$…②
①，②を連立方程式として解いて，$a=\dfrac{1}{2}, b=5$
$y=\dfrac{1}{2}x+5$に$x=12$を代入して，$y=\dfrac{1}{2}\times12+5=11$

p.136 **30** $(3, 6)$

解説 点Pのx座標をtとすると，
$PR=t, PQ=-\dfrac{2}{3}t+8$　$PQ=2PR$だから
$-\dfrac{2}{3}t+8=2t, t=3$
したがって，点Pのx座標は3で，$PQ=2PR$だから，点Pのy座標は，$2\times3=6$

p.137 **31** 35

解説 直線ABの式を$y=ax+b$とし，2点A，Bの座標を代入すると，
$10=6a+b$…①，$5=-4a+b$…②
①，②をa, bについて解くと，$a=\dfrac{1}{2}, b=7$
求める面積は，$\dfrac{1}{2}\times7\times6+\dfrac{1}{2}\times7\times4=35$

p.138 **32** $y=6x-8$

解説 ①，②を連立方程式として解くと，
$x=\dfrac{12}{7}, y=\dfrac{16}{7}$だから，点Pの座標は$\left(\dfrac{12}{7}, \dfrac{16}{7}\right)$
点Pを通り，△PABの面積を2等分する直線は，ABの中点Mを通る。
点Aのx座標は$-\dfrac{4}{3}$，点Bのx座標は4だから，中点Mの座標は，$\left(\dfrac{4}{3}, 0\right)$
したがって，求める直線の式は，2点P，Mを通る直線の式を求めて，$y=6x-8$

p.139 **33** (1)$y=3x\ (0\leqq x\leqq10)$
(2)$y=-5x+80\ (10\leqq x\leqq16)$

解説 (1) $AP=x$cm，$BC=6$cmだから，$y=\dfrac{1}{2}\times x\times6$より，$y=3x$
(2) $PC=(10+6)-x=16-x$(cm)，$AB=10$cmだから，$y=\dfrac{1}{2}\times(16-x)\times10$より，$y=-5x+80$

p.140 **34** 64分後，B地点から$\dfrac{96}{5}$kmの地点

解説 帰りの直線の式は，Pが2点$(80, 24)$，$(160, 0)$を通るから，$y=-\dfrac{3}{10}x+48$
Qが2点$(120, 24)$，$(150, 0)$を通るから，
$y=-\dfrac{4}{5}x+120$
この2直線の交点の座標は，$\left(144, \dfrac{24}{5}\right)$
したがって，PがQに追い越されたのは，PがB

地点を出発してから，144−80＝64（分後）であり，その地点は，B地点から$24-\dfrac{24}{5}=\dfrac{96}{5}$（km）の地点。

p.141 **35** (1)**23m** (2)**24kg**

〔解説〕 2つの量の関係を表す図をもとに，データに最もよく合う関数の式を求めると，さまざまな予測をすることができる。この問題でひいた直線は一般的には回帰直線（かいきちょくせん）といい，高校や大学でくわしく学習する。

　　ここでは，$y=\dfrac{3}{8}x+11$にそれぞれの値を代入する。

(1) $y=\dfrac{3}{8}\times32+11=23$（m）

(2) $20=\dfrac{3}{8}x+11$より，$\dfrac{3}{8}x=9$，$x=24$（kg）

（定期テスト予想問題①） 142〜143ページ

1 ⑦，⑦

〔解説〕
　　$y=ax+b$の形で表されるとき，yはxの1次関数である。比例の式$y=ax$は，定数bが0になっている1次関数の特別な場合である。
　　⑦…$y=\dfrac{20}{x}$，⑦…$y=-60x+1000$，⑦…$y=5x$

2 (1)傾き…-2，
　　　切片…3
　　(2)傾き…$\dfrac{1}{2}$，
　　　切片…-2
　　(3)傾き…$-\dfrac{2}{3}$，
　　　切片…2
　　グラフは右の図

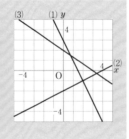

〔解説〕
(3) 式を変形すると，
　　$y=-\dfrac{2}{3}x+2$だから，
　　傾きは$-\dfrac{2}{3}$，切片は2

3 ①$y=\dfrac{2}{3}x+2$　②$y=-2x-1$

〔解説〕
① 点$(0,\ 2)$を通り，傾きが$\dfrac{2}{3}$の直線である。
② 点$(0,\ -1)$を通り，傾きが-2の直線である。

4 (1)$y=\dfrac{2}{3}x+5$　(2)$y=\dfrac{3}{2}x+3$　(3)$y=2x-1$

〔解説〕
(2) $y=ax+b$に2点の座標の値を代入すると，
　　$-3=-4a+b\cdots$①，$6=2a+b\cdots$②
　　①，②を連立方程式として解いて，$a=\dfrac{3}{2}$，$b=3$
(3) $y=2x+b$に$x=3$，$y=5$を代入すると，
　　$5=6+b$，$b=-1$

5 (1)，(2)右の図

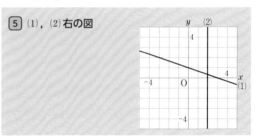

〔解説〕
　　(1)はy，(2)はxについて解く。
(1) $y=-\dfrac{1}{3}x+1$
(2) $x=2$なので，y軸に平行な直線になる。

6 (1)**8** (2)**$(4,\ 1)$** (3)**$a=-1$** (4)**$y=1$**

〔解説〕
(2) 線分BCを△ABCの底辺とすると，高さは点Aのx座標である。点Aのx座標をm（$m>0$）とすると，面積の関係から，
　　$\dfrac{1}{2}\times8\times m=16$，$m=4$
　　これを①に代入して，$y=4-3=1$
(3) 直線②は点Aを通るので，$y=ax+5$に$(4,\ 1)$を代入して求める。$1=4a+5$，$4a=-4$，$a=-1$
(4) 点Aと底辺BCの中点を通る直線の式を求めればよい。BCの中点の座標は$(0,\ 1)$，点Aの座標は$(4,\ 1)$だから，y座標がともに1である。
　　したがって，求める直線の式は，$y=1$

7 (1) $y=\dfrac{3}{10}x$　(2) $y=-\dfrac{3}{5}x+18$

　(3) 家から **6km**の地点で，**8時20分**

解説

(1) 直線は原点と点(40, 12)を通るから，求める式は，

$$y=\dfrac{12}{40}x より，y=\dfrac{3}{10}x$$

(2) 時速36km＝分速$\dfrac{3}{5}$kmである。兄の走ったグラフは，点(10, 12)を通り，傾きが$-\dfrac{3}{5}$の直線になるから，$y=-\dfrac{3}{5}x+b$に$x=10$，$y=12$を代入して，

$$12=-\dfrac{3}{5}\times10+b，b=18$$

　　したがって，求める式は，$y=-\dfrac{3}{5}x+18$

(3) $y=\dfrac{3}{10}x$と$y=-\dfrac{3}{5}x+18$を連立方程式として解けばよい。これを解くと，$x=20$，$y=6$だから，2人が出会う場所は，家から6kmの地点で，出会う時刻は，8時から20分後の8時20分である。

 定期テスト予想問題 ②　　**144〜145ページ**

1 (1) $y=-7$　(2) -2　(3) -6

解説

(1) $y=-2\times5+3=-7$

(3) （yの増加量）＝（変化の割合）×（xの増加量）より，

　　$-2\times3=-6$

2 (1) 傾き…$\dfrac{1}{3}$，切片…-2

　(2) 右の図

　(3) $-3\leqq y\leqq-1$

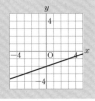

解説

(3) $x=-3$に$y=-3$，$x=3$に$y=-1$が対応する。

3 (1) $y=\dfrac{3}{5}x+3$　(2) $y=-2x+10$

　(3) $y=-x+3$　(4) $y=\dfrac{2}{3}x-\dfrac{4}{3}$

解説

(1) 変化の割合は$\dfrac{3}{5}$だから，$y=\dfrac{3}{5}x+b$に$x=10$，$y=9$を代入して，bの値を求める。

(4) $y=\dfrac{2}{3}x+b$に$x=5$，$y=2$を代入する。

4 (1) $\left(\dfrac{10}{7}, \dfrac{1}{7}\right)$　(2) $a=2$　(3) $b=6$

解説

(1) $\begin{cases}2x+y=3\\x-3y=1\end{cases}$を解く。

(3) 直線$y=\dfrac{2}{3}x-4$はx軸と点(6, 0)で交わるから，

$y=-x+b$に$x=6$，$y=0$を代入して，$0=-6+b$，

$b=6$

5 (1) $y=-2x+12$　変域…$0\leqq x\leqq6$

　(2) $y=2x-12$　変域…$6\leqq x\leqq10$

解説

(1) $BP=x$cm，$PC=6-x$(cm)だから，

$$y=\dfrac{1}{2}\times(6-x)\times4，y=-2x+12(0\leqq x\leqq6)$$

(2) $PC=x-6$(cm)だから，

$$y=\dfrac{1}{2}\times(x-6)\times4，y=2x-12(6\leqq x\leqq10)$$

6 (1) $y=10x+200$

　　グラフは右の図

　(2) **17枚以上**

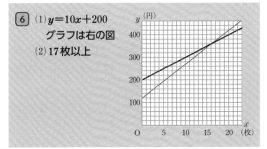

解説

(1) $y=10x+200$のグラフだから，傾きが10，切片が200の直線をかく。

(2) A社のグラフは$y=15x+120$なので，B社のグラフとの交点は(16, 360)

　　つまり，写真を16枚注文したとき，A社とB社は同額で，360円となる。したがって，B社のほうが安くなるのは，17枚以上注文したとき。

4章 図形の調べ方

1 平行線と角

p.151 **1** (1) $130°$ (2) $130°$ (3) $50°$

p.152 **2** $115°$

解説 $∠z$ の対頂角を $∠z'$ とすると，
$∠x+∠z'+∠y+65°=180°$
$∠x+∠y+∠z=∠x+∠y+∠z'=180°-65°=115°$

p.152 **3** (1) $∠g$ (2) $∠d$

p.153 **4** 平行線の同位角は等しいから，$∠a=∠e$
また，対頂角は等しいから，$∠e=∠g$
よって，$∠a=∠g$

p.154 **5** 平行線の同位角は等しいから，$∠c=∠a$
また，一直線の角は $180°$ だから，
$∠a+∠d=180°$
よって，$∠c+∠d=180°$

p.154 **6** $∠x=75°$，$∠y=120°$

解説 平行線の錯角が等しいことから，
$∠x+105°=180°$ より，$∠x=75°$
同様に，$∠y=∠x+45°$ より，$∠y=75°+45°=120°$

p.155 **7** 直線 $ℓ$ と n

解説 右の図で，$ℓ$ と m は，
$∠a=180°-125°=55°$ よ
り錯角が等しくないの
で，平行ではない。

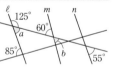

また，$ℓ$ と n は，同位角が等しいから，平行。
また，m と n は，$∠b=60°$ より同位角が等しくな
いので，平行ではない。

p.156 **8** $28°$

解説 OA∥O'A' より，$∠A'PB=28°$
よって，OB∥O'B' より，$∠x=∠A'PB=28°$

p.157 **9** $70°$

解説 $∠x$ の頂点を通り，直線 $ℓ$，m に平行な直線を
ひくと，平行線の錯角が等しいから，
$∠x=50°+(180°-160°)=70°$

p.158 **10** $53°$

解説 平行線の錯角は等し
いことと，折り返して重
なる部分の角は等しいこ
とより，右の図のように
$∠x$ をおけるから，
$(74°+∠x)+∠x=180°$
$2∠x=180°-74°$，$2∠x=106°$，$∠x=53°$

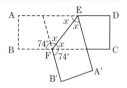

2 多角形の内角と外角

p.160 **11** $∠A+∠B=∠ACD$ だから，
$∠A+∠B+∠ACB=∠ACD+∠ACB$
$=∠BCD=180°$

p.160 **12** $22°$

解説 $∠x=180°-(90°+68°)=22°$
直角以外の 2 つの内角の和は $90°$ だから，
$90°-68°=22°$ で求めてもよい。

p.161 **13** (1) $133°$ (2) $52°$

解説 (2) $(180°-72°)+∠x=160°$ だから，
$∠x=160°-108°=52°$

p.161 **14** (1) 鋭角三角形 (2) 鈍角三角形
(3) 直角三角形

解説 (1) $180°-(50°+70°)=60°$ より，すべての角
が鋭角
(2) $180°-(15°+65°)=100°$ より，1 つの角が鈍角
(3) $180°-(35°+55°)=90°$ より，1 つの角が直角

p.162 **15** (1) $∠x=130°$，$∠y=15°$ (2) $35°$

解説 (1) $∠x=180°-(30°+20°)=130°$ また，2 つ
の三角形の内角の和が $180°$ であることと，対頂角の
関係から，
$30°+20°=35°+∠y$，$∠y=15°$
(2) 2 つの三角形の，内角と外角の関係を使う。
$(60°+20°)+∠x=115°$，$∠x=115°-80°=35°$

p.163 **16** (1) $145°$ (2) $∠x=70°$，$∠y=110°$

解説 (1) 右の図で，錯角
より，$∠GEF=60°$
$∠GFE=180°-95°=85°$
$△EFG$ の外角より，
$∠x=60°+85°=145°$

(2) 62°の対頂角と三角形の内角の和から,
$\angle x = 180° - (48° + 62°) = 70°$
また, 平行線の同位角から,
$\angle y = 180° - \angle x = 180° - 70° = 110°$

p.164 **17** 39°

解説 BCの延長と辺ADとの交点をEとすると,
△ABEの内角と外角の関係から,
$\angle CED = 40° + 11° = 51°$
同様に, △EDCの内角と外角の関係から,
$51° + \angle x = 90°$, $\angle x = 39°$

p.165 **18** 90°

解説 AB//CDより, 錯角は等しいから,
$\angle AEG = \angle x$, $\angle BEH = \angle y$ より,
$\angle AEF = 2\angle x$, $\angle BEF = 2\angle y$
また, $\angle AEF + \angle BEF = 180°$だから,
$2\angle x + 2\angle y = 180°$より, $\angle x + \angle y = 90°$

p.166 **19** 48°

解説 $\angle DBC + \angle DCB = 180° - 114° = 66°$
$\angle x = 180° - 2(\angle DBC + \angle DCB)$
$\quad = 180° - 2 \times 66° = 48°$

p.167 **20** (1) 1440°　　(2) 24°

解説 (1) $180° \times (10 - 2) = 1440°$
(2) $360° \div 15 = 24°$

p.167 **21** 120°

解説 六角形の内角の和は, $180° \times (6 - 2) = 720°$で,
$\angle BAF = 180° - 40° = 140°$だから,
$\angle x = 720° - (100° + 120° + 110° + 130° + 140°)$
$\quad = 120°$

p.168 **22** 360°

解説 印をつけた角の和は, △ACEと△BDFの内角
の和の合計に等しいから, $180° \times 2 = 360°$

p.169 **23** 〔説明〕1つの円は半径が$r$cmなので, そ
の面積は $\pi \times r^2 = \pi r^2 (\text{cm}^2)$
それがn個あるから, 全部の円の面積の和,
すなわち$A + B$は, $n\pi r^2 \text{cm}^2$である。
斜線をひいたおうぎ形の中心角の和は, n角
形の内角の和なので,
$180° \times (n - 2) = 180° \times n - 360°$
Aは, $\pi r^2 \times \dfrac{180n - 360}{360} = \left(\dfrac{n}{2} - 1\right)\pi r^2 (\text{cm}^2)$

Bは, $n\pi r^2 - A$だから,
$n\pi r^2 - \left(\dfrac{n}{2} - 1\right)\pi r^2$
$= \left(\dfrac{n}{2} + 1\right)\pi r^2 (\text{cm}^2)$
$B - A$は,
$\left(\dfrac{n}{2} + 1\right)\pi r^2 - \left(\dfrac{n}{2} - 1\right)\pi r^2$
$= 2\pi r^2 (\text{cm}^2)$
以上のことから, $B - A$は, n角形の辺の長
さの半分を半径とする円2つ分の面積になる。

3 図形の合同

p.171 **24** (1) 辺EH　(2) ∠C
(3) AB=6cm, FG=8cm
(4) ∠D=120°, ∠F=70°

p.172 **25** △ABC≡△GIH, △DEF≡△JLK
$x = 59$, $y = 24$

解説 3組の辺が等しいから, △ABC≡△GIH
また, △JLKの残りの角は, $180° - (84° + 53°)$
$= 43°$だから, 1組の辺とその両端の角が等しく,
△DEF≡△JLK
さらに, 合同な図形の対応する辺の長さや角の大
きさは等しいから, $\angle A = \angle G$より, $x = 59$,
DE=JLより, $y = 24$

p.173 **26** AC=DFまたは, ∠B=∠Eまたは,
∠C=∠F

解説 AB=DE, ∠A=∠Dが成り立っているから,
「2組の辺とその間の角」または「1組の辺とその両
端の角」のどちらかが成り立てばよい。
そこで, AC=DFの条件をつけ加えると, 2組の
辺とその間の角が等しくなり, ∠B=∠Eの条件を
つけ加えると, 1組の辺とその両端の角が等しくな
る。また, ∠C=∠Fの条件をつけ加えると,
∠A=∠Dが成り立っているので, 残りの角どうし
も等しく, ∠B=∠Eとなり, この場合も, 1組の
辺とその両端の角が等しくなる。
ただし, BC=EFの条件をつけ加えても, 三角形
の合同条件にはあてはまらないので,
△ABC≡△DEFはいえないことに注意する。

p.174 **27** つねに合同であるとはいえない。

解説 等しい2辺の間の角がちがうもの，すなわち残りの辺の長さがちがうものがある。

p.174 **28** 1組の辺とその両端の角がそれぞれ等しい。

解説 △AMBと△DMCで，BM＝CM，∠B＝∠C また，∠AMB＝∠DMC（対頂角）だから，1組の辺とその両端の角が等しく，△AMB≡△DMC

4 図形と証明

p.176 **29** 仮定…△ABC≡△DEF
結論…AB＝DE

p.177 **30** 〔仮定〕 ∠y＝∠z
〔結論〕 ∠x＝∠z
〔証明〕 対頂角は等しいから，∠x＝∠y
また，仮定より，∠y＝∠z
したがって，∠x＝∠y＝∠zより，
∠x＝∠z

p.178 **31** 〔仮定〕 AB＝CD，DO＝BO
〔結論〕 ∠DAO＝∠BCO
〔証明〕 △OADと△OCBにおいて，
仮定より，DO＝BO…①
また，仮定より，AB＝CDだから，これと①より，AO＝CO…②
また，∠AOD＝∠COB（対頂角）…③
①，②，③より，2組の辺とその間の角がそれぞれ等しいので，
△OAD≡△OCB
合同な図形の対応する角の大きさは等しいから，
∠DAO＝∠BCO

p.179 **32** 〔仮定〕 AB＝AC，∠ABD＝∠ACE
〔結論〕 AD＝AE
〔証明〕 △ABDと△ACEにおいて，
仮定より，AB＝AC…①
∠ABD＝∠ACE…②
共通な角だから，∠BAD＝∠CAE…③
①，②，③より，1組の辺とその両端の角がそれぞれ等しいので，
△ABD≡△ACE

合同な図形の対応する辺の長さは等しいから，
AD＝AE

p.180 **33** 〔仮定〕 n角形
〔結論〕 内角の和は180°×(n−2)
〔証明〕 内部の点Pと各頂点を結ぶと，三角形がn個できる。
n個の三角形の内角の和の合計は，
180°×n
また，点Pのまわりの角の和は360°
したがって，n角形の内角の和は，
180°×n−360°＝180°×n−180°×2
＝180°×(n−2)

p.181 **34** コンパスを使って点Oを中心に点A，Bをとったので，OA＝OBを仮定とする。同様にAP＝BPを仮定とする。
〔仮定〕 OA＝OB，AP＝BP
〔結論〕 OP⊥XY
〔証明〕 PとA，PとBをそれぞれ結ぶ。
△OAPと△OBPにおいて，仮定より，
OA＝OB…① AP＝BP…②
また，共通な辺だから，OP＝OP…③
①，②，③より3組の辺がそれぞれ等しいので，
△OAP≡△OBP
したがって，∠POA＝∠POB＝90°だから，
OP⊥XY

定期テスト予想問題 ① 　　　182〜183ページ

1 ∠x＝37°，∠y＝103°

解説
∠y＝180°−(40°＋37°)＝103°

2 (1) 116° (2) 70°

解説
(1) 平行線の同位角が等しいことと，一直線の角から，∠x＋64°＝180°，
∠x＝180°−64°＝116°
(2) 右の図で，平行線の錯角は等しいから，

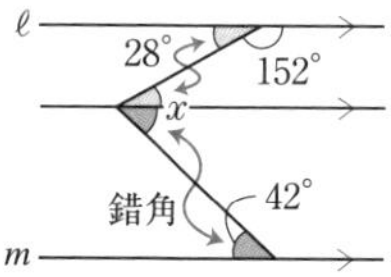

$$\angle x = 28° + 42° = 70°$$

③ $\angle x = 76°$, $\angle y = 49°$

解説

　△ABDの内角と外角の関係から，
　　　$\angle x = 30° + 46° = 76°$
　また，△ADCの内角の和から，
　　　$\angle y = 180° - (76° + 55°) = 49°$

④ (1) $1080°$ 　(2) 正十角形

解説

(1)　$180° \times (8-2) = 1080°$
(2)　1つの外角は$180° - 144° = 36°$で，外角の和は$360°$
　　だから，$360° \div 36° = 10$より，正十角形。

⑤ ㋐, ㋑, ㋓

解説

　㋓…$\angle B = \angle E$，$\angle A = \angle D$より，残りの角も等しく
なるので$\angle C = \angle F$
　1組の辺とその両端の角がそれぞれ等しくなる。

⑥ ㋐…$AB = DC$
　㋑…$\angle BAD = \angle CDA$
　㋒…$\angle ABD = \angle DCA$
　㋓…DC
　㋔…$\angle BAD$
　㋕…DA
　㋖…2組の辺とその間の角
　㋗…$\triangle DCA$
　㋘…$\angle DCA$

⑦ 〔証明〕　△ABEと△ADCにおいて，
仮定より，$AB = AD$…①
　　　　　　$\angle ABE = \angle ADC$…②
共通な角だから，$\angle BAE = \angle DAC$…③
①，②，③より，1組の辺とその両端の角がそれ
ぞれ等しいので，$\triangle ABE \equiv \triangle ADC$
合同な図形の対応する辺の長さは等しいから，
　$BE = DC$

解説

　$BE = DC$であることを証明するために，まず，△ABE
と△ADCの合同を証明し，次に，合同な図形の性質
を使って，$BE = DC$を証明する。

定期テスト予想問題 ②　　　184〜185ページ

① (1) $121°$　(2) $70°$

解説

(1)　$\angle x + 59° = 180°$
　　　　　$\angle x = 180° - 59°$
　　　　　　　$= 121°$
(2)　$60° + 50° + \angle x = 180°$
　　　$\angle x = 180° - (60° + 50°)$
　　　　　$= 70°$

② $\angle x = 70°$, $\angle y = 55°$

解説

　右の図で，AD//BCより，
錯角は等しいから，
　$\angle BGE = \angle DEG = 110°$
　$\angle x = 180° - 110° = 70°$
　$\angle y = \angle DEG \div 2$
　　　$= 110° \div 2 = 55°$

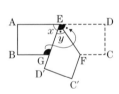

③ (1) $117°$　(2) $\angle x = 90°$, $\angle y = 38°$　(3) $164°$　(4) $43°$

解説

(1)　三角形の内角と外角の関係から，
　　$\angle x = 43° + 74° = 117°$
(2)　$\angle x = 180° - (46° + 44°) = 90°$
　　△CDEで，頂点Cにおける内角と外角の関係より，
　　$52° + \angle y = 180° - 90°$
　　　　$\angle y = 90° - 52°$
　　　　　　$= 38°$
(3)　五角形の内角の和は，$180° \times (5-2) = 540°$
　　$\angle x = 540° - (84° + 90° + 82° + 120°)$
　　　　　$= 164°$
(4)　$124°$の角ととなり合う外角は，
　　$180° - 124° = 56°$で，直角の外角は$90°$だから，

$$\angle x = 360° - (46° + 55° + 40° + 30° + 90° + 56°)$$
$$= 43°$$

[4] 1組の辺とその両端の角がそれぞれ等しい。

〔解説〕

△AEBと△DECで，

　仮定より，AE＝DE…①

　平行線の錯角は等しいから，∠BAE＝∠CDE…②

　対頂角は等しいから，∠AEB＝∠DEC…③

　①，②，③より，1組の辺とその両端の角がそれぞ
れ等しいので，△AEB≡△DEC

[5] 〔証明〕　△ADEと△FBEにおいて，

　点EはBDの中点だから，DE＝BE…①

　AD∥BCから，平行線の錯角は等しいので，

　　∠ADE＝∠FBE…②

　対頂角は等しいから，∠AED＝∠FEB…③

　①，②，③より，1組の辺とその両端の角がそれ
ぞれ等しいので，△ADE≡△FBE

　合同な図形の対応する辺の長さは等しいから，

　　AD＝FB

〔解説〕

　AD＝FBであることを証明するために，まず，△ADE
と△FBEの合同を証明し，次に，合同な図形の性質
を使って，AD＝FBを証明する。

[6] (1) △ABEで，∠DEC＝∠A＋∠B
　　 △DECで，∠ADC＝∠DEC＋∠C
　　 したがって，∠ADC＝∠A＋∠B＋∠C

(2) ∠ADC＝∠A＋∠B＋∠C
　　 △DEFの内角の和は
　　 180°だから，
　　 ∠A＋∠B＋∠C
　　 　＋∠E＋∠F
　　 ＝∠ADC＋∠E＋∠F
　　 ＝∠EDF＋∠E＋∠F
　　 ＝180°

5章　図形の性質

1　二等辺三角形

p.191　① 〔証明〕　AからBCに垂線AHをひく。
　　　△ABHと△ACHにおいて，仮定より，
　　　　∠B＝∠C，∠AHB＝∠AHC…①
　　　だから，∠BAH＝∠CAH(残りの角)…②
　　　また，AH＝AH(共通)…③
　　　①，②，③より，1組の辺とその両端の角
　　　がそれぞれ等しいので，△ABH≡△ACH
　　　合同な図形の対応する辺だから，AB＝AC

〔解説〕　問題には，図が与えられてい
ないから，右のような図をかき，
等しい辺や角に印をつけて考える
とよい。
　また，∠Aの二等分線をひいて
証明してもよい。

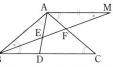

p.192　② (1) 40°　(2) 160°

〔解説〕　(2) CA＝CBより，∠A＝∠B＝80°
三角形の外角の性質から，∠x＝80°＋80°＝160°

p.193　③ 〔証明〕　△ABEと△AMFにおいて，
　　　仮定より，AB＝AM…①
　　　①より，∠ABE＝∠AMF…②
　　　また，AD＝BDより，∠EAB＝∠ABC
　　　　　　AB＝ACより，∠ABC＝∠ACB
　　　AM∥BCより，∠FAM＝∠ACB(錯角)
　　　したがって，∠EAB＝∠FAM…③
　　　①，②，③より，1組の辺とその両端の角
　　　がそれぞれ等しいので，△ABE≡△AMF

〔解説〕　右のように，問題
の図で等しい辺や角に
印をつけて，証明を進
めるとよい。

p.194　④ 〔証明〕　△BAEと△CADにおいて，
　　　仮定より，AB＝AC…①
　　　①とCD＝CA，BE＝BAより，BE＝CD…②
　　　①より，∠ABE＝∠ACD(底角)…③
　　　①，②，③より，2組の辺とその間の角が
　　　それぞれ等しいので，△BAE≡△CAD
　　　合同な図形の対応する辺だから，AE＝AD

したがって，△ADEは二等辺三角形である。

p.195 **5** 〔証明〕 AD∥ECより，
∠ACE＝∠CAD（錯角）…①
∠AEC＝∠BAD（同位角）…②
また，仮定より，∠BAD＝∠CAD…③
①，②，③より，∠ACE＝∠AEC
したがって，△ACEは二等辺三角形で，
AC＝AE

p.196 **6** 〔証明〕 △DBEと△ECFと△FADに
おいて，仮定より，AB＝BC＝CA
AD＝BE＝CF…①
だから，DB＝EC＝FA…②
また，∠A＝∠B＝∠C（仮定）…③
①，②，③より，2組の辺とその間の角が
それぞれ等しいので，
△DBE≡△ECF≡△FAD
したがって，DE＝EF＝FDだから，
△DEFは正三角形である。

p.197 **7** (1)逆…∠A＝∠Dならば，△ABC≡△DEF
逆は正し
くない。
反例…右
の図のよ
うな三角形。
(2)逆…錯角が等しければ，2直線は平行
逆は正しい。

2 直角三角形

p.199 **8** 〔証明〕 △ABCと△DEFにおいて，
仮定より，AB＝DE…① ∠B＝∠E…②
∠C＝∠F＝90°…③
②，③より，残りの角も等しいので，
∠A＝∠D…④
①，②，④より，1組の辺とその両端の角
がそれぞれ等しいので，△ABC≡△DEF

p.200 **9** △ABC≡△IGH（斜辺と他の1辺）
△DEF≡△JLK（斜辺と1つの鋭角）

p.201 **10** 〔証明〕 △MBDと△MCEにおいて，
仮定より，∠MDB＝∠MEC＝90°…①

MD＝ME…② MB＝MC…③
①，②，③より，直角三角形の斜辺と他の1
辺がそれぞれ等しいので，△MBD≡△MCE
合同な図形の対応する角だから，∠B＝∠C

p.202 **11** 〔証明〕 △ABPと△CAQにおいて，
仮定より，∠BPA＝∠AQC＝90°…①
AB＝CA…②
また，∠ABP＝90°−∠BAP＝∠CAQ…③
①，②，③より，直角三角形の斜辺と1鋭
角がそれぞれ等しいので，△ABP≡△CAQ
よって，AQ＝BP，AP＝CQだから，
PQ＝AQ−AP＝BP−CQ

3 平行四辺形

p.204 **12** 〔証明〕 △OABと△OCDにおいて，
平行四辺形の対辺だから，AB＝CD…①
AB∥DCより，錯角が等しいから，
∠BAO＝∠DCO…②
∠ABO＝∠CDO…③
①，②，③より，1組の辺とその両端の角
がそれぞれ等しいので，△OAB≡△OCD
よって，OA＝OC，OB＝ODだから，平行
四辺形の対角線はそれぞれの中点で交わる。

別解 △OAD≡△OCBから証明してもよい。

p.205 **13** (1)65° (2)42°

解説 (1) AD∥BCより，∠DBC＝∠y
AB∥DCより，∠BDC＝45°
△DBCで，∠y＋（∠x＋70°）＋45°＝180°，
∠x＋∠y＝65°
(2) EB＝EC，AD∥BCより，∠CED＝58°
△CEDで，∠x＝180°−（58°＋80°）＝42°

p.206 **14** 〔証明〕 △ABEと△CDFにおいて，
仮定より，∠AEB＝∠CFD＝90°…①
平行四辺形の対辺だから，AB＝CD…②
また，AB∥DCより，錯角が等しく，
∠ABE＝∠CDF…③
①，②，③より，直角三角形の斜辺と1鋭
角がそれぞれ等しいので，△ABE≡△CDF
合同な図形の対応する辺だから，AE＝CF

p.207 **15** (1)〔証明〕 △OQDと△BPOにおいて，
DO＝OB（対角線の性質）
∠DOQ＝∠OBP（平行線の同位角）
∠ODQ＝∠BOP（平行線の同位角）
より，1組の辺とその両端の角がそれ
ぞれ等しいので，△OQD≡△BPO
(2)〔証明〕 △OAEと△OCFにおいて，
OA＝OC（対角線の性質）
∠AOE＝∠COF（対頂角）
∠OAE＝∠OCF（平行線の錯角）
より，1組の辺とその両端の角がそれ
ぞれ等しいので，△OAE≡△OCF
したがって，OE＝OF

p.208 **16** 〔証明〕 △ABEと△CDFにおいて，
AE＝CF（仮定）…①
AB＝CD（平行四辺形の対辺）…②
∠BAE＝∠DCF（平行四辺形の対角）…③
①，②，③より，2組の辺とその間の角が
それぞれ等しいので，△ABE≡△CDF
したがって，∠ABE＝∠CDF

p.209 **17** 〔証明〕 △OABと△OCDにおいて，
仮定より，OA＝OC…①　OB＝OD…②
また，∠AOB＝∠COD（対頂角）…③
①，②，③より，2組の辺とその間の角が
それぞれ等しいので，△OAB≡△OCD
よって，∠ABO＝∠CDOより，AB∥DC
同様に，△OAD≡△OCBだから，
∠ADO＝∠CBOより，AD∥BC
したがって，2組の対辺がそれぞれ平行だ
から，四角形ABCDは平行四辺形である。

p.210 **18** 〔証明〕 AB＝DC，BE＝DFより，AE＝FC
また，AB∥DCより，AE∥FC
したがって，1組の対辺が平行で長さが等し
いから，四角形AECFは平行四辺形である。

p.211 **19** (1)〔証明〕 Oは□ABCDの対角線の交点
だから，OA＝OC
また，仮定より，OE＝OF
したがって，対角線がそれぞれの中点
で交わるから，四角形AECFは平行四
辺形。

(2)〔証明〕 Oは□ABCDの対角線の交点
だから，OA＝OC
仮定より，OP＝$\frac{1}{2}$OA，OR＝$\frac{1}{2}$OC
よって，OP＝OR　同様に，OQ＝OS
したがって，対角線がそれぞれの中点
で交わるから，四角形PQRSは平行四
辺形。

p.212 **20** 〔証明〕 平行四辺形の対辺は等しいから，
AD＝BC
仮定より，AE＝2AD，BF＝2BCだから，
AE＝BF…①
また，AD∥BCより，AE∥BF…②
①，②より，1組の対辺が平行で長さが等
しいから，四角形ABFEは平行四辺形。
よって，AB＝EF

p.213 **21** 〔証明〕 △AEHと△CGFにおいて，
仮定より，AE＝CG…①　DH＝BF…②
平行四辺形の対辺だから，AD＝CB…③
②，③より，AH＝CF…④
また，平行四辺形の対角だから，
∠EAH＝∠GCF…⑤
①，④，⑤より，2組の辺とその間の角が
それぞれ等しいので，△AEH≡△CGF
よって，EH＝GF
同様に，△EBF≡△GDHより，EF＝GH
したがって，2組の対辺がそれぞれ等しい
から，四角形EFGHは平行四辺形。

p.214 **22** 〔説明〕 例題22の手順で作図すると，
AB＝CD，BC＝DAより，四角形ABCDの
2組の対辺の長さがそれぞれ等しくなるか
ら，四角形ABCDは平行四辺形になる。

4 特別な平行四辺形

p.216 **23** 〔証明〕 △ABOと△ADOにおいて，
AB＝AD（ひし形の辺）
AO＝AO（共通）
BO＝DO（ひし形の対角線の性質）
より，3組の辺がそれぞれ等しいので，
△ABO≡△ADO

これと，∠BOD＝180°より，
∠AOB＝∠AOD＝90°だから，
ひし形の対角線は垂直に交わる。

p.217 **24** 〔証明〕 △ABCと△DCBにおいて，
AB＝DC（平行四辺形の対辺）
AC＝DB（仮定） BC＝CB（共通）
より，3組の辺がそれぞれ等しいので，
△ABC≡△DCB
これより，∠ABC＝∠DCB
平行四辺形の対角は等しいから，▱ABCD
の4つの角はすべて等しくなるので，四角
形ABCDは長方形になる。

p.218 **25** 〔証明〕 △APSと△BPQにおいて，
∠A＝∠B（＝90°） AP＝BP（仮定）
$AS＝\frac{1}{2}AD＝\frac{1}{2}BC＝BQ$
より，2組の辺とその間の角がそれぞれ等
しいので，△APS≡△BPQ
これより，SP＝QP
同様に，△APS≡△CRQ≡△DRSだから，
SP＝QP＝QR＝SR
したがって，四角形PQRSは4つの辺が等
しいので，ひし形である。

p.219 **26** 〔証明〕 MからABに垂線MHをひくと，
四角形HBNMは長方形で，HB＝MN…①
ここで，△AHMと△MNCにおいて，
∠AHM＝∠MNC＝90° AM＝MC
∠AMH＝∠MCN（平行線の同位角）
より，直角三角形の斜辺と1鋭角がそれぞ
れ等しいので，△AHM≡△MNC
これより，AH＝MN…②
したがって，①，②より，AB＝2MN

解説 右の図で，四角形HBNM
が長方形であり，△AHM≡
△MNCとなれば，AB＝2MN
がいえる。

p.220 **27** (1) 長方形 (2) ひし形

解説 平行四辺形の対角線は，<u>それぞれの中点で交わ</u>
<u>る</u>。
(1) 対角線の長さが等しくなるので，長方形である。
(2) 対角線が垂直に交わるので，ひし形である。

---

5 平行線と面積

p.222 **28** 〔証明〕 P，Qから直線ABに垂線をひく
と，△PABと△QABは底辺ABを共有し，
△PAB＝△QABだから，高さが等しい。
したがって，2直線PQ，AB間の距離が一
定だから，PQ∥AB

p.223 **29** 〔証明〕 △ABC＝△AOB＋△OBC，
△DBC＝△DOC＋△OBCで，
△AOB＝△DOCだから，△ABC＝△DBC
したがって，△ABCと△DBCは底辺BC を
共有し，高さが等しいから，AD∥BC
よって，四角形ABCDは台形である。

p.224 **30** (1) 〔証明〕 △ABNと△DBNは，底辺BN
を共有し，AD∥BCだから，高さが等
しい。したがって，△ABN＝△DBN
(2) △NMC

解説 (2) DC∥AMより，△DBM＝△CBM
この2つの三角形は，△NBMを共有しているので，
△DBN＝△NMC

p.225 **31** 〔説明〕 点Dを通り，直線ACに平行な
直線をひき，半直線BAとの交点をPとす
ればよい。

解説 △PBCと四角形ABCDは△ABCを共有して
いるので，△PAC＝△DACとなればよい。

定期テスト予想問題 ①　　　226～227ページ

1 (1) ∠x＝110° (2) ∠x＝30°

解説
(1) 180°－145°＝35°，∠x＝180°－35°×2＝110°
(2) ∠x＝60°÷2＝30°

2 ∠x＝36°，∠y＝40°

解説
DA＝DEより，∠DEA＝70°
∠ADE＝180°－70°×2＝40°
∠ADC＝∠B＝76°だから，∠x＝76°－40°＝36°
AD∥BCより，∠ADE＝∠y＝40°

③ ⑦…∠DME ⑦…∠BAM
　　⑦…1組の辺とその両端の角　④…EM
　　⑦…対角線がそれぞれの中点で交わる

④ (1) それぞれの中点で交わり，長さが等しい。
　　(2) それぞれの中点で垂直に交わる。
　　(3) それぞれの中点で垂直に交わり，長さが等しい。

解説
　平行四辺形の対角線の性質に，それぞれの図形の対
角線の性質を加えたものを考えればよい。

⑤ 〔証明〕　△ADEと△ACEにおいて，仮定より，
　　　　∠ADE＝∠ACE＝90°…①
　　　　AD＝AC…②
　　また，AE＝AE（共通）…③
　　①，②，③より，直角三角形の斜辺と他の1辺が
　　それぞれ等しいので，△ADE≡△ACE
　　したがって，∠DAE＝∠CAEだから，
　　AEは∠BACの二等分線である。

解説
　直線AEが∠BACの二等分線になること，つまり，
∠DAE＝∠CAEであることを証明すればよい。ま
ず，△ADEと△ACEの合同を証明し，次に，合同な
図形の性質を使って，∠DAE＝∠CAEを証明する。

⑥ (1) △AED
　　(2) 〔証明〕　△EBCと△EBDは，
　　　　底辺EBを共有し，AB∥DCより，高さが等し
　　　　いから，△EBC＝△EBD…①
　　　　同様に，△EBDと△FBDは，底辺BDを共有
　　　　し，EF∥BDより，高さが等しいから，
　　　　△EBD＝△FBD…②
　　　　よって，①，②より，△EBC＝△FBD

（定期テスト予想問題 ②）　　228〜229ページ

① (1) 63°　(2) 7cm

解説
(1)　四角形ADEFは平行四辺形だから，
　　∠A＝54°，∠ACB＝（180°−54°）÷2＝63°
(2)　△DBEは二等辺三角形だから，DB＝2cm
　　また，□ADEFの対辺だから，AD＝5cm

② (1) 逆…同位角が等しければ，2直線は平行
　　　　逆は正しい。
　　(2) 逆…3の倍数は6の倍数
　　　　逆は正しくない。
　　　　反例…3の倍数9は6の倍数ではない

③ イ，エ

解説
ア　2組の対辺が等しくないので，平行四辺形とはい
　　えない。
イ　右の図のように，錯角が等
　　しいのでAD∥BCとなり，1
　　組の対辺が平行で，その長さ
　　が等しくなる。
ウ　AB＝DCとは限らないの
　　で，平行四辺形とはいえない。

④ 長方形

解説
∠BAD＝∠BCD，∠ABC＝∠CDAで，四角形の内
角の和は360°だから，
∠BAD＋∠ABC＋∠BCD＋∠CDA＝360°，
∠BAD＋∠CDA＋∠BAD＋∠CDA＝360°より，
2（∠BAD＋∠CDA）＝360°
　∠BAD＋∠CDA＝180°
　よって，△AEDで，
∠EAD＋∠EDA
＝（∠BAD＋∠CDA）÷2＝90°
　したがって，∠AED＝90°
同様にして，四角形EFGHの4つの角が90°であるこ
とがわかるので，四角形EFGHは長方形である。

[5] 〔証明〕 △ABCはAB＝ACの二等辺三角形だから，
∠B＝∠C＝(180°－36°)÷2＝72°
また，CDは∠Cの二等分線だから，
∠DCA＝72°÷2＝36°
したがって，∠A＝∠DCAより，
△DACは二等辺三角形で，AD＝CD…①
ここで，∠CDB＝∠A＋∠DCA＝36°＋36°＝72°
　　　　　　　　　　　　＝∠B
したがって，△CBDは二等辺三角形で，
　BC＝CD…②
よって，①，②より，BC＝CD＝AD

[6] 〔証明〕 △OAHと△OBHにおいて，
仮定より，∠OHA＝∠OHB＝90°…①
円Oの半径だから，OA＝OB…②
共通な辺だから，OH＝OH…③
①，②，③より，斜辺と他の1辺がそれぞれ等し
いので，△OAH≡△OBH
合同な図形の対応する辺の長さは等しいから，
　AH＝BH

[7]
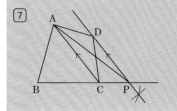

解説
　点Dを通り，ACと平行な直線をかき，その直線と
BCの延長との交点をPとすればよい。
　このとき，△ACD＝△ACPとなるので，
　四角形ABCD＝△ABC＋△ACD
　　　　　　　＝△ABC＋△ACP
　　　　　　　＝△ABP

[8] 〔証明〕 四角形ADBCにおいて，
仮定より，AO＝BO
　　　　　CO＝DO

したがって，対角線がそれぞれの中点で交わるか
ら，四角形ADBCは平行四辺形である。
これより，平行四辺形の対辺だからAC∥DBとな
り，座る板と床は平行になる。

解説
　四角形ADBCが平行四辺形になることを示して，1
組の対辺が平行であることを証明すればよい。

6章　確率

1 確率の求め方

p.235 **1** (1) $\dfrac{1}{10}$ (2) $\dfrac{3}{10}$ (3) $\dfrac{1}{5}$ (4) $\dfrac{3}{10}$

解説 すべての場合の数は10通り。
(2) 3の倍数は，3，6，9の3通り。
(3) 4の倍数は，4，8の2通り。
(4) 4の約数は，1，2，4の3通り。

p.236 **2** ⑦

解説 赤玉をA，B，白玉をC，Dとすると，2個とも赤玉の組み合わせは〔A，B〕の1通り，2個とも白玉の組み合わせは〔C，D〕の1通りだが，赤玉と白玉1個ずつの組み合わせは，〔A，C〕，〔A，D〕，〔B，C〕，〔B，D〕の4通りある。

p.237 **3** (1) $\dfrac{1}{3}$ (2) $\dfrac{1}{3}$ (3) $\dfrac{2}{3}$ (4) 0

解説 (3) 6の約数は，1，2，3，6の4通り。
(4) 0の目が出る場合はない。

p.238 **4** (1) $\dfrac{1}{5}$ (2) $\dfrac{2}{5}$

解説 すべての場合の数は，$5\times4\div2=10$(通り)
(1) 1個が赤玉，1個が黄玉になる場合は，2通り。
(2) 1個が赤玉，1個が青玉になる場合は，4通り。

p.239 **5** (1) $\dfrac{1}{3}$ (2) $\dfrac{1}{3}$

解説 (1) すべての場合の数は，$3\times2\times1=6$(通り)
そのうち，偶数になるのは，一の位が2の場合で，2通り。
(2) 4枚のカードから2枚をひく取り出し方は6通り。そのうち，2枚の数の積が3以下になるのは，1×2と1×3の2通り。

p.240 **6** (1) $\dfrac{1}{4}$ (2) $\dfrac{1}{9}$

解説 (1) 両方とも奇数の目が出る組み合わせは，大のさいころの奇数の目1，3，5のそれぞれに対して，小のさいころの奇数の目1，3，5の場合があるから，全部で，$3\times3=9$(通り)
(2) 条件に合う場合の数は，〔大，小〕=〔6，4〕，〔5，3〕，〔4，2〕，〔3，1〕の4通り。

p.241 **7** (1) $\dfrac{1}{2}$ (2) $\dfrac{7}{8}$

解説 すべての場合の数は8通り。
(1) 「少なくとも2回は裏」とは，3回とも裏か，2回が裏の場合で，4通りある。
(2) 「3回とも裏」になる場合の数は1通りだから，3回とも裏になる確率は$\dfrac{1}{8}$。「3回とも裏」にならない確率は，$1-\dfrac{1}{8}=\dfrac{7}{8}$

p.242 **8** (1) $\dfrac{1}{9}$ (2) $\dfrac{2}{3}$

解説 すべての場合の数は，$3\times3\times3=27$(通り)
(1) Cだけが負ける場合は，グー，チョキ，パーで負ける場合の3通り。
(2) 「少なくとも1人が勝つ」とは，あいこにならない場合である。あいこになる確率は例題8(1)より$\dfrac{1}{3}$だから，求める確率は，$1-\dfrac{1}{3}=\dfrac{2}{3}$

p.243 **9** $\dfrac{1}{3}$

解説 当たりくじを①，②，はずれくじを3，4，5，6として樹形図に表すと，右のようになる。
これより，すべての場合の数は30通りで，Bが当たる場合は10通り。

p.244 **10** (1) $\dfrac{1}{16}$ (2) $\dfrac{1}{4}$

解説 すべての場合の数は，$4\times4=16$(通り)
(1) 〔D，E〕の1通り。
(2) 〔A，E〕，〔A，F〕，〔A，G〕，〔A，H〕の4通り。

p.245 **11** (1) 0 (2) $\dfrac{8}{9}$

解説 (1) PQ=5cmとなることはない。
(2) PQ=3cmとなる場合は例題11より，16通り。
PQ=2cmとなる動き方は，1回目も2回目もPが動く場合で，$4\times4=16$(通り)
また，PQ=1cmとなることはない。
したがって，PQが3cm以下になる場合は，
$16+16=32$(通り)

p.246 **12** $\frac{1}{12}$

解説 $\dfrac{b}{a}=\dfrac{1}{2}$ となればよい。そのような組み合わせ
は，〔a, b〕＝〔2, 1〕，〔4, 2〕，〔6, 3〕の3通りだか
ら，求める確率は，$\dfrac{3}{36}=\dfrac{1}{12}$

p.247 **13** (1) $\frac{1}{6}$ (2) $\frac{1}{18}$

解説 さいころを2つ投げたときのすべての目の出方
は36通り。
(1) 点P，Qが同じ頂点にあるのは，
〔大, 小〕＝〔1, 5〕，〔2, 4〕，〔3, 3〕，〔4, 2〕，
〔5, 1〕，〔6, 6〕の6通りだから，求める確率は，
$\dfrac{6}{36}=\dfrac{1}{6}$
(2) A，P，Qを頂点とする正三角形ができるのは，
〔大, 小〕＝〔2, 2〕，〔4, 4〕のときである。求める確
率は，$\dfrac{2}{36}=\dfrac{1}{18}$

定期テスト予想問題

248～249ページ

1 (1) $\frac{5}{12}$ (2) $\frac{3}{4}$

解説
すべての場合の数は12通りある。
(2) 赤玉か白玉を取り出す場合なので，5＋4＝9(通り)
$\dfrac{9}{12}=\dfrac{3}{4}$

2 (1) $\frac{1}{5}$ (2) $\frac{1}{2}$ (3) $\frac{2}{5}$

解説
すべての場合の数は10通りある。
(2) 場合の数は，②，④，⑥，⑧，⑩を取り出す5通
り。

3 (1) $\frac{1}{4}$ (2) $\frac{5}{36}$ (3) $\frac{8}{9}$

解説
(3) 1－(目の数の積が6である確率)を利用する。
目の数の積が6になる場合は，4通りある。

4 (1) $\frac{3}{28}$ (2) $\frac{15}{28}$

解説
くじのひき方は，全部で8×7＝56(通り)
(1) 2人とも当たるひき方は，3×2＝6(通り)
(2) Aが当たり，Bがはずれるひき方は，
3×5＝15(通り)，Aがはずれ，Bが当たるひき方は，
5×3＝15(通り)ある。

5 (1) 12通り (2) $\frac{1}{5}$ (3) $\frac{2}{5}$

解説
すべての場合の数は，5×4×3＝60(通り)
(1) 一の位が5になる場合だから，百の位と十の位の
組み合わせを考えて，4×3＝12(通り)
(3) 偶数になるのは，一の位が2または4の場合で，
一の位が2になる場合は，4×3＝12(通り)，一の位
が4になる場合も12通り。

6 (1) $\frac{1}{5}$ (2) $\frac{3}{5}$

解説
**組み合わせを樹形図
に表すと**，右のように
なり，すべての場合の
数は20通り。
(1) A，Bの2人が選
ばれる場合は，右の
図より4通り。
(2) Aが選ばれ，Bが
選ばれない場合は6
通り，Bが選ばれ，Aが選ばれない場合も6通り。

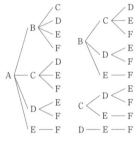

7 (1) $\frac{1}{16}$ (2) $\frac{1}{8}$ (3) $\frac{160}{169}$

解説
(3) すべての場合の数は，52×52(通り)
絵ふだは全部で12枚あるから，2回とも絵ふだで
ある場合は，12×12(通り)
したがって，「2回とも絵ふだ」とならない確率
は，$1-\dfrac{12\times12}{52\times52}=\dfrac{160}{169}$

7章 データの活用

1 箱ひげ図

p.255 **1** (1) 第1四分位数…11(分)
第2四分位数…17(分)
第3四分位数…24(分)
(2) 13(分)

解説 データを小さい順に並べると，
7，9，13，14，17，20，23，25，29
データ全体を，中央値(17)を境に前半のデータと後半のデータに分ける。
(1) 第2四分位数はデータの中央値だから，17(分)
第1四分位数は前半のデータの中央値だから，
$$\frac{9+13}{2}=11(分)$$
第3四分位数は後半のデータの中央値だから，
$$\frac{23+25}{2}=24(分)$$
(2) (四分位範囲)＝(第3四分位数)−(第1四分位数)
だから，24−11＝13(分)

p.256 **2** エ

解説 ㋐，㋒…箱ひげ図だけ
では，最頻値や平均値は判
断できない。右の図のよう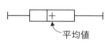
に，箱ひげ図に平均値の位置を表すこともある。
㋑…最大値が8(冊)なので，読んだ冊数が8冊の人が少なくとも1人はいることがわかるが，その人数が1人であるのかは判断できない。
エ…第2四分位数(中央値)が2(冊)なので，データ全体を並べたときに，少ないほうから10番目と11番目の人が読んだ冊数は以下のいずれかである。
・2冊と2冊　・1冊と3冊　・0冊と4冊(この問題の図では，第1四分位数が1なのであてはまらない)
いずれの場合も，2冊以上の人が10人以上いることがわかる。

p.257 **3** 下の図

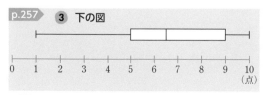

解説 データを小さい順に並べると，

1，2，4，5，5，6，6，7，8，8，9，9，10，10
最小値は1(点)，最大値は10(点)
第2四分位数(中央値)は$\frac{6+7}{2}=6.5$(点)
第1四分位数は5(点)
第3四分位数は9(点)
これらを使って箱ひげ図をかく。

p.258 **4** ㋑

解説 ㋐〜㋒は，箱の長さと中央値が同じ箱ひげ図である。㋐は最小値が，㋒は最大値がヒストグラムと対応していない。
また，ヒストグラムを見ると，値が14以下のデータの数は値が14以上のデータの数より多いため，中央値は14より小さいことがわかる。したがって，エは誤り。
なお，ヒストグラムが山の形になる分布では，山が低いほど箱ひげ図の箱は長くなり，山が高いほど箱ひげ図の箱は短くなる。

p.259 **5** (1) 箱ひげ図
(2) 箱ひげ図
(3) ヒストグラム

解説 データの分布をくわしく知りたい場合は，箱ひげ図だけで判断するのではなく，ヒストグラムと箱ひげ図の特徴を理解して活用することが必要である。
(1) 箱ひげ図から，最小値，最大値や中央値などを読み取ることができる。これらの値はヒストグラムから読み取ることはできない。
(2) 範囲＝最大値−最小値
(3) 得点が40点以上60点未満の階級と60点以上80点未満の階級の人数を合わせる。

定期テスト予想問題
260〜261ページ

1 (1) 第1四分位数…4(問)
第2四分位数…6(問)
第3四分位数…7.5(問)
(2) 3.5(問)
(3) 下の図

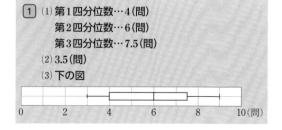

解説

データを小さい順に並べると，

　　3，4，4，5，6，7，7，8，9

(1) データ全体を，中央値(6)を境に前半のデータと後半のデータに分ける。

　第2四分位数はデータの中央値だから，6(問)

　第1四分位数は前半のデータの中央値だから，

　$\dfrac{4+4}{2}=4$(問)

　第3四分位数は後半のデータの中央値だから，

　$\dfrac{7+8}{2}=7.5$(問)

(2) (四分位範囲)＝(第3四分位数)－(第1四分位数)

　だから，7.5－4＝3.5(問)

(3) (1)で求めた四分位数と，最小値の3(問)，最大値の9(問)を使って，箱ひげ図をかく。

2 (1)× (2)○ (3)○ (4)×

解説

(1) データの範囲は，(最大値)－(最小値)で求める。

　Aチームは，16－2＝14(回)

　Bチームは，19－3＝16(回)

　なので，データの範囲は同じではない。

(2) Aチームは第2四分位数(中央値)が8(回)なので，データ全体を並べたときに，少ないほうから10番目と11番目の人の回数は以下のいずれかである。

　・8回と8回　・7回と9回　・6回と10回 …

　いずれの場合も，8回以上の人が10人以上いることがわかる。

　Bチームは第1四分位数が8回なので，15人以上が8回以上成功している。

(3) (四分位範囲)＝(第3四分位数)－(第1四分位数)

　Aチームは，12－3＝9(回)

　Bチームは，15－8＝7(回)で，正しい。

(4) 箱ひげ図を見ると，Aチームは第3四分位数が，Bチームは中央値が12(回)である。しかし，データの個数が20なので，それぞれの値が平均で求められたものであるため，回数が12の人が必ずいると決めることはできない。

3 73.5，74，74.5

解説

　x以外のデータの値を小さい順に並べると，

　　55，64，72，73，74，75，79，82，90

　$x \le 71$の場合は，第1四分位数が72にならないのであてはまらない。xは72以上の整数となる。

　$x=72$，73のとき，中央値は，$\dfrac{73+74}{2}=73.5$(点)

　$x=74$のとき，中央値は74(点)

　$x \ge 75$のとき，中央値は，$\dfrac{74+75}{2}=74.5$(点)

4 (1)エ (2)イ (3)ウ (4)ア

解説

(1) ヒストグラムの山は右寄りなので，箱ひげ図の箱と中央値も右寄りになる。

(2) ヒストグラムは左右対称だから箱ひげ図も中央部分に関して左右対称で，データが広い区間に散らばっているので箱が長くなる。

(3) ヒストグラムの山は左寄りなので，箱ひげ図の箱と中央値も左寄りになる。

(4) ヒストグラムは左右対称だから箱ひげ図も中央部分に関して左右対称で，データが中央に集まっているので箱が短くなる。

5 (B組と比べてA組は，)最大値，最小値，四分位数がすべてB組よりも低いので，A組の得点はB組より低い傾向があるといえる。

(C組と比べてA組は，)中央値がC組と等しいが，四分位範囲はC組より大きいので，A組のほうが得点の散らばりが大きいといえる。

解説

　それぞれ，題意に沿っていれば正答とする。また，箱ひげ図だけからでは平均値(平均点)を判断することはできないので，得点傾向の説明に利用することはできない。

入試レベル問題

266〜269ページ

※本書で掲載した入試問題の解答例は，すべて自社作成です。

1 (1) $-a+25b$　(2) $\dfrac{1}{2}x+9y$　(3) $\dfrac{5x-13y}{14}$

(4) $-12x^3y$　(5) $y=-4x+3$　(6) $\dfrac{9}{2}$

(7) ① $x=-3$, $y=-4$　② $x=6$, $y=-1$

解説

(1)　$7(a-b)-4(2a-8b)=7a-7b-8a+32b$
$$=-a+25b$$

(2)　$2(x+4y)-3\left(\dfrac{1}{2}x-\dfrac{1}{3}y\right)=2x+8y-\dfrac{3}{2}x+y$
$$=\dfrac{1}{2}x+9y$$

(3)　$\dfrac{x-y}{2}-\dfrac{x+3y}{7}=\dfrac{7(x-y)-2(x+3y)}{14}$
$$=\dfrac{7x-7y-2x-6y}{14}=\dfrac{5x-13y}{14}$$

(4)　$x^3\times(6xy)^2\div(-3x^2y)=x^3\times36x^2y^2\div(-3x^2y)$
$$=\dfrac{x^3\times36x^2y^2}{-3x^2y}=-12x^3y$$

(5)　$8x$，-6を移項して，$2y=-8x+6$
両辺を2でわって，$y=-4x+3$

(6)　$a^2b\div2ab\times4ab^2=\dfrac{a^2b\times4ab^2}{2ab}=2a^2b^2$
$$=2\times(-1)^2\times\left(\dfrac{3}{2}\right)^2=\dfrac{9}{2}$$

(7)① 上の式を下の式に代入して，$3x-2(3x+5)=-1$，
$3x-6x-10=-1$，$x=-3$
$x=-3$を上の式に代入して，$y=-9+5=-4$
② （上の式）－（下の式）×2より，$-5y=5$，$y=-1$
$y=-1$を下の式に代入して，$x-3=3$，$x=6$

2 (m，n を自然数とする。千の位の数をm，十の位の数をnとして，千の位の数と百の位の数，十の位の数と一の位の数がそれぞれ同じである4けたの整数をm，nを用いて表すと，)
$1000m+100m+10n+n=1100m+11n$
$$=11(100m+n)$$
$100m+n$は自然数だから，$11(100m+n)$は11の倍数である。
（したがって，このような4けたの整数は，11の倍数になる。）

3 (例)大根の重さをxg，レタスの重さをygとすると，
$$\begin{cases} x+y+50=175 \cdots① \\ \dfrac{18}{100}x+\dfrac{12}{100}y+\dfrac{30}{100}\times50=33 \cdots② \end{cases}$$
①より，$x+y=125\cdots③$
②より，$3x+2y=300\cdots④$
③×2－④より，$-x=-50$，$x=50$
$x=50$を③に代入して，$50+y=125$，$y=75$
これは問題にあてはまる。
よって，大根の重さは50g，レタスの重さは75g

解説

大根のエネルギー量は，100gあたり18kcalだから，xgでは，$\dfrac{18}{100}\times x$(kcal)となる。同様に，レタスと赤ピーマンのエネルギー量を考える。

4 (1) $1\leqq y\leqq13$　(2) $y=\dfrac{2}{5}x+\dfrac{2}{5}$

解説

(1)　$x=-1$のとき，$y=4\times(-1)+5=1$
$x=2$のとき，$y=4\times2+5=13$
よって，yの変域は，$1\leqq y\leqq13$

(2)　$y=ax+b$に$x=-1$，$y=0$と$x=4$，$y=2$をそれぞれ代入すると，$0=-a+b\cdots①$，$2=4a+b\cdots②$
これを連立方程式として解いて，$a=\dfrac{2}{5}$，$b=\dfrac{2}{5}$

5 (1) 140　(2) 2分間

解説

(1)　グラフは，2点(20, 0)，(25, 700)を通る直線だから，傾きは$\dfrac{700-0}{25-20}=140$

(2)　兄が立ち止まっていた時間をt分とすると，兄の25分後から図書館に着くまでのグラフは右のようになる。
妹のグラフの傾きは，
$\dfrac{1500}{25}=60$だから，式は$y=60x$

この式に $y=2310$ を代入すると，$2310=60x$，$x=\dfrac{77}{2}$
となり，妹が図書館に着くのは，家を出発してから
$\dfrac{77}{2}$ 分後。

これより，再び出発したあとのグラフは，
2点 $(25+t,\ 700)$，$\left(\dfrac{77}{2},\ 2310\right)$ を通る直線になる。
故障前と同じ速さで進むので，グラフの傾きは140
となることから，
$$2310-700=140\left\{\dfrac{77}{2}-(25+t)\right\},$$
$$1610=5390-3500-140t,\quad 140t=280,\quad t=2$$

6　(1)**100°**　(2)**78°**

解説

(1) 平行線の同位角が等しいことと，三角形の内角と
外角の関係から，$\angle x=(180°-150°)+70°=100°$

(2) 右の図で，$\angle a=24°$ より，

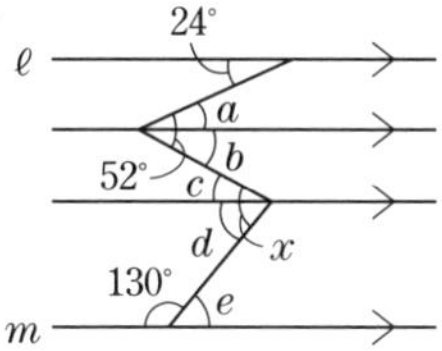

$\angle c=\angle b$
　　$=52°-24°$
　　$=28°$
また，
$\angle d=\angle e$
　　$=180°-130°$
　　$=50°$
よって，$\angle x=\angle c+\angle d$
　　　　　$=28°+50°$
　　　　　$=78°$

7　(1)**60°**

(2)△ABF と △ADE において，
仮定より，AB＝AD …①
①より，△ABD は二等辺三角形なので，
$\angle ABF=\angle ADE$ …②
また，$\angle AGB=\angle GAD=90°$ であり，
$\angle BAF=90°-\angle EAF$，$\angle DAE=90°-\angle EAF$
よって，$\angle BAF=\angle DAE$ …③
①，②，③より，1組の辺とその両端の角がそれぞ
れ等しいから，△ABF≡△ADE

解説

(1) 平行線の錯角は等しいことから，
　　$\angle DBC=\angle ADB=20°$
　　△DBC の内角の和から，
　　$\angle BDC=180°-(100°+20°)=60°$

(2) AG は BC への垂線なので，$\angle AGB=90°$ になる。
$\angle BAF$ と $\angle DAE$ が等しいことは，90°から共通な
角をひいて導く。

8　**30°**

解説

△DAB で，DA＝DB より，$\angle DBA=\angle x$
△DAB の外角より，$\angle BDC=2\angle x$
また，△BDC で，BD＝BC より，$\angle BCD=2\angle x$
△ABC は $\angle B=90°$ の直角三角形より，
$\angle BAC+\angle BCA=90°$，$\angle x+2\angle x=90°$，$\angle x=30°$

9　△ADF と △BFE において，
四角形 ABCD は平行四辺形なので，
AD∥BC より，同位角は等しいから，
$\angle DAF=\angle FBE$ …①
仮定より，AB＝CE …②
　　　　　　BF＝BC …③
ここで，AF＝BF－AB …④
　　　　　BE＝BC－CE …⑤
②，③，④，⑤より，AF＝BE …⑥
平行四辺形の対辺は等しいから，
AD＝BC …⑦
③，⑦より，AD＝BF …⑧
①，⑥，⑧より，2組の辺とその間の角がそれぞ
れ等しいから，△ADF≡△BFE

解説

仮定と平行四辺形の性質を使って，等しい辺や等しい
角の大きさを見つける。

10　(1)$\dfrac{9}{20}$　(2)**5時間**

解説

(1) すべての場合の数は，$5×4=20$（通り）
2数の積が奇数になるのは，奇数×奇数の場合。
よって，A の箱から 1，3，5，B の箱から 1，3，5
のカードが取り出されるのは，9通り。

(2) 箱の，左端が第1四分位数で5(時間)，右端が第3
四分位数で10(時間)

(四分位範囲)＝(第3四分位数)－(第1四分位数)
だから，10－5＝5(時間)

11 (1) $\dfrac{1}{6}$　(2)① $\dfrac{4}{9}$　② $\dfrac{1}{3}$

解説
すべての場合の数は，6×6＝36(通り)
(1) 出る目の数が同じになる場合は，
〔1，1〕，〔2，2〕，〔3，3〕，〔4，4〕，〔5，5〕，〔6，6〕
の6通り。
(2)① 三角形ができないのは，選んだ2点のうち1点
がAの場合と2点が同じ点になる場合。
1の目が出る場合は11通り，同じ目が出る場合
は6通り。そのうち，〔1，1〕となる場合がそれぞ
れに含まれるので，三角形ができない場合は，
11＋6－1＝16(通り)
② 直角三角形になるのは，下の図のように，

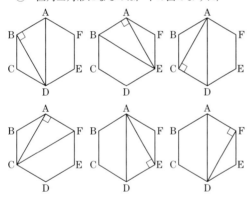

△ABD，△ABE，△ACD，△ACF，△ADE，
△ADFのときである。それぞれ，点A以外の点の選
び方は2通りずつあるから，直角三角形となる場合
は，6×2＝12(通り)

ここでおさらい **小学・中1の要点整理**

1 数と式

p.272 ①31　②－6a－2　③－x＋4

④x＝－2　⑤x＝－$\dfrac{2}{3}$　⑥x＝$\dfrac{16}{15}$

解説
① **累乗→乗除→加減**の順に計算する。
$(-3)^2×4＋20÷(-2^2)＝9×4＋20÷(-4)$
$＝36－5＝31$
② $(2a-7)-(8a-5)＝2a-7-8a+5$
$＝-6a-2$
③ 分配法則を使って，かっこをはずす。
$-3(x-3)+(4x-10)÷2＝-3x+9+2x-5$
$＝-x+4$
④ $x-9＝5x-1$
$x-5x＝-1+9$
$-4x＝8$
$x＝-2$
⑤ $2(6x+1)＝3x-4$，$12x+2＝3x-4$，
$9x＝-6$，$x＝-\dfrac{2}{3}$
⑥ **$a:b＝c:d$ならば$ad＝bc$** より，
$x:8＝2:15$，$15x＝16$，$x＝\dfrac{16}{15}$

2 比例と反比例

p.273 ①$y＝-4x$　②$y＝\dfrac{20}{x}$　③$y＝-\dfrac{3}{2}$

解説
① $y＝ax$に$x＝3$，$y＝-12$を代入すると，
$-12＝3a$，$a＝-4$
② $y＝\dfrac{a}{x}$に$x＝5$，$y＝4$を代入すると，
$4＝\dfrac{a}{5}$，$a＝20$
③ $y＝\dfrac{a}{x}$に$x＝2$，$y＝-3$を代入すると，
$-3＝\dfrac{a}{2}$，$a＝-6$　よって，$y＝-\dfrac{6}{x}$
この式に，$x＝4$を代入して，$y＝-\dfrac{6}{4}＝-\dfrac{3}{2}$

3 図形

p.274 ① $\frac{8}{3}\pi$cm   ②500cm³   ③36πcm²

解説

①　$2\pi\times4\times\dfrac{120}{360}=\dfrac{8}{3}\pi(\text{cm})$

②　$\dfrac{1}{3}\times10\times10\times15=500(\text{cm}^3)$

③　球の半径は，$6\div2=3(\text{cm})$
$\quad 4\pi\times3^2=36\pi(\text{cm}^2)$

4 データの活用

p.275 ①22.5m   ②4人   ③0.90
④0.91   ⑤B社

解説

①　度数分布表で，度数が最も多い階級は，20m以
上25m未満の階級。最頻値は，この階級の階級値に
なるから，$\dfrac{20+25}{2}=22.5(\text{m})$

②　最初の階級から，20m未満の階級までの度数の
合計だから，$1+3=4(人)$

③　最初の階級から，30m未満の階級までの相対度
数の合計だから，$0.05+0.15+0.40+0.30=0.90$

④　イルカに出会う相対度数$=\dfrac{\text{出会った回数}}{\text{ツアー回数}}$ だから，
$\dfrac{182}{200}=0.91$

⑤　B社の相対度数は，$\dfrac{142}{150}=0.946\cdots$
よって，相対度数を確率と考えると，B社のほうが
確率が高いといえる。